装备科技译著出版基金

进化计算导论

（第2版）

Introduction to Evolutionary Computing
（Second Edition）

[荷] 阿戈斯顿·恩德雷·埃本（A. E. Eiben）

[英] 詹姆斯·爱德华·史密斯（J. E. Smith）   著

汤健　韩红桂　等译

国防工业出版社

·北京·

著作权合同登记　图字：军-2019-032 号

图书在版编目（CIP）数据

进化计算导论：第 2 版 /（荷）阿戈斯顿·恩德雷·
埃本 (A.E.Eiben)，（英）詹姆斯·爱德华·史密斯
(J.E.Smith) 著；汤健等译. －北京：国防工业出
版社，2021.1
　书名原文：Introduction to Evolutionary
Computing (Second Edition)
　ISBN 978-7-118-12187-2

　Ⅰ. ①进… 　Ⅱ. ①阿… ②詹… ③汤… 　Ⅲ. ①数值计
算－算法分析 　Ⅳ. ①TP301.6

　中国版本图书馆 CIP 数据核字（2020）第 186168 号

First published in English under the title
Introduction to Evolutionary Computing (2nd Ed.)
by A.E. Eiben and J.E.Smith
Copyright © Springer-Verlag Berlin Heidelberg, 2015
This edition has been translated and published under licence from
Springer-Verlag GmbH, part of Springer Nature.

Springer-Verlag GmbH, part of Springer Nature takes no responsibility and
shall not be made liable for the accuracy of the translation.
本书简体中文版由施普林格出版社（Springer）授权国防工业出版社独
家出版。

※

国防工业出版社 出版发行
（北京市海淀区紫竹院南路 23 号　邮政编码 100048）
三河市腾飞印务有限公司印刷
新华书店经售
*
开本 710×1000　1/16　印张 17¼　字数 327 千字
2021 年 1 月第 1 版第 1 次印刷　印数 1—2000 册　定价 118.00 元

（本书如有印装错误，我社负责调换）

国防书店：(010) 88540777　　书店传真：(010) 88540776
发行业务：(010) 88540717　　发行传真：(010) 88540762

译者序

进化计算（EC）是基于生物演化原理（如自然选择和基因遗传）进行问题求解的系列技术的总称，被广泛应用于复杂问题求解，覆盖范围从涉及国防武器装备研制、工业过程优化运行和商业运行智能决策的实际应用问题到众多理论领域的科学研究前沿难题均有涉猎。在人工智能迅猛发展的时代背景下，为加强国防武器装备的设计优化与论证研制、提高基于国防大数据的智能化分析与辅助决策水平、提升智能化新型武器装备的作战性能等均需要进化算法作为关键技术给予支撑。

本书的主体内容分为三部分，共 17 章。第一部分包括 6 章，介绍进化计算的基础知识，其中：第 1 章是问题的提出，包括优化、建模和仿真问题的定义，搜索问题、优化与约束问题和著名的 NP 问题；第 2 章是进化计算的起源，包括主要隐喻、发展简史、生物灵感以及为什么需要进化计算；第 3 章是进化算法的定义，包括解释进化算法是什么，介绍进化算法的组成，并手动推演进化循环和介绍应用实例，解释自然进化与人工进化、全局优化和其他搜索问题等；第 4～6 章详细介绍进化计算的表示方式、变异和重组操作，适应度函数、选择操作和种群管理以及流行进化算法变种。第二部分包括 3 章，关注进化计算的方法论问题，其中：第 7 章是进化算法的参数和参数调整，包括进化算法参数的种类、进化算法和进化算法实例的定义与区别，以及进化算法的设计、调节、算法质量度量和调参方法等；第 8 章是进化算法的参数控制，包括参数变化实例、参数控制技术的分类和进化算法参数变化的实例等；第 9 章是进化算法的运用，包括使用进化算法的目的、算法的性能度量、实验比较的测试问题和应用例子等。第三部分包括 8 章，讨论进化算法的高级技术，其中：第 10 章是文化基因算法，包括混合进化算法动机、局部搜索介绍、文化基因算法结构、自适应文化基因算法和文化基因算法的设计问题与应用实例；第 11 章是非平稳和噪声函数优化，包括非平稳问题的特性、多源不确定性的影响以及多种算法方法；第 12 章是多目标进化算法，包括多目标优化问题、支配解与帕累托优化、面向多目标优化的进化算法和应用实例；第 13 章是约束处理，包括约束处理的两种主要类型、处理方法和应用实例；第 14 章是交互式进化算法，包括交互式进化的特性、面向交互式进化算法挑战的算法方法和应用实例；第 15 章是协同进化系统，包括自然界中的协同、协同进化、竞争协同进化和应用实例等；第 16 章是理论，包括模式定理及其批判与最新扩展、用于识别和组合积木块的基因联接、动态系统、马尔可夫链分析和无免费午餐定理等；第 17 章是进化机器人，包括进化机器人的定义与介绍性实例、离线和在线的机器人进化、进化机器人的问题差异和算法差异以及进化机器人的未来展望。

原著者 A.E. Eiben 教授作为多父代进化算法的创立者，是欧洲进化计算领域的先驱者，享有较高国际声誉。J.E. Smith 教授是西英格兰大学人工智能研究团队的负责人，在进化算法理论与实际应用相结合等方面拥有丰硕成果。

在本书的翻译过程中，还得到了海军工程大学的田福庆教授、辽宁石油化工大学的丛秋梅副教授、大连海洋大学的王魏副教授、东北大学刘卓讲师、从事装备保障和质量工作的朱红鹃等同志的大力帮助，他们或帮助完成部分章节的素材初译，或帮助进行多轮的文字校对。我们一起对本书进行反复推敲锤炼的过程，也是不断学习和提高的过程，在此对他们的工作致以诚挚谢意！

由于译者的知识和认识水平有限，译文中难免有表达不妥或较为生涩的语句，请各位热心的读者和专家不吝赐教，积极批评指正，以帮助我们改进和提高。

汤健

2020 年 6 月于北京

原著前言

本书是 2003 年出版的《进化计算导论》的第 2 版，主要面向讲师、研究生和本科生群体。为使本书适合这些群体，首先对进化计算（EC）进行了详细介绍，接着对目前流行的进化算法（EA）变种进行概略描述，然后对 EC 方法论问题和特定 EC 技术进行讨论，最后对进化机器人和 EC 的未来发展进行展望，这也代表着 EC 将要实现由计算进化到事物进化的重大转变。

本书对于期望应用 EC 解决特定问题或特定应用领域的研究人员也是非常有益的，其原因在于：将 EC 表述为可使用的技术而不仅仅是用于研究的技术，并且给出了制定合格 EC 实验指南的明确处理方式。本书还描述了广泛学科范围内的研究人员都感兴趣的流行 EA 算法与技术，这能够为研究人员获取其所擅长的 EC 领域之外的研究主题提供快速参考。

本书的支持网站为 www.evolutionarycomputation.org。该网站上提供了附加的增值信息。特别提出，本书特别强调了以下教育特色：

（1）针对每一章提供练习的题目。

（2）给出基于本书的完整学术课程的大纲。

（3）针对每章提供 PDF 和 PPT 格式的幻灯片。这些幻灯片可以自由下载，可以更改和用于教授本书所覆盖的内容。

（4）本网站提供每章练习的答案、易于下载的实验以及讨论论坛和勘误表。

本书（第 2 版）的此次更新改变了第 1 版的主要逻辑。在第 1 版中，流行 EA 算法的个别变种（如遗传算法或进化策略）占据了主要角色，分别在不同章节中对这两种算法进行单独描述，并且在这些变种算法的统一框架内，针对特定的问题表示和进化操作算子分别进行详细表述。但是，在第 2 版中，我们强调把 EA 算法的通用方案作为解决问题的一个方法。

主要通过以下的变化体现上述新理念：

（1）增加了一个关于问题的章节。由于整本书是用于问题求解，因此从面向问题的章节开始撰写是很好的开始方式。

（2）对 EA 算法基础知识介绍的方式是依据算法的主要组成部分依次进行的，如问题表示、变异算子和选择算子。

（3）将很多流行 EA 算法变种表述为通用 EA 算法的特殊案例。尽管对 EA 算法每个变种的介绍篇幅在本书中变短了，但 EA 算法变种的列表却变长了。目前版本增加的算法包括差分进化、粒子群优化和分布估计算法等。

此外，还扩展了第1版中关于"如何操作"部分的介绍，增加了关于参数调节的新章节，并将其与参数控制和"如何操作"部分的内容整合在 EC 方法论部分。而且，考虑到第1版中每章后面"课后练习"和"推荐阅读"没有变化，因此不再出现在新版书中，只在本书的网站上提供这些内容。

本版书的整体结构包括三个部分：第一部分介绍 EC 的基础知识，第二部分关注 EC 的方法论问题，第三部分讨论 EA 算法的高级技术。在这三个部分之后是参考文献。需要提出的是，尽管目前该书包含了近500条的参考文献，但我们也可能不可避免地漏掉一些。对于那些错漏的参考文献作者，我们表示道歉。如果错过了一个非常重要的文献，请发邮件告知。

如果没有多方的支持，是不可能完成这本书的。首先，我们希望表达对达芙妮和凯利的感谢，感谢他们的耐心、理解和容忍！没有他们的支持，该书是不能完成的！此外，还要感谢我们的同事和广大读者，是他们指出了书中的错误，并向我们反馈对本书早期版本的意见。我们特别感谢波格丹·菲利普对本书最后草稿的建议！

我们祝愿大家在阅读和使用本书的过程中度过一段愉快和收获的时光。

A.E.Eiben

J.E.Smith

2015 年 4 月于阿姆斯特丹 / 布里斯托尔

目　录

第一部分　进化计算基础知识

第二部分　进化计算方法论问题

第一部分　进化计算基础知识

第 1 章　问题的提出

本章讨论进化计算领域所涉及的待求解问题，也就是工程师、计算机科学家在科研工作中经常遇到的问题。原则上，待求解问题和问题解决方法是能够区分并且应该进行区分的；通常，进化计算领域的研究工作主要关注后者。但是，要准确地描述任何一种问题解决办法，首先确定能够应用该方法的待求解问题类型是非常必要的。因此，本书从讨论各种各样的待求解问题类型开始讲述。事实上，也就是从如何对待求解问题进行分类开始。

在下面的非正式讨论中，主要通过实际例子引出不同的概念和术语，仅在特别需要充分地理解与进化计算相关的细节时才会进行正式描述。为了避免争议，本书不涉及任何社会或政治问题。本书所关注的问题多为人工智能领域所涉及的典型问题，例如：拼图问题（著名的斑马拼图）、数值问题（从北部城市到南部城市的最短旅游路线）、模式发现问题（例如，基于给定新客户的性别、年龄、地址等，预测他们将在互联网在线书店购买的书籍类型）等。

1.1　优化、建模和仿真问题

本节进行问题分类的标准是基于计算机系统的黑箱模型。非正式地，可将基于计算机的任何系统想象为：等待某个人、某种类型传感器或另外一台计算机输入信息的处于静止状态的系统。当外部输入存在时，系统通过某些计算模型对输入进行处理；由于这些计算模型的详细信息通常并不清晰，故这些模型通常被称为黑箱模型。黑箱模型的目的是表征与某个特定应用相关的某些方面。例如，该模型可以是根据连续位置的列表计算路线总长度的公式、根据气象输入数据估计降雨可能性的统计工具、从当前汽车实时速度增加到接近预定目标速度所需加速度等级的映射关系、通过一系列键盘输入动作将当前正在阅读的纸质页面转换为电子版本的系列复杂规则等。在黑箱模型处理输入信息之后，其对外提供一些相关的输出信息，如屏幕上的消息、输出文件的写入数值、发送给执行器（如发动机）的命令等。根据应用背景不同，输入可能是不同类型的一个值或多个值，计算模型可能是简单的或是非常复杂的。重要的是，掌握模型意味着可以依据任何给定输入信息计算得到相应的输出信息，下面提供一些具体例子予以说明：

（1）在设计飞机机翼时，输入表示对所设计机翼形状的描述。该模型包含复杂流体动力学方程，能够估计任何机翼形状下的阻力和升力系数。这些估计值就是该飞机机翼系统的输出信息。

（2）对于智能家居的语音控制系统，其输入是用户对着麦克风讲话时所产生的电信号，输出是发送到室内加热系统、电视机或照明灯具等家用电器的相应指令。在这种情况下，模型是指输入与输出间的映射，其中：输入是源自音频输入设备特定模式下的电子波形，输出是键盘上的系列按键行为。

（3）对于便携式音乐播放器，输入可能是系列手势和按键，可能用于选择用户所创建的音乐播放列表；模型的响应可能包括从数据库中所选择一系列 MP3 格式播放文件，并以某种方式对这些文件进行处理，以便得到系列手势所期望对应的输出。因此，在这种情况下，模型输出是提供给耳机的系列波动电信号和其进一步被转换后所获得的选听歌曲。

本质上，系统的黑箱模型视图可分为输入、模型和输出共 3 个组件。依据上述哪个组件是未知的，下面将描述 3 种不同类型的待求解问题。

1.1.1 优化问题

在优化问题中，模型与期望输出（或对期望输出的描述）是已知的，所要解决的问题是：如何基于已知模型，优化地得到能够与期望输出相对应的最佳输入，如图 1.1 所示。

图 1.1　优化问题。该类问题在工程和设计中经常发生；模型输出端的标签为"指定"，而不是"已知"，是因为最优输出值的具体数值通常是未知的，只能基于隐式定义（例如，所有可能输出值中的最小值）给出。

以旅行商问题为例。这个问题在计算机科学领域中非常流行，归因于许多实际应用均可以简化为采用这一问题进行描述，如交货路线、工厂布局、生产计划和时间表等。其抽象描述为：针对若干候选城市，寻求每个城市仅拜访一次的最短路径的旅游路线。对于该类问题的任何实例，需采用公式（即模型）面对给定城市序列（即输入）计算得到旅游路线长度（即输出）。此处待求解的问题是需要获得与期望输出相匹配的最佳输入，即：具有最短路径旅游路线的城市列表。注意，此处的期望输出是隐式定义的，即：该问题中并未指定最短旅游路线的确切长度，只是要求期望旅游路线的长度比所有其他路线都要短。显然，该问题的目标是寻找实现上述期望的最佳输入（即城市列表）。

另外一个例子是八皇后问题。该问题要求在 8×8 规格的棋盘上摆放 8 个皇后并使得这些皇后之间不能互相攻击，即：它们不能共享同一行、同一列或同一对

3

角线。该问题可通过计算系统进行求解：输入为 8 个皇后的特定位置（棋盘配置），模型需要计算处于这些特定位置上的皇后是否能够相互攻击，输出是未被相互攻击的皇后数量。与旅行商问题不同，八皇后问题显式地指出了其期望输出的棋盘配置，即：未被攻击的皇后数量必须为 8 个。解决八皇后问题的另一个替代方法是采用与上述方案相同的输入和模型，但输出却采用简单的二进制值表征"OK（未被攻击）"或"Not OK（受到攻击）"。在此种情况下，优化目标是获得以产生"OK"为输出的输入（棋盘配置）。直观地说，该问题给读者的感觉是，这并不是真正的优化问题，因为其未对优化后的性能给出分级的度量。在 1.3 节中，本书将更为详细地讨论这一问题。

1.1.2　建模问题

针对"建模"或"系统辨识"问题，其输入和输出都是已知的，需要构建系统模型以便为每个已知输入提供正确的输出（图 1.2）。从人类认知学习的视角而言，该问题相当于构建能够匹配人类认知经验的世界模型，并且希望该模型能够覆盖人类有限的认知经验未曾体验过的实例。

图 1.2　建模或系统识别问题。常用在数据挖掘和机器学习领域中。

以证券交易所为例，经济和社会指标（如失业率、黄金价格、欧元—美元汇率等）是模型的输入，道琼斯指数是模型的输出。此时，建模问题的任务是，找到能够映射上述已知输入/输出关系的数学公式用以表征证券交易经济体系。如果能找到基于已知输入/输出（源自过去时间所积累）数据的正确模型，并能够有充分的理由相信该模型所表征的映射关系是真实的，那么就获得了基于给定新数据进行道琼斯指数预测的有效工具。

另外一个例子的任务是识别道路图像中的交通标志，也可以是识别智能车视频输出中的类似标志。在这种情况下，系统由图像预处理和交通标志识别两个阶段组成。在前一个阶段，预处理程序接收摄像机所产生的表征图像的电信号并将其划分为可能是交通标志的感兴趣区域，从每个区域获得能够表征图像大小、形状、亮度、对比度等特性的数字描述符。这些特征以数字形式表征原始交通图像，即：完成了预处理组件的功能。可见，交通标志识别系统的输入是一组描述交通标志的数字向量，输出是预先定义的标签（"停止""让路""50"等交通标志）集合。可见，该例子所描述的模型是以道路图像为输入，交通标志标签为输出的识别算法，所面临的任务是建立模型并使得该模型能够在不同情景下正确识别交通标志。在实际应用中，不同场景下的所有可能道路标志将采用有标记的大规模图像数据集合予以表征。因此，上述建模问题就可约简成：为数据集中所包含的每幅图像的预测都获得正确输出。

此外，本节前面所介绍的智能家居语音控制系统中也包括建模问题，即：用户所使用的所有语音集合（输入）都必须正确映射到智能家居指令表中所对应的控制命令集。

最值得注意的一点是，建模问题能够转化为优化问题。最为常用的技巧是将模型的最小错误率或者最大正确率作为目标。此处仍然以交通标志的识别问题为例。这一问题可采用如下方式表述为建模问题：寻求正确的模型 m，能将图像数据集中的每幅图像映射到适当标签（s）上，并识别相应图像中所包含的交通标志。此外，解决该交通标志识别问题的模型 m 是事先未知的，其对应着图 1.2 中"？"标志。为获得该问题的解决方法，首先需要选择一种用于建模的技术。例如，读者可能希望该技术是决策树、人工神经网络、一段 Java 语言代码或一个 MATLAB 表达式。这种选择允许指定构建模型 m 所需要的算法或句法规则。然后基于所选择的技术，此处定义面向交通标志识别问题的所有可能解的集合为 M，包括给定句法规则下全部正确的表达式。例如，具有适当变量的全部决策树模型或给定拓扑结构下的全部人工神经网络模型。至此，即将上述建模问题转换为如下的优化问题：将候选解的输入集合记为 M，在给定输入（模型）$m \in M$ 的情况下，其输出是模型 m 能够正确标记的交通标志的数量。显然，针对这一优化问题，具有最大正确标记图像数量的候选解就是该原始建模问题所需要构建的模型。

1.1.3 仿真问题

仿真问题是已知系统模型和某些输入，依据系统模型计算与这些输入相对应的输出（图 1.3）。以低频滤波器电路为例，模型是描述电路工作情况的复杂公式和不等式。对于任何给定输入信号，基于此模型可计算得到输出信号。采用此模型进行某项工作（例如，比较两个设计电路）要比在物理世界中构建真实电路和测量其相应的特性节约更多成本。另外一个例子是天气预报系统：输入是温度、风、湿度、降雨量等气象变量，输出是与输入类型相同但时刻不同的上述变量，模型是能够对时间序列气象变量进行预测的系统。

图 1.3 仿真问题。该问题经常发生在产品设计和社会经济环境中。

仿真问题在许多环境中均有所涉及，在不同类型的应用中采用仿真器均具有较佳的优势。例如，对电子电路设计师而言，仿真比直接研究真实电路更具有经济性。现实世界中的某些方案具有难以实施性，例如，难以对各种实际的社会税收系统进行假设和实施分析。此外，仿真器也可作为展望未来的工具，如天气预报系统。

1.2 搜 索 问 题

针对黑箱系统的固有假设是计算模型具有方向性并且顺序不能颠倒，即：由输入计算得到输出。该假设意味着求解仿真问题不同于求解优化问题或建模问题。解决仿真问题只需要针对已知的计算模型进行输入并等待输出结果[①]。但解决优化问题或建模问题却需要在可能的优化或搜索空间中识别特定对象，该空间通常是巨大的。研究学者认识到，优化问题或建模问题的求解过程是在潜在的、大规模的可能性空间中寻找期望解的过程。因此，采用上述方法进行解决的待求解问题可看作搜索问题。根据 1.1 节中对问题的分类结果可知，优化问题和建模问题在本质上是搜索问题，但仿真问题却不属于此类。

由上述视角出发，很自然地需要引入"搜索空间"的概念，其含义是：包含待求解的所有可能对象的集合。根据所面临的任务，搜索空间的组成具有差异性，其中：优化问题的搜索空间是模型的所有可能的输入信息，建模问题的搜索空间是能够描述待研究现象的所有可能的计算模型。通常，搜索空间是非常巨大的。例如，针对旅行商问题，通过 n 个城市的不同旅游路线的数量是$(n-1)!$，此数量就是搜索空间的规模；针对具有实值参数的决策树模型，其搜索空间是无限大的。通常，定义搜索问题的第一步是指定搜索空间，第二步是定义解。对于优化问题，解的定义可以是显式的（例如，针对八皇后问题，能够相互攻击的皇后数量为零的棋盘配置是该问题的显式解），也可以是隐式的（例如，针对旅行商问题，所有旅行中的最短旅行路线是该问题的隐式解）。对于建模问题，解是通过能够使输入信息产生正确输出信息的属性进行定义的。实践中，建模问题的解的定义条件通常是较为宽松的，只要求输入经模型运算后产生正确输出的数量达到最大即可。但需要特别提出的是，上述方法能够适用的前提是，采用 1.1.2 节所示的方式将建模问题转化为优化问题。

上述将求解问题的过程转化为解的搜索过程的理念所具有的优点在于：能够有效地区分问题（其定义了搜索空间）和问题求解器（其给出了在搜索空间内进行搜索的方法）。

1.3 优化与约束满足

基于待优化的目标函数和需要满足的约束条件，本节讨论对待求解问题进行

---

① 此处面临的主要挑战通常是仿真器的构建，其本质上相当于建模问题。

分类的策略。通常，目标函数在某种程度上可解释为对某个可能解进行赋值，该值在一定程度上表征了此可能解的质量；约束表征的是针对待求解问题的要求是否能够满足，其本质上是一种二元评估。本书前面章节中所提到的几种目标函数，如下所示：

（1）八皇后问题中的目标函数是棋盘上不能互相攻击的皇后数目（最大化）。

（2）旅行商问题中的目标函数是给定集合所包含的每座城市仅到达一次的总路线长度（最短）。

（3）交通识别问题中的目标函数是给定模型 m 能够正确识别的交通标志图像数量（最大化）。

上述这些例子说明，待求解需要依据目标函数的最优性能确定。此外，待求解还必须将满足某些约束条件作为准则，例如：

（4）棋盘上所摆放的 8 个皇后，其中的任何 2 个皇后都不能互相攻击。

（5）旅行商问题中最短路线需要满足先到达城市 X 再到达城市 Y。

基于上述示例还可观测到如下现象：示例（2）的待求解是完全从优化的视角进行定义的；与此不同，示例（4）是完全从约束的视角进行待求解的定义，即：只是评价给定棋盘配置是满足约束还是不满足约束。此外需要注意的是，针对示例（4）棋盘配置的约束实际上是由多个基本约束组成的，其中每个基本约束是指每对中的 2 个皇后不能互相攻击。显然，只有所有可能皇后对的约束都"OK"，整体棋盘的配置才是"OK"的。示例（5）是上述两种完全优化和完全约束类型的综合，即：其既有目标函数（旅游路线长度）也有约束限制（先访问城市 X 再访问城市 Y）。因此，依据上述现象，针对待求解问题的分类需要考虑：待定义的优化问题是否存在目标函数和约束条件。表 1.1 给出了依据上述定义所能得到的 4 个待求解问题的相应类别。

表 1.1 以是否存在目标函数和约束进行分类的待求解问题类型

问题约束	目标函数	
	存在	不存在
存在	约束优化问题（COP）	约束满足问题（CSP）
不存在	自由优化问题（FOP）	非优化问题

依据表 1.1 中所给出的术语可知：旅行商问题（上述示例（2））是自由优化问题（FOP），八皇后问题（上述示例（4））是约束满足问题（CSP），城市访问次序受到限制的旅行商问题（上述示例（5））是约束优化问题（COP）。通过比较示例（1）和示例（4）可知，约束满足问题可转化为自由优化问题，其基本技巧与将建模问题转化为优化问题是相同的，即：对棋盘配置中满足约束（例如，不能相互攻击的皇后对）的数量进行累加并将其最大化值作为目标函数。显然，某个对象（例如，示例（2）的棋盘配置方式）成为 CSP 问题解的前提是，其能够

成为转化后的 FOP 问题的解。

为深入对待求解问题的有价值的洞见，此处再次剖析八皇后问题，该问题的初始构想可采用如下所示的自然语言进行描述：

将 8 个皇后放在棋盘上并且任何 2 个皇后之间不能互相攻击。

针对八皇后问题，上述描述显然是非正式的，原因在于其缺少本书所讲述的有关待求解问题的正式组成要素的任一个要素，如输入/输出、搜索空间等。为了能够获得求解八皇后问题的优化算法，必然需要对该问题进行形式化的处理。通常，对八皇后问题采用不同的形式化处理方式，将会导致不同的优化问题类型。下文给出详细的描述。

FOP：如果将搜索空间 S 定义为棋盘上摆放 8 个皇后的所有配置的集合，原始待求解问题就是自由优化问题，其目标函数 f 是给定棋盘配置时不受攻击的自由皇后数量，其解定义为某种配置 $s \in S$ 并且 $f(s) = 8$。

CSP：另外一种方式，八皇后问题可形式化为与 FOP 问题具有相同搜索空间 S 的约束满足问题，即：针对配置 s，定义约束 ϕ 当且仅当任何 2 个皇后均不能互相攻击时 $\phi(s) = 1$。

COP：如果采用不同于上述 S 的搜索空间，可获得八皇后问题的另外一种优化问题类型。该动机源于如下可以很容易观察到的现象，即：八皇后问题的任何优良解中，棋盘上每列皇后的数量只能是 1，并且每行皇后的数量也存在这一现象。因此，此处对垂直约束（列）、水平约束（行）和对角线约束进行区分，进而能够避免的情况是：研究学者在进行问题求解时，只能搜寻满足垂直约束和水平约束的棋盘配置的情况。这显然是一种可行的求解方法，主要在于这种方法可以比较容易地搜索到每列和每行都只存在 1 个皇后的棋盘配置。显然，这些配置是原始搜索空间 S 的一个子集，此处将其记为 S'。进一步，采用修正的约束 ϕ' 定义 S 上的约束优化问题，当且仅当满足 S 中的全部垂直和水平约束时存在 $\phi'(s) = 1$（即 $\phi'(s) = 1$ 当且仅当 s 在 S' 内），并采用新目标函数 g 计算 s 中违反对角线约束的皇后对数量。在此种情况下可知，某个棋盘配置成为八皇后问题的解需满足的条件是：当且仅当该配置也是约束优化问题 $g(s) = 0$ 和 $\phi'(s) = 1$ 的解。

上述这些例子说明，待求解问题的内在本质并不如其表面所体现的那么明显。事实上，这取决于选择采用哪种方法对待求解问题进行形式化的处理。哪些形式化的方式更有利于待求解问题的求解一直是研究学者所重点关注的讨论主题。一般而言，某些形式化的方式比其他一些方式更自然，或者说更适合于某个问题。例如，研究学者可能倾向于将八皇后问题在本质上看作约束满足问题，并认为其他的形式化处理方式都是由该方式二次转换得到的。类似地，某些学者可能会首先将交通标志识别问题形式化处理为建模问题，并进一步将其转化为能够实际求解的最优化问题。此外，算法方面的考虑，也可能是采用哪种形式化方式对待求解问题进行处理的主要影响因素。通常，若存在某个算法能够很好地解决自由优化问题但却不能处理约束满足问题，那么将该待求解问题形式化为自由优化问题就是非常明智的选择。

1.4 著名 *NP* 问题

到目前为止，本书已经讨论了多种如何对待求解问题进行分类的方法，但都有意避开了对形式化后的待求解问题采用何种方法进行求解的讨论。通过对待求解问题的分析，依据上述形式化方案，可以识别待求解问题所属类别。本节中将要讨论的是不可能的问题分类方案，原因在于待求解问题的类别是通过问题求解算法的性质予以定义的。该分类方法的隐含动机是从问题求解难度的角度进行，例如，是难求解的问题还是易求解的问题。粗略地说，该分类方案的基本理念是：如果某个问题存在快速求解方法，则归为易求解问题，否则归类于难求解问题。进一步，问题难度概念的提出也促进了对计算复杂性这一研究方向的深入探讨。

在继续讲述与问题难度相关的内容之前，有必要根据组成搜索空间的对象类型对优化问题进行分类。若搜索空间 S 是由连续变量（即实数）所定义的，则该问题称为数值优化问题。相反，若搜索空间 S 是由离散变量（例如布尔或整数）定义的，则该问题称为组合优化问题。针对组合优化问题，还需定义与问题难度相关的概念。需要提出的是，离散搜索空间通常都是在有限范围之内，在最坏的情况下也只是在可数的无限范围之内。

本书并不对计算复杂性进行完整的概述，其在许多专著中均有详细介绍，例如文献[180, 330, 331, 318]。相对而言，本书主要对计算复杂性的重要概念进行简要描述，分析计算复杂性对问题求解的影响，并对问题复杂性的常见误解予以澄清等。此外，本书将不会采用严谨的数学理念处理计算复杂性这一主题，因为严谨的数学风格并不适合本书。因此，本书并未给出算法、问题规模、运行时间等用于描述计算复杂性的基本概念的精确定义，而是以更直观的方式采用这些术语，并在必要时通过具体示例解释这些术语的含义。

计算复杂性领域的首个关键概念是问题规模，这与待求解问题的维度（即变量数量）和变量可能取值的数量都相关。针对本书前面章节所讨论的示例而言，旅行商问题中准备访问城市的数量和八皇后问题中放置于棋盘上的皇后数量等，都是对问题规模的度量。计算复杂性领域的第二个概念是运行时间，其与求解问题所采用的算法有关，与待求解问题无关。简单而言，运行时间是终止求解问题的算法时所需要的基本步骤或操作数。尽管该解释并不非常准确，但针对计算复杂性的通常直觉是：大规模的问题需要更多的运行时间才能予以解决。最为著名的有关问题难度的定义是将问题规模与求解问题算法的运行时间（最差情况）进行关联。上述关系可采用公式进行表示，即将最差情况下运行时间的上限作为问题规模的函数。简单而言，该公式的表述形式可采用多项式（在表示相对较短的运行时间的情况下）或以指数为代表的超多项式（在表示较长的运行时间的情况下）。计算复杂性领域的最后一个概念是问题约简，其指基于映射函数将待求解问题转换成更易于求解的另一个问题。需特别提出的是，该转换有可能是不可逆的。虽然问题转换或问题约简的理念在理解上有些复杂，但其在实现上并不陌生，原因在于：由 1.3 节可知，现实世界中的给定问题通常可以通过看似不同但却等价的方式形式化为不同类型的问题。有关问题难度的常用概念在下文进行表述。

如果存在能够以多项式时间解决某个待求解问题的算法，则认为该问题属于 P 类；也就是说，如果存在某种算法，针对问题规模 n，在最差情况下的运行时间也小于某些多项式 F 的值 $F(n)$。一般说来，集合 P 所包含的都是易解决问题，例如，最小生成树问题。

如果某个待求解问题可通过某种算法予以解决（未提及其运行时间），并且其存在的任何解都可通过其他算法在多项式时间内进行验证，则该问题属于 NP 类[①]。注意，P 类问题是 NP 问题的子集，原因在于多项式求解器也能够在多项式时间内实现可行解的验证。NP 问题的典型例子是"子集和"问题，即：给定包含多个元素的一组整数，是否存在一个或多个组内元素的子集能够使得子集所包含元素总和为零？显然，若要给出该问题的否定答案就需要对组内所有可能的子集进行检查。不幸的是，所有可能子集的数量要远大于与集合大小相同的多项式。但是，验证一个候选解是否为可行解，只需要对所搜索子集内的元素进行求和即可实现。

如果某个待求解问题属于 NP 类，并且 NP 中的任何其他问题都能够被某个在多项式时间内运行的算法约简为该问题，那么问题属于 NP-完全类。在实际中，该类问题代表的是随时会出现的难题。在互联网上可以容易地寻找到几个著名的 NP-完全问题的例子。此外，计算机科学中的绝大多数有趣的问题也都是 NP-完全问题。本书不尝试对这些问题进行总结。

最后，如果某个待求解问题至少和 NP-完全问题具有同等难度，那么该问题被称为 NP-难问题（所有 NP-完全问题都可简化为一个 NP-难问题），但其可行解不需要在多项式时间内被验证。该问题的一个例子就是停机问题[②]。

某个解在多项式时间内不能被验证的待求解问题的存在，证明了 P 类问题与 NP-难问题是不相同的。但目前还不清楚的是，P 类和 NP 类在本质上是否相同。

[①] 为了表述得更为正确，作者在本书此处进行了较为明显的简化。作者此处"定义"NP 概念，并未参考非确定性图灵机，也未将其限制为决策问题。

[②] 停机问题就是判断任意一个程序是否会在有限的时间之内结束运行的问题。如果这个问题可在有限的时间之内解决，则某个程序需要判断其本身是否会停机并做出相反的行为，这时候显然不管停机问题的结果是什么都不会符合要求。所以这是一个不可解的问题。

如果两者相同的话，对计算机科学和数学的影响将是巨大的，因为由此可推知：以前认为困难的问题必然存在快速的求解算法。因此，是否 $P = NP$，在目前还是复杂性理论所面临的重大挑战之一；显然，对于任何 $P = NP$ 或 $P \neq NP$ 的证明成果都应该得到巨额奖励。注意，虽然 $P \neq NP$ 的证明是非常复杂的数学主题，但是 $P = NP$ 的证明却可简单地通过为任何 NP-完全问题创建一个快速算法予以实现，例如，旅行商问题求解算法的最差情况是：运行时间与旅游城市数量间具有多项式关系。图 1.4 表明，问题难度的分类取决于 P 和 NP 间的等价关系。如果 $P = NP$，则存在 $P = NP = NP$-完全，但它们仍然都是 NP-难的子集。

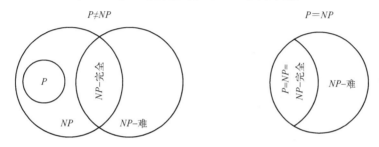

图 1.4　基于 P 和 NP 相等的问题难度分级

　　上述针对待求解问题的分类虽然让读者感觉很理论化，但对其解决实际问题却具有非常重要的意义。如果某个问题是 NP-完全问题，虽然可在多项式时间内求解该问题的特定实例，但不代表对所有可能的实例都能够得到特定解。因此，如果希望将问题求解方法应用到这些问题时，目前必须接受的事实是：研究学者可能只能解决非常小（或非常简单）的问题；或者放弃求解待解决问题精确解的想法，依靠近似方法或元启发式方法获得足够好的可行解。这与前面所讲述的 P 类已知问题是相反的。尽管这些待求解问题的可能解的数量呈指数级地增长，但仍然存在对其进行求解的算法，只是这些算法的运行时间与待求解问题的规模呈现多项式关系。

　　对本节内容进行总结。大量实际问题在应用中被证明是 NP-完全类抽象问题的变种问题。虽然 NP-完全类问题的一些实例可能很容易求解，但大多数计算机科学家依然认为此类问题不存在能够在多项式时间内实现求解的算法，并且确定：截至目前还一直未发现这样的算法。因此，如果希望能够为这类问题的任何实例都求得可接受的解，必须转为采用近似方法和元启发式方法进行求解并需要放弃如下的想法，即：肯定能够找到且能够被证明是待求解实例的最好解。

（关于本章的练习和推荐阅读，请访问 www.evolutionarycomputation.org.）

第 2 章　进化计算：起源

本章主要介绍学习进化计算（EC）的基础知识。首先介绍 EC 领域的发展简史；接着简单介绍对 EC 领域起启发作用的生物进化过程，这也是研究学者丰富算法思想和隐喻的来源；然后讨论使用和研究 EC 方法的动机；最后给出成功应用 EC 的若干实例。

2.1　主要进化计算隐喻

进化计算（EC）是计算机科学的一个研究领域。如同其名称所表征，EC 是一种从自然进化过程中汲取灵感的特殊计算方法。计算机科学家选择自然进化作为研究灵感来源的原因是：自然进化的力量对我们生存的世界所拥有的多样性物种具有非常显著的贡献，每个物种在其自身的小生境中成功地进行生存与繁殖。进化计算的基本隐喻就是把这种强大的自然进化与一种特殊的问题求解方式（试错法）建立关联。

关于进化论和遗传学的相关知识的详细描述将在后文给出。此处先简单地考虑如下的自然进化过程。通常，给定环境中都充实着由大量个体组成的种群，这些个体为了其自身的生存与繁殖而不断努力。这些个体的适应度由其所生存的环境决定，并且与个体能够在多大程度上实现其自身目标也相关。换言之，个体适应度是代表了其在环境中的生存与繁殖机会。针对待求解问题，可在采用随机式试错（又称生成—测试）方式进行求解的过程中获得候选解的集合。候选解的质量（即解决问题的能力）决定了其是否能够被保留并成为构建下一代候选解种子的机会。上述两种情景间的类比关系如表 2.1 所示。

表 2.1　连接自然进化与问题求解的基本 EC 隐喻

自然进化		问题求解
自然环境	⟷	问题
个体	⟷	候选解
适应度	⟷	质量

2.2 发 展 简 史

让人觉得不可思议的是，将达尔文进化原理用于自动求解问题的理念可追溯到 20 世纪 40 年代，这显然远在计算机技术取得突破之前就已存在了[167]。最早是在 1948 年，Turing 提出了"遗传搜索或进化搜索"的理念；其后在 1962 年，Bremermann 进行了"通过进化和重组进行最优化"的计算机实验。20 世纪 60 年代，上述基本理念以 3 种不同的完成方式在不同地区被不同的研究学者予以实现。在美国，Fogel、Owens 和 Walsh 等人引入了进化编程算法[173,174]，而 Holland 则将他所采用的方法称为遗传算法[102, 218, 220]。同时，德国的 Rechenberg 和 Schwefel 提出了进化策略算法[352,373]。在大约 15 年的时间里，这些不同地区的相类似算法是分别独立发展的；但自 20 世纪 90 年代初至今，它们被视为一种相同技术的不同变种（"方言"），该技术就是目前广为人知的进化计算（EC）[22,27,28,137,295,146,104,12]。在 20 世纪 90 年代初，Koza 提出了第 4 种遗传思想，即遗传编程算法[37, 252, 253]。目前所采用的术语"进化计算"，基本涵盖了上述的全部研究领域，所涉及的算法也相应地被称为进化算法，并将进化编程、进化策略、遗传算法和遗传编程视为属于进化算法变种的子研究领域。

EC 科学论坛的发展（图 2.1）也从另外一个视角表明了该研究领域的过去与现在。第一次专门讨论 EC 主题的国际会议是于 1985 年首次举办的遗传算法国际会议（ICGA），该会议在 1997 年之前是每两年举办一次。1999 年，其与年度遗传规划会议合并，成为年度遗传与进化计算会议（GECCO）。同时，1999 年，将自 1992 年以来每年召开的进化编程年会与自 1994 年以来每年召开的 IEEE 进化计算年会进行合并，从而形成了自 1999 年至今每年均召开的进化计算会议（CEC）。

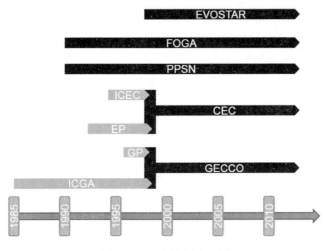

图 2.1　EC 会议历史简图

1990 年，第 1 个欧洲议程（明确接纳了所有 EC 分支）——"源于自然的并行问题求解"（PPSN）创立，目前已成为每两年召开一次的国际性会议。1993 年，第 1 本专注于 EC 领域的科学杂志《进化计算》问世。1997 年，欧盟委员会决定资助面向 EC 的欧洲研究网络，并将其命名为 EvoNet，之后一直资助到 2003 年。截至本书撰写时（2014 年），已存在 3 个主要的较大规模的 EC 会议（CEC、GECCO 和 PPSN），以及许多较小规模的 EC 会议，后者包括自 1990 年起每两年举行一次的专门从事理论分析和发展的遗传算法基础（FOGA）会议、由 EvoNet 发起的欧洲议程、每年举行的 EVOSTAR 会议等。现在已有各种 EC 期刊（*Evolutionary Computation, IEEE Transactions on Evolutionary Computation, Genetic Programming and Evolvable Machines, Evolutionary Intelligence, Swarm and Evolutionary Computing*）和许多与 EC 密切相关的主题，如自然计算、软计算或计算智能等。据估计，2014 年 EC 出版物的数量为 2000 多种，其中许多是面向特定应用领域的期刊和会议。

2.3　生　物　灵　感

2.3.1　达尔文进化论

达尔文的进化论解释了生物多样性的起源及其潜在机制[92]。自然选择是这种被称为进化的宏观观点的核心。在仅能容纳有限数量个体生存的环境中及每个个体都具有基本繁殖本能需求的情况下，若种群规模未能呈指数级地增长，那么进行选择操作就是不可避免的。自然选择倾向于能够有效竞争给定资源的个体，即：那些最适合当前环境条件的个体，这种现象也被称为适者生存①。基于竞争的选择是进化进程的两大基石之一。达尔文发现另外一种能够促进进化进程的主要力量是种群个体之间表现型特征间的变异性。表现型特征（另见 2.3.2 节）是指直接影响个体对环境（包括其他个体）的反应能力进而能够决定其适应度的个体行为和物理特征。通常，每个个体都具有能够被所生存环境度量的独一无二的表现型组合特征。如果环境对该表现型组合特征的评估是有利的，那么该个体存在更多的机会得以生存并能够繁殖子代；否则，该个体将会被丢弃而死亡，进而不会产生子代。最为重要的是，若某些对环境评估有利的表现型组合特征具有可遗传性（并非所有的特征都具有可遗传性），这些特征就有可能通过个体的子代进行传播。达尔文的洞见是：表现型组合特征的微小变化、随机变异、突变等行为通常

---

① 该词实际上会误导许多研究学者。最为通常的错误想法是具有最佳适应度的个体一般都能够生存下去。但由于自然界的生物进化和研究学者设计的 EC 中都包含很多随机性，所以"适者生存"并不总是事实。

发生在代到代间的繁殖过程中，通过这些变异将会产生新的表现型组合特征并被环境再次评估，适应度最佳个体能够生存和繁殖，使得生物进化过程持续进行。

总结上述基本模型可知：群体是由许多作为被选择基本单位的个体组成的，后者繁殖成功与否取决于其相对于种群中其他个体而言面对所生存的环境是否具有更佳的适应度；随着更多成功个体的生存与繁殖，进化过程中偶尔发生的突变也可能使得新个体能够被选择，进而得以生存与繁殖。因此，生物种群的构成随时间推移而发生变化，即：种群是进化的基本单位。

上述过程能够很好地在适应度曲面或剖面的直觉隐喻中得到体现[468]。在这个适应度曲面或剖面上，高度维度表征适合度（其中高海拔代表着高适应度），其他两个维度（或更多维度，代表着更为一般的情况）则对应生物学特征。如图 2.2 所示，xy-平面代表所有可能的特征组合，z-值代表这些特征组合所对应的适应度。因此，在适应度曲面上，每个山峰代表着一系列具有较强竞争力的表现型组合特征，而低谷则属于适应度较低的相应特征。某个给定种群作为一组点被绘制在适应度曲面上，其中每个点都表征着具有某种可能表现型组合特征的个体。可见，进化就是在变异和自然选择的推动下，使得种群逐渐由低海拔区域向高海拔区域进展的过程。依据上述适应度曲面，可以很自然地引入多峰问题的概念。若在适应度曲面中存在许多比其他所有相邻的解都好的点，则这些点所代表的每个解均被称为局部最优解，并将其中的最高点标记为全局最优解。有且仅有一个局部最优点的待求解问题相应地被称为单峰问题。

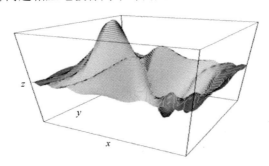

图 2.2　面向 2 个特征的 Wright 适应度曲面示意图

进化过程与优化过程之间的相互联系既简单又易被误解，其主要原因在于进化过程并非是单向的上坡过程[103]。由于种群规模有限和个体的选择与变异操作过程中存在随机选择等原因，在进化过程中可能会发生遗传漂移现象，即：高适应度个体可能会在种群中消失，或者种群可能会遭受与某些表现型特征相关的多样性损失，进一步可能会产生种群"融化"山丘效应，最终导致种群进入较低适应度的山谷区域。可见，漂移和选择所产生的全局效应使得种群能够"上山"和"下山"，但并不能保证种群总是会爬上同一座山。因此，种群逃离局部最优区域是可能的，根据 Wright 移动平衡理论，种群搜索到达固定适应度曲面情景下的全局最大值是能够实现的。

2.3.2 遗传学

相对于达尔文进化论提供自然进化宏观观点，分子遗传学则提供了自然进化的微观观点，其揭示了可见表现型特征层之下的进化过程，特别是与遗传相关的过程。遗传学基本研究表明，种群个体是通过外部表现型特征对内部基因型进行表征的双重实体；换言之，个体外部表现型特征取决于内部基因型编码。研究表明，遗传机制的功能单元是基因，其对个体的表现型特征进行编码。例如，皮毛颜色或尾巴长度等可见的个体外部表现型特征是由生物内部基因决定的。对基因和等位基因进行有效区分对研究进化计算很重要。事实上，等位基因只是某个基因的可能取值之一，其和基因间的关系如同数学公式中某个变量特定取值与该变量间的关系相类似。通过非常简单的例子可对基因与等位基因间的区别与关系进行说明：如哺乳动物熊，它的某个基因能够决定其毛皮颜色，作为熊种类之一的北极熊的等位基因值则为白色。需要强调的是，自然系统中的基因编码并非是一对一的映射关系：单个基因可能影响多个表现型特征（多效性），单个表现型特征也可以由多个基因决定（多基因性）。通常，表现型所出现的变异表象是由基因型的变异行为所导致的，后者可以由基因突变或者通过在有性生殖过程中发生的基因重组等遗传行为引起。

另一种观点是，基因型中包含了构建特定表现型特征所需要用到的全部信息。"基因组"这一术语表征了生物的完整基因信息的构建蓝图。表征生物体全部基因的遗传物质都排列在若干条染色体上，如人类拥有 46 条染色体。包含众多动物和植物在内的高级生命形式的大多数细胞中均含有双重染色体补体，这种细胞及其寄主生物体被称为二倍体。可见，人类二倍体细胞中的染色体排列为 23 对。配子（如精子和卵细胞）中只含有单一染色体补体，常被称为单倍体。子代所拥有的父系与母系特征的组合是配子相互融合后进行受精的结果：单倍体精子细胞与单倍体卵细胞组合形成二倍体细胞，即，合子细胞。在合子中，每对染色体由父系与母系染色体的各一半组成。新有机体是通过被称为个体创建的过程从合子发育而来的，该过程不改变细胞的遗传信息。因此，二倍体生物的全部细胞中含有的遗传信息与其所起源的合子细胞相同。

在进化计算中，子代中两个个体间的特征组合行为通常被称为交叉操作。交叉操作与二倍体生物的形成机制不同，其不是在父系与母系的交配和受精过程中完成。配子形成过程中发生的行为称为减数分裂。需特别提出的是，减数分裂是一种特殊类型的细胞分裂，该行为能够确保配子中只包含每条染色体的一个复制体。如上所述，二倍体体细胞包含染色体对，其中一半与精子细胞中的父系染色体相同，另一半与卵细胞中的母系染色体相同。在减数分裂过程中，成对染色体首先在物理上对齐，形成这对染色体的父系和母系染色体的复制体，然后共同移动并在某个特定位置处互相黏接（如图 2.3（a）所示）。在第二步中，染色体数量通过其自身的复制行为实现加倍并使所获得的 4 条链之间（称为染色单体）相互对齐（如图 2.3（b）所示）。交叉操作通常发生于两个内部染色单体之间，它们在某个随机点断裂并相互交换断裂点之后的部分（如图 2.3（c）所示）。显然，上述结果包含了所讨论染色体的 4 个不同拷贝，其中 2 个与原始的父本和母本染色体相同，另外 2 个通过父本和母本染色体的重新组合获得。进一步，此处获得了足以构成 4 个单倍体配子的遗传物质，这是通过对单个染色体复制体的随机排列予以实现的。因此，在新创建配子的过程中，遗传基因是由与两个父代中某个相同的染色体或由父代进行重组的染色体组成的。通常，由此得到的 4 个单倍体配子与两个父代基因不相同，进而促进了子代基因型的变异。

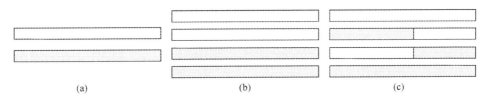

图 2.3　面向单染色体（简化）减数分裂过程的三个步骤

在 19 世纪，孟德尔首先调查并研究二倍体生物的遗传机理。虽然现代遗传学对其早期研究中的许多细节进行了完善，但距离研究学者能够透彻地理解整个遗传过程还相差甚远。依据目前已有研究成果可知，地球上的所有生命均基于众所周知的 DNA（即核苷酸双螺旋）对生物界的全部植物、动物和智人（Homo sapiens）进行编码。核苷酸的三联体形成密码子，每个密码子对特定氨基酸进行编码。遗传密码（由 $4^3 = 64$ 个密码子到生成蛋白质的 20 个氨基酸的翻译表）对地球上的所有生命都相同。该事实是整个生物圈具有相同起源的有力证据。基因是以 DNA 为基础的较大结构，其含有更多密码子并携带蛋白质密码。DNA 合成蛋白质的路径包括两个主要步骤：第一步是转录，即将源自 DNA 的信息写入 RNA；第二步是转译，即从 RNA 生成蛋白质。分子遗传学的一个重要认知是：上述合成蛋白质的信息流是单向的；上述认知对个体的基因型和表现型而言意味着表现型的外在特征不能够反过来影响基因型的内部蕴含信息。这驳斥了遗传学的早期理论，例如，曾断言某个种群个体在生存周期内获得的外在表现型特征可通过继承机制传递给其子代的拉马克理论。分子遗传学的观点是，种群遗传物质的变化只能来源于随机变异和自然选择，绝对不是源于种群个体的学习。当前对其最为重要的理解是：所有遗传变异（突变和重组）操作都发生在基因型层面，但选择操作却是基于个体在给定环境中的实际表现进行的，即：遗传过程的选择操作发生在表现型层面。

2.3.3 结合

将达尔文进化论和遗传学研究成果相结合能够有效地阐明地球生命出现的背后推动力。基于本书的写作目的，此处只对其进行较为简化的描述。任何生物均为具有双重特性的实体，即：不可见的内部密码（基因型）和可见的外部特征（表现型）。通常，任何生物在生存和繁殖后代方面的所取得的成功取决于它们所具有的外部表现型特征，如灵敏的听力、强壮的肌肉、白色的皮毛、友好的社会态度、诱人的气味等。换句话说，常被称为自然选择和性选择的力量在本质上源于生物体外在的表现型水平。显然，外部选择也会隐式地影响生物体的内在基因型水平。针对任何生物最为重要的关键因素是繁殖。新子代可能具有单个父代（无性繁殖）或两个父代（有性繁殖）。无论上述哪种情况，新子代基因与父本基因的组成都是具有差异性的，造成这种现象的原因有两个：一是在繁殖过程中所发生的生殖变异；二是两个父代通过生殖行为而遗传得到的新基因与两个父代均不相同。显然，通过上述方式可实现生物体内部基因型的变异，进而体现为生物体外部可见的表现型变异①，从而导致优良子代被选择。因此，在生物体的外在表现型层面，基因也会受到生存和繁殖行为的影响；但是一些进化生物学家认为从生物体的内在基因视角研究进化过程才会更有成效，不应该考虑种群中的某个个体，而应该着重研究含有基因的"基因库"。某些基因随进化时间的推移而持续产生竞争和复制行为，当其在不同子代的个体中出现后，需依据外在表现型特征进行重新评估[100]。

对上述生物进化过程可进行进一步的抽象：每个新生子代的个体都可被视为全部生物中的新成员，其通过无性繁殖或有性繁殖的变异操作而产生并基于选择操作进行评估。显然，新成员需通过两重考验：首先需证明依据其自身能够在自然界中生存，然后再证明其具有繁殖后代的能力。针对基于有性生殖的物种，上述考验还意味着该物种必须通过寻找到配偶（性选择）的第三个测试。具有算法研究背景的读者对上述的"生产—评估"循环比较熟悉，这一过程也常被称为"生成—测试"方法。

2.4 为什么需要进化计算？

研究具有自动功能的问题求解器（即算法）一直是数学和计算机科学领域的核心议题之一。类似于工程师能够通过关注自然界的解决方案获得灵感以解决工程问题，复制"自然问题求解器"也是上述相关学科能够继续深入研究的源泉之一，这也是进行进化计算研究的首要动机。显然，如下两个非常强大的自然问题

---

① 某些内部基因型变异可能不会导致可见的外部表现型差异，但这与本书此处的讨论无关。

求解器可成为获取灵感的源泉：

（1）人类大脑（创造了"轮子""纽约""战争"等，参见文献[4]的第23章）；

（2）进化过程（创造了人类大脑）。

众所周知，基于人类大脑的研究诞生了神经计算领域，基于进化过程的研究构成了进化计算的基础。

进行进化计算研究的另一动机，能够在技术视角方面得以体现。20世纪下半叶，不同行业的计算机化使得采用自动化方式实现问题求解的需求日益增加，但研究和开发能力却未能与这些需求保持同步增长，这使得能够对待求解问题进行透彻分析并设计定制化算法的时间要求逐渐递减。此外，与上述问题相平行的另外一个趋势却是，待求解问题的复杂性也日益增加。可见，上述两个趋势意味着不同行业都迫切需要具有满意性能的鲁棒问题求解算法。也就是说，当前阶段所需要的是具有普适性的问题求解算法，而不是面对特定问题进行过于耗费时间与精力的定制化研究，并且该普适性算法能够在用户可接受的求解时间内提供优良（不一定最佳）的解。因此，针对越来越多的问题在越来越少的时间需求内变得越来越复杂的情况，可采用进化算法解决部署自动化求解方案所面临的挑战。

第三个动机也是目前支撑每个科学领域的背后动机，即人类的好奇心。进化过程作为科学研究的主题之一，其主要目标是理解生物进化过程的运行机制。从该视角而言，进化计算代表了其所具有的不同于传统生物学实验的可能性。显然，进化过程能够在计算机中进行模拟，数百万代的进化过程可在几小时或几天内在各种差异化的环境中重复进行。这些研究取得丰硕成果的可能性远远超出了基于挖掘、化石或者可能仍在进行的面向活体生物的研究。特别需要提出的是，模拟实验结果的解释必须要非常严谨，其原因在于：首先，计算机模型是否能够代表具有足够可信度的生物现实是未知的；其次，基于数字介质得到的进化结论是否能够转移到基于碳介质的生物体中目前还尚不清晰。尽管存在上述的警告，但在进化计算研究中依然存在着较强传统，即为了理解进化过程的运行机理而"反复琢磨"。因此，面向应用问题的研究在该分支中并不会承担主要"角色"，至少在较短的研究周期内还不会有所体现。但是，研究更多更深入的进化过程机理，显然是更加有助于设计并获得更好的问题求解算法。

在上文给出3个基于不同视角的面向进化计算的研究动机后，本书将通过不同领域的系列应用实例向读者展示采用进化计算方式求解问题的能力。

采用进化算法已成功实施的最具挑战性的优化任务是大学课程时间表问题[74,32]。通常，每学期的每个运行周需要讲授2000～5000堂课，需要分别给出这些课程所对应日期、时间和教室。针对该问题的首个优化任务是需要减少课程冲突的数量，典型的冲突例子是学生同时进入两个教室或者在相同教室同时进行两个讲座等。显然，制定不存在冲突的可行性时间表是一项非常艰巨的任务。事实证明，在大多数情况下所制定时间表的绝大部分解都是不可行解。此处，针对该优化任务，除要求生成具有可行性的时间表外，还期望生成老师和学生都认可的最佳时间表。这样，该优化任务需要考虑相互竞争的大量目标，例如，学生期望连续听课不超过两个班次，而讲授课程的老师可能更关心能够拥有整天的自由时间用于学术研究，即老师希望能够连续授课。同时，学校管理的主要目标却可能是尽量提高教室的利用率或减少学生在教学楼周围及其之间的往返次数。

面向工业设计优化，以太空卫星的天线吊杆设计为例说明 EC 的应用效果。在该设计中，采用梯状结构吊杆连接卫星本体和通信天线。设计要求吊杆须具有抗振性能，保证其稳定性非常重要的原因在于：太空中不存在能够阻尼振动的空气，一旦吊杆发生振动则可能造成整个卫星天线结构的彻底损坏。基恩等人使用进化算法进行天线吊杆结构的设计优化。采用该算法所设计结构强于传统领域专家 20000％！特别值得关注的是，相对于人类专家的传统设计，进化算法所设计的吊杆形状非常的奇怪：其既不存在结构对称性，也与直观的设计逻辑无关（图2.4），从外观看更像是随机的绘图。其中最为关键的一点是：进化设计未采用任何智能的随机绘图，仅是通过演化过程对初始天线吊杆的设计解进行一系列的连续改进。上述结果表明，进化计算作为设计师具有不同寻常的能力：不受传统设计习惯、美学考虑以及人类专家所固有的毫无依据的偏好结构对称性等限制；相反，其给出的设计方案完全是由解的质量进行的，所以才获得超出人类设计师思维在本质上隐含和无意识局限范围外的优质解。特别值得提出的是，进化设计通常是与逆向工程相辅相成的。因此，当通过进化设计获得可证明的优良解时，就可以基于传统工程的视角对该优良解进行分析和解释。进一步，这也能够促进通用型知识的诞生，即：制定新的法律、理论或设计原则并将其应用于相似类型的其他问题[①]。

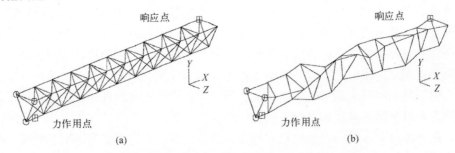

图 2.4 3 维吊杆的初始常规设计（a）和遗传算法的最终设计（b）

建模任务通常是在数据较为丰富的环境中进行的。实际经常遇到的是存在面

对特定事件或者未正式地描述现象的许多样本实例。例如，银行可能拥有一百万个客户的记录（存档），包含客户的社会地理数据、抵押贷款、保险财务概况以及银行卡详细信息等。此外，银行也掌握着客户偿还贷款的行为信息。在这种情况下，比较合理的假设是客户历史存档（源于过去的事实和已知数据）与其未来行为（未来可能发生的事件）有关。为了准确掌握客户的还款行为，银行需要建立客户的历史存档输入与其行为模式输出间的关联模型。显然，此模型具有预测能力，其在决定是否同意客户的新贷款申请行为时，具有非常大的应用价值。上述情况就是机器学习和数据挖掘领域所面临的典型应用环境。进化计算是可用于解决此类问题的一种可能技术[179]。

上述建模方法的另一个实例在文献[370]中进行了较为详细的描述，即：Schulenburg 和 Ross 采用学习分类器系统对股票市场的交易行为规则所进行的演化模拟。该模型的输入是累计十年的历史交易数据。采用统计形式对每个交易日的数据进行处理以构建交易模型，所考虑因素包括：某些公司股票的交易量、当前价格、过去几天的价格波动、价格是否升高（或降低）等因素。由进化算法得到的交易模型是由系列"条件→行动"规则所组成的。每天的即时股票市场信息输入给所构建的交易模型后便会触发某条规则，进而决定对股票是进行买入操作还是卖出操作。所采用的遗传算法会周期性地在规则集（随机初始化）上运行，并持续不断地对表现良好和较差的规则进行奖励和惩罚处理。结果证明，基于进化系统的交易模型所得到的股票交易盈亏是优于许多众所周知的股票交易策略的，并能够根据待交易股票的特定性质而采用差异性的操作策略。与在时间序列预测中较为常用的神经网络等建模方法相比，特别有价值和有益的是基于规则的进化交易者的操作行为更容易进行验证，即：进化模型所采用的股票交易规则对用户而言是透明的。

进化计算也可用于仿真问题，即：当研究主题处于演化特性（由变化和选择所驱动）环境中且需要回答"What-if"假设问题时，可采用进化计算予以解决。进化经济学作为已有的研究领域，其大致基于的认知是：游戏和社会经济领域的参与者在生命游戏中具有许多共同之处。一般来说，进化算法所基于的适者生存原则也是社会经济背景的基础。具有社会经济解释的进化系统具有不同于生物学进化视角的解释，即：行为规则对个体的管理在其中发挥着非常重要的作用。基于代理的计算经济这一术语常用于强调上述观点[427]。这方面的学术研究通常是基于名为"Sugarscape world"的简单模型[155]。在进化所模拟的网格空间中，具有类似代理的居民以及可供居民进行消费、拥有和交易等行为的商品（糖）。可采用许多方法建立具有经济学解释和进行仿真实验的系统变化。例如，Bäck 等人在文献[31]中，对不同情况下的人工强制商品再分配（税）和演化行为之间的相互作用机制进行了研究。显然，必须非常细心地对上述实验结果进行合理解释，进而避免将上述进化仿真结果转化至真实的社会经济背景时变得毫无依据。

最后，作者注意到，具有清晰生物学解释的进化计算实验是非常有价值的。此处采用两个源于不同视角的方法对其进行举例说明，即：尝试采用已有的生物学特征或采用不存在的生物学特征。在第一种方法中，如何仿真已知自然现象是一个关键问题，其动机源于自然界已存在的技巧可用于研究求解问题算法的期望，或者是简单测试在碳元素主宰生物世界已存在的进化效应是否也会在硅元素主宰的计算世界中发生。此处，以生物世界存在的限制乱伦的现象为例进行说明。针对乱伦的强烈道德禁忌已经在人类社会存在了数千年。最近两个世纪的科学研究所得到的支撑上述观点的结论是：乱伦会导致种群退化。文献[158]中的研究结果表明，计算机仿真进化研究也能够从禁止乱伦这一社会观点中获得益处，其证实了乱伦针对进化过程而言是固有缺陷，对于种群进化具有负面影响，并且与进化所发生的介质并无关系。另一种具有生物学特点的仿真方法是，将生物学中不存在的特征在计算机进化中予以实现。例如，采用多父代的机制进行繁殖，即：在交配过程采用两个以上的父代，子代从每个父代均继承部分遗传物质。本书作者等研究学者已对该多父代机制进行了大量实验研究，结果表明其在许多不同情况下均能够取得不错的效果[126,128]。

　　此处，对本章所进行的简短介绍进行总结：进化计算作为计算机科学的一个重要分支，是一类广泛应用的、基于达尔文的自然选择原理而提出的算法，并同时从现代分子遗传学研究中获得了灵感。纵观世界发展历史，许多物种已在地球上出现并进化以适应不同的环境，并且所有这些物种都基于相同的生物机制。同样，若在新环境下提供新的进化算法，研究学者所期望的是：初始种群能够以更适应所在环境的方式生存。通常（但并非总是）环境将采用待求解问题所在背景形式并反馈这些个体所表征解的性能，本书前文已经举出不少这样的实例。但是，正如本书已指出的，针对某些问题寻找最优解并不是进化算法的唯一用途。进化算法所固有的柔性自适应系统的本质表明，其具有非常多样化的应用范围，从经济建模与仿真到多样化生物过程的自适应行为均可涉猎。

　　（关于本章的练习和推荐阅读，请访问 www.evolutionarycomputation.org.）

第 3 章　进化算法：定义

本章的主要目的是描述"进化算法（EA）在本质上是什么"。为统一目前已经存在的多种不同的观点，本书提出了构成多类不同变种 EA 算法共同基础的通用框架。首先，讨论 EA 算法的主要组成部分，解释各组成部分的作用及相关术语等问题。接着，采用两个示例应用程序对 EA 算法进行描述。最后，继续讨论有关 EA 算法操作的一般性问题，并在更为宽广的研究背景下解释 EA 算法与其他全局优化技术的内在关系。

3.1　进化算法是什么？

进化算法（EA）在发展过程中存在许多变种。所有这些 EA 算法变种所采用技术背后的基本理念都是相同的，即：由个体组成的种群在有限资源环境中，对资源的竞争导致自然选择（适者生存）现象的产生。上述竞争机制反过来又使得种群适应度得以提高。给定需要最大化的质量函数，首先需要随机创建一组候选解作为函数域的基本元素，然后基于质量函数对这些候选解采用抽象的适应度概念进行度量（通常，适应度的值越高越好），接着在适应度值度量的基础上选择适应度较高的候选解用于繁殖以产生下一代。繁殖过程通过对所选择的候选解进行重组操作和/或突变操作完成。重组操作是指采用两个或更多个候选解（也称为父代）产生一个或多个新的候选解（也称为子代）的过程。突变操作是指采用单个候选解并产生单个新的候选解的过程。可见，对父代执行重组操作和突变操作均会创建新的候选解（子代）。最后，对上述候选解进行适应度评估，并进行基于适应度值或者年龄的新种群个体的竞争。上述过程会迭代进行，直到获得质量满足期望的候选解或达到预先设置的计算限制。

由以上简述可知，构成进化系统基础的两个主要驱动力是：

（1）变异（重组和突变）操作算子在种群内创造必需的多样性进而获得新颖性；

（2）选择操作算子能够增加种群候选解的平均质量。

通常，变异操作和选择操作算子的组合应用会使得种群适合度逐步提升。为了能够较为容易地理解上述现象，其中的一种观点是：认为进化过程会持续优化或者近似适应度函数，进而导致后者的取值随进化时间的推移而逐步接近最优值。

另一种观点是将进化过程视为自适应过程，在此种情况下，适应度函数不再是待优化的目标函数，而是对种群所在环境需求的表征。显然，能够紧密地匹配环境需求就意味着其就有更高的生存能力，最为形象地体现就是具有更多数量的子代，进而使得种群能够越来越适应其所在的生存环境。

应该需要注意的是，进化过程的许多组成部分的操作都具有随机性。例如，在进行选择操作时，并不能确保适应度最佳的个体一定能够被选择，并且某些适应度较弱的个体也存在被选择的机会，进而会成为父代或生存者。此外，在重组操作过程中，选择父代的哪些基因片段进行重组操作也是随机的。类似地，对于突变操作，在候选解中选择哪些基因片段进行操作获得新的基因片段也是随机的。进化算法（EA）的通用框架在图 3.1 中以伪代码形式给出，流程图如图 3.2 所示。

```
BEGIN
  INITIALISE population with random candidate solutions;
  EVALUATE each candidate;
  REPEAT UNTIL ( TERMINATION CONDITION is satisfied ) DO
    1 SELECT parents;
    2 RECOMBINE pairs of parents;
    3 MUTATE the resulting offspring;
    4 EVALUATE new candidates;
    5 SELECT individuals for the next generation;
  OD
END
```

图 3.1　进化算法通用框架的伪代码

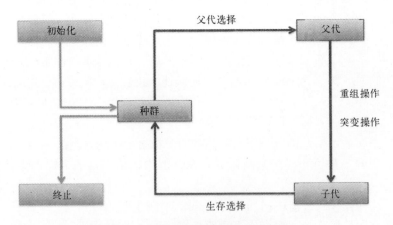

图 3.2　进化算法通用框架的流程图

由图 3.1 可知，本书所描述的 EA 算法通用框架属于"生成—测试"算法的范畴。采用评估（适应度）函数对待求解问题的候选解的质量进行启发式估计。搜索过程由变异操作和选择操作驱动予以实现。将 EA 算法定位于"生成—测试"方法范畴的重要证据是其所具有的如下特点：

（1）EA 算法是基于种群运行的，即：其能够同时处理全部候选解；

（2）多数 EA 算法采用重组操作算子，通过混合两个或更多候选解的基因信息而创建新的候选解；

（3）EA 算法是随机的。

本书前文所提到的不同类型的 EA 算法在形式上都是遵循上述通用特征的，差异只是存在于算法的技术细节上。特别重要的一点是，通常不同种类的 EA 算法都把候选解的表示方式作为其区别于其他算法的独有特征。也就是说，不同 EA 算法在编码候选解的数据结构方面都具有独一无二的特点。用于候选解编码的数据结构通常包括：遗传算法（GA）中基于有限字母的字符串形式、进化策略（ES）中所采用的实值向量形式、经典的进化编程（EP）中采用的有限状态机形式以及遗传编程（GP）中采用的树状形式。造成上述编码差异的主要原因在于：这些不同 EA 算法的产生历史背景是不同的。从技术的视角，若某种候选解的表示方式能够与待求解问题较好地进行匹配，那么该表示方式就可能会优于其他方式；也就是说，此时所采用的表示方式使得候选解的编码更容易或更自然。例如，当用 n 个逻辑变量求约束满足问题时，最为自然的候选解表示方式就是采用长度为 n 的位-字符串，进而使得第 i 个基因位可以直接表征变量 i 取值为真（1）或假（0）的情况；相应地，此时所优先选用的 EA 算法自然也就是 GA 算法。另外一个例子，若开发进行跳棋游戏的计算机程序，对候选解进行编码的最自然的选择应该是能够非常容易形成程序句法表达式的解析树，所采用的 EA 算法最好是 GP 算法。此外，还需要重点关注的两点是：首先，对候选解进行操作的重组操作和突变操作算子必须与给定的待求解问题相匹配，例如，GP 算法中的重组操作算子需基于解析树操作，但 GA 算法中的重组操作算子需基于字符串进行操作；其次，与重组操作和突变操作相比较，选择操作仅需要考虑适应度的信息，与候选解的表示方式无关。所以，不同 EA 算法在选择机制方面的差异性主要是源于传统习惯而不是由于技术的必要性。

3.2 进化算法的组成

本节对进化算法进行详细讨论。在定义特定 EA 算法时需要指定其组成部分、进化过程或操作算子，其最重要的组成部分如图 3.1 中的斜体字所示，即：

● 问题表示（个体的定义）；

● 评估函数（或适应度函数）；

- 种群；
- 父代选择机制；
- 变异操作算子，包括重组操作和突变操作；
- 生存选择机制（替代）。

由上述描述可知，若要创建完整、可运行的 EA 算法，需要确定其每个组成部分的实现策略和对算法初始化过程进行定义。若期望 EA 算法在某个进化阶段就停止寻优[①]，还需指定算法的终止条件。

3.2.1　问题表示（个体定义）

事实上，对 EA 算法进行定义的首要目的是建立"真实世界"与"EA 算法世界"间的联系，即：在原始待求解问题所在的环境和用于进化算法运行的候选解空间之间建立桥梁。通常，该过程需要简化或抽象现实世界的某些方面，进而创建获得定义明确且可触摸的问题环境，同时要求候选解存在并能够被有效地评估；该项工作通常由熟悉待求解问题领域的专家完成。从自动进行问题求解的视角，首先需要确定的是如何以计算机能够实现的方式进行候选解的获取与存储。通常，原始环境中存在的候选解称为表现型，针对这些候选解的编码就是 EA 算法中的个体，称为基因型。因此，EA 算法的首个设计步骤被称为问题表示，其本质是指定从表现型到基因型的映射，后者能够对前者进行表征。例如，对候选解为整数的优化问题，整数集合就代表着一组表现型，因此，可采用整数的二进制代码实现基因型的表示，即：整数值 18 为表现型，其基因型为二进制串 10010。读者需理解的重要事实是：表现型空间与基因型空间的差异比较大，进化搜索在基因型空间中进行，待求解问题的优良解（即优良的表现型）是在 EA 算法终止后，对优良的基因型进行解码才能够得到。因此，待求解问题的最优解（最优表现型）是通过给定基因型空间进行表征的。实际上，由于在问题的优良解获得之前对最优解的值或形式并不知晓，所以通常期望所采用的问题表示方式能够涵盖全部的可能解[②]。

特别需说明的是，现有 EA 算法的研究文献中包含着许多同义词，部分如下：

（1）在原始问题背景方面，候选解、表现型和个体都是用于表示待求解问题可能解的术语，这些可能的全部候选解空间通常称为表现型空间；

（2）在 EA 算法所采用的术语方面，基因型、染色体和个体等术语都表示进化搜索过程实际运行空间中的某个点，该搜索空间通常称为基因型空间；

（3）在个体的元素方面也存在许多同义词，如占位符通常被称为变量，基因

[①] 并非所有 EA 算法都需要在某个运行阶段终止。例如，目前互联网上的艺术进化例子的结束方式就是开放式的，而并非指定在某个阶段停止。

[②] 在"生成—测试"算法范畴的语言描述中，通常表示生成阶段的工作已经完成。

座、位置、基因（基于生物学的术语）等术语表示相同的含义。某个位置的某个对象就是一个值或一个等位基因。

需要注意的是，术语"问题表示"具有两个稍微不同的使用方式。第一种使用方式是表征从表现型空间到基因型空间的映射，此时其含义与编码相同，如通常所说的候选解的二进制表示或二进制编码；相对应的，从基因型到表现型的逆映射通常称为解码，这种可逆性使得每个基因型最多存在一种相对应的表现型。第二种使用方式的重点，不在于映射含义的本身，而在于对基因型空间数据结构的表征，这也是最为常用的方式，例如，前文所描述的面向二进制表示方式的变异操作算子。

3.2.2 评估函数（适应度函数）

评估函数用于表征种群通过对环境的适应过程所达到的要求，是选择种群个体的基础，能够辅助提升种群性能。更为准确地说，评估函数定义了种群性能的改进所隐含的寓意。从待求解问题的视角而言，评估函数表示在进化背景下拟解决的任务；从技术的视角而言，评估函数是对基因型所对应解的质量进行度量的功能或过程。通常，评估函数的功能采用两个步骤予以实现：首先是对基因型进行反向表示即将其映射为表现型，其次是在表现型空间进行个体质量的度量。此处仍然继续采用前文的示例予以说明。若当前所面临的待求解问题是找到使 x^2 最大化的整数 x，则对基因型 10010 对应的适合度值需要通过两步获得：首先，通过解码 10010 得到其对应的表现型，即 10010→18；然后，依据待求解问题的要求计算该表现型的平方，即 $18^2 = 324$。

通常，进化计算（EC）领域也将评估函数称为适应度函数。由于术语"适应度"通常与最大化的取值相关联，待求解问题的要求若是最小化某个目标函数值，会导致该术语违反常规的直觉，故此时需要通过数学变换将原始最小化问题转变为最大化问题。通常，EA 算法需求解的原始问题都是优化问题（具体的技术细节详见本书 1.1 节）。在这种情况下，术语"目标函数"常用于原始的待求解问题环境之中，"评估（适应度）函数"可与上述已确定的目标函数相同或通过对目标函数的简单转换后获得。

3.2.3 种群

在 EA 算法中，种群的作用是保持（表征）待求解问题的可能解。种群是基因型的多集合[①]，也是进化过程的基本单位。相对而言，个体是不具备改变能力或自适应行为的静态对象，种群则是具有上述功能的动态对象。在确定待求解问题的表示方式后，进行种群定义所需要完成的工作只是指定种群包含个体的数量，

---

① 多集合是指包含某个元素多个副本的集合。

即：设置种群规模。在某些较复杂的 EA 算法中，种群还具有通过距离度量或基于邻域关系予以定义的附加空间结构。这与真实世界中的生物进化过程相对应，即：空间结构背景由种群个体所在的地理位置确定。因此，在这种情况下指定完整的种群还需要定义其附加的空间结构。

目前，几乎全部 EA 算法应用中都将种群规模设置为定值，并且在进化搜索过程中保持不变，这种方式导致种群个体间相互竞争的资源是有限的。通常，选择操作（父代选择和生存选择）都发生在种群层面，即：选择操作是在当前种群内进行的，并且总是基于当前个体进行。例如，给定种群中的最佳个体常被选择用于繁殖下一代，或者给定种群中的最差个体常被新个体所替代。显然，种群层面的选择操作算子与仅对一个或多个父代个体进行遗传操作的变异操作算子形成鲜明的对比。

种群多样性用于度量具有差异化的候选解的数量。多样性的度量标准目前还未统一。通常，研究学者所参考的标准包括不同适应度值的种群个体数量、不同表现型的数量或不同基因型的数量。此外，还存在着熵等其他的统计度量指标。需要特别注意的是：由于不同表现型可拥有相同的适应度值，所以当种群中的适应度值仅有一个时并不意味着在该种群中仅存在一种表现型。等价地，在当前种群中仅拥有一种表现型时，也不意味着在该种群中只存在一种基因型。但是，若在当前种群中仅存在着一种基因型却意味着在该种群中仅具有一种表现型和一个适合度值。

3.2.4　父代选择机制

父代选择或配偶选择的作用是，依据个体质量对个体进行区分并选择优良个体成为下代种群的父代。为产生子代种群中的某个个体被选中而进行变异操作的个体即为父代。与生存选择机制相同，父代选择机制的主要目的是提升种群的整体质量。在 EC 领域中，父代选择通常都是概率性的，这使得高质量个体比低质量个体拥有更高概率成为下一代种群的父代。尽管如此，低质量种群个体也经常会被给予虽然较小却是正向的被选择机会，这样可以避免进化搜索算法过于贪婪而使得种群陷入局部最优。

3.2.5　变异操作（突变和重组）

从基因型空间的视角，变异操作算子的作用是针对旧的种群个体进行变异操作以创建新的个体。相应地，从表现型空间的视角，变异操作算子是从上代旧的候选解中产生新的候选解。从"生成—测试"策略的两步式搜索方法的视角，变异操作在本质上执行的是"生成"操作。依据变异操作算子的独特性，其可进一步地被分为一元变异（突变操作）和 n 元变异（重组操作）算子。

1. 突变操作算子

突变操作算子在本质上是一元变异，其应用于一种基因型并通过对旧种群个体的较小改变以创建新子代。变异操作通常都是随机进行的，即新子代的创建取决于针对旧种群个体而进行的系列随机选择的结果。需特别指出的是，并非所有的一元变异算子所对应的操作都为突变操作。例如，采用术语"突变"描述针对特定问题启发式算子的以下操作行为更为恰当：为寻找个体弱点而进行系统的检查，通过对个体执行微小的改变以提升个体的适应度。此外，通常假定突变操作算子所导致的种群变化具有随机性和无偏性。基于上述理由，将具有启发式特性的一元变异操作算子不归类于突变操作算子的范畴还是比较合适的。从 EC 发展历史的视角出发，突变操作算子在不同类型 EA 算法中的作用也是具有差异性。例如，遗传编程（GP）中通常不采用突变操作算子；遗传算法（GA）中将突变操作算子作为"幕后操作"算子为遗传基因库产生"新鲜血液"；进化编程（EP）中的突变操作算子作为算法中唯一的变异操作算子为进化过程创建新个体。

变异操作是进化过程的基本（寻优）步骤，其给出了 EA 算法搜索空间的拓扑结构。因此，基于变异操作创建子代的过程就等价于抵达待搜索空间中的新位置。从上述视角可知，变异操作算子所具有的理论作用是保证 EA 算法搜索空间的连续性。甚至已有的理论研究表明，在给定足够搜索时间时，EA 算法将能够寻优得到待求解问题的全局最优解。需要注意的是，上述这些理论研究成果都需要搜索空间具有连通性，即：变异操作算子能够抵达基因型所表征的任意可能的候选解所占据的空间位置[129]。满足上述条件的最简单方式是要求变异操作算子能够跳转至待搜索空间中的任何位置，如：允许任意位置的等位基因能够以非零概率突变为其他位置的等位基因。但是，也有许多研究学者认为，上述这些证明在实际应用中的重要性是有限的，并且已有 EA 算法的变异操作算子通常并不具备随意跳转的属性。

2. 重组操作算子

通常将二元变异操作算子称为重组操作或交叉操作算子，其功能是将两个父代中基因型进行合并进而得到单个或两个子代的基因型。重组操作算子与突变操作算子的相同点是都具有一定的随机性，即：每个父代的哪些片段被选择以用于组合以及如何进行组合都是基于随机策略进行的。与突变操作算子相同的另一点是，重组操作算子在不同类型的 EA 算法中均具有差异性：在遗传编程（GP）中重组操作是唯一的变异操作算子，在遗传算法（GA）中作为最主要的搜索算子，在进化编程（EP）中却不存在该变异操作算子。此外，拥有两个以上父代的重组操作算子，在数学学科的视角上不仅是合理的并且是能够实现的，但在生物学科的视角上却根本不存在与之相等价的生物机理。因此，上述生物学机理对重组操作的限制可能是多父代变异操作算子未能被广泛采用的原因，但已有研究成果也表明，多父代变异操作对进化过程起着积极的正向推动作用[126,128]。

重组操作的原理是，通过对具有不同期望理想特征的两个个体间的交配产生能够组合父代理想特征的子代。几千年来，上述原理已经被农作物育种者和牲畜饲养者成功应用，主要用于提高农作物产量或获得其他人类所期望得到的某些特定需求。EA 算法通过对具有随机特性的重组操作创建子代，依据子代是否具有所期望的特征可分为 3 个类别：某些子代具有研究学者所不期望的特征组合，大多数子代具有与父代相差不多的性能，某些子代具有明显优于父代的改善特征。针对地球生物学的大量研究表明，除了极少数例外，低等生物无性繁殖和高等生物的有性繁殖[288,289]都能够通过重组操作创建优良的子代，表明了重组操作是一种非常有效的繁殖形式。但是，由于 EA 算法中的重组操作算子是以一定概率进行的，这导致不同基因片段间的重组操作机会都是相同的。

需要特别关注的是，变异操作算子对待求解问题的表示方式具有一定的依赖性。因此，针对不同的问题表示方式需定义不同形式的变异操作算子。例如，对于采用位—字符串形式表示的基因型可采用位取反方式作为变异操作算子；但若待求解问题采用树状结构的表示方式，则需要重新定义另外一种形式的变异操作算子。

3.2.6 生存选择机制（替代）

与父代选择机制类似，生存选择或环境选择也是依据种群个体质量的差异所进行的遗传行为，其目的是实现对优良个体的选择。但是，生存选择在进化周期中所处的阶段不同于父代选择，前者是在由父代创建子代的操作完成后才进行的遗传操作行为。在本书 3.2.3 节指出，由于 EC 中的种群规模通常是固定的，这使得只能选择部分种群个体进入下一遗传周期。通常采用的生存选择准则都是依据种群个体适应度选择具有较高适应度的种群个体，另外一种较为常用的选择准则是依据种群个体的年龄。与前文所述的父代选择机制通常都具有随机性相反，生存选择机制都是确定性的。例如，两种常见的生存选择方法是基于适应度值和基于种群个体年龄，前者是先将全部父代和子代按适应度值大小进行排序再选择排名靠前的部分个体，后者则是仅从年龄小的子代中选择部分个体。

生存选择也常被称为替代策略。在多数情况下这两个术语是可替换使用的，本书为保持前后文的一致性主要采用前者，如在图 3.1 中的步骤 1 和 5 中使用的也是"选择"这一术语，并采用限定符区分所表征含义的差异性。一方面，若 EA 算法生成的子代数量远超过父代数量（例如，在规模为 100 的种群中生成 500 个后代），采用"生存选择"这一术语显然更为恰当；另一方面，若子代数量与种群已有个体数量的比值较小，采用"替代"术语则更为适合。例如，种群规模为 100 并且"稳态"运行的 EA 算法在每次进化过程中仅生成 2 个子代。在此种情况下，生存选择的含义就是从原种群中选择 2 个旧的个体并将其删除，再采用新生成的 2 个个体替代被删除的个体。此时更为有效的说法也可以是：原种群中未被删除的个体是生存者，而被删除的个体则是被替代者。上述两种生存选择策略，不仅在生物界中存在，而且在 EC 领域也广为研究学者采用，本书的后续部分将会详细论述该问题。因此，考虑通用性和一致性，本书在章节标题中采用了"生存选择"这一术语，但若被引用的文献中采用的是"替代"这一术语，则本书将会在文献引用处沿用该术语。

3.2.7 种群初始化

目前，多数 EA 算法在种群初始化时，采用较为简单的随机产生个体的方式。从原理上讲，在该步骤中也可以针对特定问题采用特定的启发式方式进行初始化，进而获得具有更高适应度值的初始种群。显然，上述方式需要以额外的计算消耗为代价，该代价是否值得主要取决于优化算法所面对的待求解问题实例。关于如何有效地实现种群初始化的问题，本书在 3.5 节中将首先对较为常用的关注点予以讨论，之后在第 10 章中进行更为深入的探讨。

3.2.8 进化终止条件

进化终止条件通常是依据待求解问题的特性，在不同情况下采用不同的准则。如果待求解问题具有通过给定目标函数已知的最优值而确定的最佳适应度值，那么理想的进化终止条件就是获得该最佳适应度值对应的最佳解。如果待求解问题模型是由实际复杂问题经过若干步骤的简化后才得到，或者模型自身包含一定程度的噪声，那么进化终止条件就是获得期望最佳适应度值的某个给定精度 $\varepsilon > 0$ 范围内的可接受解。由于 EA 算法在本质上是随机性的，在多数情况下都无法保证搜索得到上文所描述的最优解，这使得上文所述的进化终止条件可能永远无法满足，进而导致 EA 算法的演化过程可能永远不会停止，因此，必须确定存在能够终止算法运行的扩展条件。通常，如下的几种设置常作为 EA 算法的运行终止条件：

（1）达到最长 CPU 运行时间；

（2）适应度评估数量达到给定阈值；

（3）在给定的时间段内（例如，在给定的 EA 算法运行代数或适应度评估次数所需要的运行时间段内），种群适应度性能的提升值低于给定阈值；

（4）种群多样性低于给定阈值。

依据上述这些不同情况可知，EA 算法实际终止标准包括搜到问题最优解或满足预设条件 X 两种情况。若待求解问题不存在能够已知的最优解则不需要对问题进行详细解析，EA 算法终止只需满足上述列表中的某个条件或者达到能够确保算法终止的某个类似条件即可。在本书 3.5 节将对 EA 算法终止条件问题进行再次探讨。

3.3 进化循环的手动推演

为形象地展现 EA 算法的运行机制，基于文献[189]的研究基础，以一个简单的待求解问题为对象描述"选择—繁殖"周期的细节。此处，待求解问题的要求是：针对 0～31 范围内的整数，计算 x^2 的最大值。为了进行完整的进化循环过程，待设计的 EA 算法主要组成部分包括表示方式、父代选择、重组操作、突变操作和生存选择等。

针对上述待求解问题，采用 5 位二进制编码将整数（表现型）映射为位字符串（基因型）。首先，采用适应度比例机制进行父代选择，种群 P 中的个体 i 被选择概率的计算公式为 $p_i = f(i) / \sum_{i \in P} f(i)$；接着，采用上述选择机制选择父代并创建子代；最后，采用新子代替代父代以获得新的种群。可见，此处所采用的生存选择机制非常简单：先将全部已有个体从当前种群中移除，再将全部新产生的个体直接作为新的种群个体。显然，该策略不需要计算新创建个体的适应度值，这意味着全部子代都将被选择为新种群的个体。基于此处所采用的问题表示方式，突变操作和重组操作算子的设计也比较简单。突变操作的实现过程可描述为，先在每个基因位产生一个随机数（在[0,1]之间以均匀分布的方式产生），再将该随机值与突变率阈值进行比较：若某个基因位置的随机值小于突变率阈值，则该位置的基因值保持不变；反之，将该位置的基因值进行取反操作。重组操作算子采用非常经典的单点交叉：针对表征父代的两个字符串，先随机选择交叉点再对位于交叉点后的父代基因进行互换，进而创建两个新子代。

完成上述设计后，便可执行完整的 EA 算法的"选择—繁殖"循环了。该进化循环的起始点从选择父代开始。规模为 4 的随机初始化种群的基因型、表现型及其适应度值的统计结果如表 3.1 所示。表 3.1 中，第 5 列表示父代选择操作完成后的种群个体中的预期副本数量，其计算公式为 $f(i)/\bar{f}$，其中 $\bar{f}$ 表示平均适合度。可见，此列数字表征的是概率分布，匹配池是基于上述概率分布进行随机采样后创建实现的。表 3.1 中的"实际数量"列表示的是匹配池中不同种群个体的副本数量。

表 3.1 x^2 例子的第 1 步：初始化、评估和父代选择

个体序号	初始化种群	x 值	适应度 $f(x) = x^2$	$Prob_i$	期望数量	实际数量
1	0 1 1 0 1	13	169	0.14	0.58	1
2	1 1 0 0 0	24	576	0.49	1.97	2
3	0 1 0 0 0	8	64	0.06	0.22	0
4	1 0 0 1 1	19	361	0.31	1.23	1
综合			1170	1.00	4.00	4
平均			293	0.25	1.00	1
最大值			576	0.49	1.97	2

接着，对上表中所选定的种群个体进行随机配对，并在每对个体所对应的字符串上随机选择交叉点。表 3.2 给出了以第 2 个和第 4 个基因位为交叉点进行遗传操作后的结果，并给出了执行交叉操作后种群个体的适合度值。突变操作针对交叉操作所创建的子代进行。基于随机突变操作所获得的结果如表 3.3 所示。由表 3.3 可知，经过此次突变操作后，种群个体的适应度值得到较大的提升；但此处需强调的是，随着后续种群个体编码基因位所包含"1"的数量的增加，大多数情况下的突变操作都将会使得种群适应度值降低。虽然，这个简单例子的进化过程是基于手动方式推演的，但其仍然体现了典型 EA 算法的寻优效果：在交叉操作和突变操作完成后，种群的平均适度值由 293 提高到了 588.5，最佳适度值由 576 提高到了 729。

表 3.2　x^2 例子的第 2 步：交叉和子代评估

个体序号	初始化种群	交叉点	交叉后的子代	x 值	适应度 $f(x) = x^2$
1	0 1 1 0 | 1	4	0 1 1 0 0	12	144
2	1 1 0 0 | 0	4	1 1 0 0 1	25	625
3	0 1 | 0 0 0	2	1 1 0 1 1	27	729
4	1 0 | 0 1 1	2	1 0 0 0 0	16	256
综合					1754
平均					439
最大值					729

表 3.3　x^2 例子的第 3 步：突变和子代评估

个体序号	交叉后的子代	变异后的子代	x 值	适应度 $f(x) = x^2$
1	0 1 1 0 0	1 1 1 0 0	26	676
2	1 1 0 0 1	1 1 0 0 1	25	625
3	1 1 0 1 1	1 1 0 1 1	27	729
4	1 0 0 0 0	1 0 1 0 0	18	324
综合				2354
平均				588.5
最大值				729

3.4　应用实例

3.4.1　八皇后问题

该问题是将 8 个皇后放置在 8×8 棋盘上，要求其中的任意两个皇后都不能互相攻击，将其进一步抽象，即为本书 1.3 节所描述的 N 皇后问题。许多经典的人工智能方法都采用构造性或增量的方式对八皇后问题进行求解：先在棋盘上放置 1 个皇后，当放置 n 个皇后之后再试图将第 $(n+1)$ 个皇后放置在不会对其他 n 个皇后进行攻击的位置。上述策略通常还采用某种回溯机制：若第 $(n+1)$ 个皇后无可放置的位置，则需要移动第 n 个皇后进行重新求解。

采用 EA 算法求解八皇后问题的方式与上述的增量式策略完全不同，前者的候选解是对棋盘进行完整而非部分的配置，即：采用一次性指定 8 个皇后在棋盘上的位置的方式进行棋盘配置。EA 算法的表现型空间 P 是所有上述候选棋盘配置的集合。受到皇后不能互相攻击条件的限制，在上述表现型空间中存在大量的不可行解。显然，任何一个表现型 $p \in P$ 对应解的质量 $q(p)$ 都能够采用皇后之间的攻击对数量进行度量，其值越小，其相应的表现型（棋盘配置）质量就越好。由此可知，$q(p) = 0$ 所表征的即为符合八皇后问题的优良解。因此，可以依据上述规律构建最优值已知的最小化目标函数。尽管此时还未对八皇后问题的基因型进行明确定义，但可得到的结论是：按照适应度值最大化的默认要求，表征表现型 p 的基因型 g 的适应度是 $q(p)$ 的倒数。目前已有的很多种方法都能够实现上述要求。例如，将适应度设为 $1/q(p)$ 是其中最为简单的一个解决方法，但该方法在计算过程中可能存在除以零而造成计算结果无意义的缺点，相应的解决措施有两个：一是可通过假定 $q(p) = 0$ 予以克服，即当该现象出现时就认为搜寻获得了问题的最优解；二是在分母上添加较小的值 ε，即将适应度函数更改为 $1/(q(p) + \varepsilon)$。其他将最小值转化为最大值的方法还包括：采用适应度函数 $-q(p)$ 或 $M - q(p)$，其中 M 是能够使得所有可能棋盘配置对应的适合度值均为正值的足够大的正数（如其取值为 $M \geqslant \max\{q(p) \mid p \in P\}$），该适应度函数具有表现型 q 的固有性质（其最优值 M 是已知的）。

为了设计能够有效搜索空间 P 的 EA 算法，需要首先定义表现型的表示方式。最为直接的策略是将搜索空间 P 中的全部矩阵元素作为基因型，但这意味着需为全部矩阵元素设计变异操作算子。本书此处设计了相比较而言较好的表示方式：基因型（染色体）采用 1~8 的自然数排列，即采用 $g = \langle i_1, \cdots, i_8 \rangle$ 表示唯一的棋盘配置，其中第 n 列仅包含一个被放置在第 i_n 行上的皇后。例如，$g = \langle 1, \cdots, 8 \rangle$ 表示沿着主对角线放置 8 个皇后的棋盘配置。显然，基因型空间 G 就是自然数 1~8 进行排列组合后的全部集合。最后，定义基因型空间到表现型空间的映射为 $F: G \rightarrow P$。

显而易见的结论是，此处所采用的染色体表示方式实现了对棋盘配置搜索空间的约束，即水平约束冲突（同一行存在两个皇后）和垂直约束冲突（同一列存在两个皇后）的情况将不会再发生。也就是说，此处采用的问题表示方式只是涵盖了待求解八皇后问题的部分需求，即其未能够保证对角线上能够互相攻击的皇后对数量是最小的。从编码形式的视角而言，此处所采用的表示方式未能实现完全覆盖，即通过解码基因型空间 G 中的元素仅能获得表现型空间 P 中的部分解。

通常，这种编码方式可能导致空间 P 中的解的丢失。在此处的八皇后问题中，解不丢失的原因是：先验知识能够确保来自 $P \setminus F(g)$ 的表现型不可能是待求解问题的可行解。

求解上述八皇后问题的下一步骤是，定义合适的变异（突变和交叉）操作算子对以排列方式表示的基因型进行遗传操作。通常，良好遗传操作算子的搜索空间不会超出基因型空间 G。针对本书此处的八皇后问题，更为通俗的说法就是"对排列表示进行遗传操作后获得的子代还是排列表示"。在后续 4.5.1 节和 4.5.2 节中，将对这些遗传操作算子的特性进行更为详细的探讨。此处采用单突变和单交叉操作算子面向八皇后问题进行遗传进化。针对突变操作算子，采用的是在染色体上随机选择两个位置并相互交换的操作方式。针对面向排列表示的交叉操作算子的显著性较弱的问题，图 3.3 中所描述的交叉操作机制能够从两个父代中产生两个仍然以排列方式进行表示的子代。

> 1. 选择某个随机位置作为交叉操作点；
> 2. 在该位置将两个父代切分为两段；
> 3. 将父代1的首段复制到子代1中，将父代2的首段复制到子代2中；
> 4. 从左到右扫描父代2，并将子代1中不包含的父代2的值复制到子代1的第二段中；
> 5. 对父代1和子代2执行与上述方法相同的操作。

图 3.3 "切割—交叉填充"交叉操作算子

针对上述变异操作算子需进行的重要说明是：突变操作会导致微小的无方向性变化，交叉操作所创建的子代能同时继承两个父代的遗传物质。此外，采用不同遗传操作算子所引起的 EA 算法间的性能差异可能非常大，如采用突变操作算子 A 可能会快速搜寻获得问题的可行解，但基于突变操作算子 B 却可能永远搜寻不到问题的可行解。因此，本书此处所描述的遗传操作算子并非针对全部待求解问题都有效，只是针对基于特定问题表示方式所设计的遗传操作算子中的一个具体示例。

求解八皇后问题接下来的步骤是，确定选择机制和种群更新机制。此处所采用的种群管理机制较为简单，即：在每个进化周期选择两个父代，基于遗传操作产生两个子代，进而得到种群规模为 $n+2$ 的候选种群，再从中选择适应度值排序在前 n 个的个体，组成新的种群。

本例中进行父代选择（图 3.1 中的步骤 1）的策略是：先在种群中随机选择 5 个个体，再在其中选择适应度较好的两个个体作为父代；显然，上述策略能够确保 EA 算法始终获得相对适应度较高的父代。与父代选择机制不同，生存选择

（图 3.1 中的步骤 5）机制的目的是确定应该从当前种群中删除的陈旧个体，以便为适应度更佳的新个体提供相应的替代位置。依据 3.2.6 节所给出的相关定义，此处所采用的替代策略是：先合并旧的种群个体和新创建的子代个体，再依据适合度值对全部个体进行排序，删除适应度排序最后的两个个体。

为获得针对八皇后问题的完整解，其他遗传操作设置为：种群初始化采用随机生成数字排列的方式；算法终止准则采用二选一的方式，以搜寻获得该问题的某个解或适应度函数的评估次数达到 10000 次中的较早发生者为准；种群规模设定为 100；变异操作算子采用指定概率，如进行交叉操作的两个父代以 80% 的概率对新创建的子代进行突变。综上所述，此处求解八皇后问题所采用的 EA 算法的汇总情况如表 3.4 所示。

表 3.4　八皇后问题的 EA 描述

问题表示	数字排列
重组操作	"切割—交叉填充"交叉操作
重组操作概率	100%
突变	交换
突变概率	80%
父代选择	随机抽取 5 个个体后选择前 2 名
生存选择	替代最差
种群规模	100
子代的数量	2
初始化方式	随机
终止条件	搜索获得问题的解或适应度的评估次数达到 10000 次

3.4.2　背包问题

本书此处所讨论的 0-1 背包问题在本质上是对许多工业实际问题的抽象概括，其简单描述如下文所示。给定由 n 个子项所组成的集合，其中每个子项具有价值 v_i 和成本 c_i 两个属性，背包问题的具体要求是：在上述包含 n 个子项的集合中选择一个子集，在总成本必须满足约束 C_{max} 的情况下使该子集的总价值最大。以准备进行环游世界旅行而需要在所携带的背包内存放个人物品为例，通常需要旅行者在所携带个人物品的效用与背包有限的容量（所携带个人物品须放置在容积有限的背包中）及重量（背包及其所包含个人物品若超过给定重量会被航空公司收取相应的超重费用）间进行均衡。

由上述问题描述可知，对背包问题候选解进行表示的最自然方式是采用长度为 n 的二进制字符串，其含义也非常明确：若字符串中某个位置的值为 1，则表示其对应的子项被选中；反之，该位置值为 0，则表示其对应子项未被选中。因此，上述问题表示方式所对应的基因型空间 G 是包含 2^n 个字符串的集合。显然，在此种情况下，基因型空间的规模会随着子项数量 n 的增加而呈现指数级的增长效应。在确定搜索空间 G 之后，针对背包问题的下一步工作是：如何定义基因型到表现型的映射。

从映射视角而言，表现型空间 P 的最优表示方式是采用与基因型空间相同的方式。因此，二进制基因型 g 所表征的候选解 p 的质量可以通过其所包含子项价值的总和进行度量，即 $q(p) = \sum_{i=1}^{n} v_i \cdot g_i$。但是，最为简单的表示方式存在着一个显而易见的问题：基因型空间 G 和表现型空间 P 间的一对一映射可能导致基因型所对应的候选解是不可行解，即：候选解的成本高于背包问题在定义时所给出的成本约束 $\left(\sum_{i=1}^{n} v_i \cdot g_i > C_{\max} \right)$。这个问题是本书第 13 章将要处理的一类典型问题，详细的处理机制参见本书后续章节。

本书此处通过引入解码器函数对背包问题进行重新表示，其克服了上文所述的第一种映射方式所导致的不可行解问题，但也破坏了基因型空间 G 和解空间 P 之间的一对一映射关系。这种新的映射方式在基因型的表示上与前一种方式在本质上是相同的，差别仅存在于解码方式，即：针对候选解，沿着二进制字符串的方向从左向右依次解码，并时刻对解码过程中所包含的子项成本进行累计求和；若解码时遇到的基因位的值为 1，则首先检查包含该子项后是否会违反该背包问题已设定的容量约束限制，也就是说，若解码时计算的累积子项之和未超过成本约束，则将当前子项包含在可行解中，反之则不包含该子项。由以上策略可知，这种问题表示方式已经将基因型空间与表现型空间中的映射关系转换为多对一，其原因在于：当背包问题候选解的约束条件满足后，字符串当前基因位右边的所有基因位所对应的值均与最终的可行解不相关，即：当前的候选解中不再需要加入任何子项。此外，这种映射方式可确保全部二进制字符串的基因型都能表征拥有唯一适应度（最大化）的有效解。

在确定选用固定长度二进制字符对背包问题进行表示后，考虑到"位—字符串"方式是标准的面向二进制问题的表示方式，此处采用文献中已有的适用于 GA 算法的变异操作算子。重组操作算子选用适合问题求解但不能确保获得最优解的单点交叉操作算子，其操作过程是：首先对齐表征两个父代的字符串，再沿编码字符串长度随机选择交叉点，最后通过交换交叉点处父代字符串的后半部分实现两个子代的创建。此处采用的交叉概率为 70%，即：每对父代以 70%的概率通过交叉操作产生两个子代，剩余子代通过对父代的复制而获得。此处采用的突变操作算子选用最为常见的"位翻转"策略，即：每个基因位采用较小的突变概率 $p_m \in [0,1]$ 实现突变操作。

在该示例中，新创建子代的数量与初始种群的数量是相同的。如前文所述，为了能够从每对父代中创建得到两个子代，需要从初始种群中选择父代并进行随机配对。此处采用锦标赛机制实现父代选择，即：首先采用有放回策略从种群中随机选择两个成员，接着比较两者的适应度值，最后选择值较大者 $q(P)$ 赢得锦标赛并成为父代。在父代选择、重组操作和变异操作完成后，采用世代模型进行种群个体的生存选择，即：将每次迭代后种群中当前个体更新为新创建的子代。

最后，设计背包问题的种群初始化方式和进化终止准则。采用对初始种群个体的基因位随机赋值 0 或 1 的方式实现种群初始化。考虑到在这种初始化模式下难以保证 EA 算法能够搜寻获得最优值，在运行 25 代后，若种群中最佳个体的适应度值不能进一步提升，则终止 EA 算法的运行。

其他 EA 算法参数设置为：交叉概率 0.7、种群规模 500、突变操作概率 $p_m = 1/n$。

综上，求解背包问题的 EA 算法的简要描述如表 3.5 所示。

表 3.5 面向背包问题的 EA 算法描述

问题表示	长度为 n 的二进制字符串
重组操作	单点交叉
重组操作概率	70%
突变操作	以独立概率 p_m 对每个基因进行"位翻转"
突变概率 p_m	$1/n$
父代选择	有放回地随机抽取 2 个种群个体并选择其中的较佳者
生存选择	世代模型
种群规模	500
子代数量	500
初始化方式	随机
终止条件	运行 25 代后，种群个体的适应度不能进一步提升

3.5 进化算法操作

EA 算法的某些通用属性是与其如何运行紧密相关的。为清晰地表述典型 EA 算法的运行机制，此处假设优化目标是实现某个一维目标函数值的最大化。图 3.4 给出的遗传搜索 3 阶段表明了种群个体在进化的初始、中期和结束阶段的典型分布。在种群直接初始化后的第 1 阶段中，个体在搜索空间内表现为随机分布（如图 3.4（a）所示）。但在经过若干代的进化搜索后，初始阶段的随机分布在选择和变异操作算子的共同作用下，种群个体会逐渐摆脱搜索空间中的较低适应度区域，并聚集在较高适应度区域（如图 3.4（b）所示）。当 EA 算法拥有比较合理的设计终止准则时，整个种群在进化搜索结束阶段将会聚集在搜索空间的适应度值高峰附近，但其中某些高峰也可能是局部最优解。因此，理论上种群个体是可能聚集于非最高适应度值山峰上的，这将导致种群收敛于局部最优而非全局最优。上述现象涉及的 2 个术语是："探索"和"开发"。尽管目前针对这些术语还不存在公认的严格定义，但其已经常用于对进化搜索阶段的分类。粗略地讲，"探索"行为是指在搜索空间中尚未进行测试的区域中创建新的个体；"开发"行为是指在搜索空间中已知良好解的附近创建新的个体。通常，进化搜索过程需要在探索行为和开发行为之间进行均衡：过于关注前者会导致搜索效率降低，而主要侧重后者则会导致搜索倾向于快速收敛（参见文献[142]对该问题的详细讨论）。种群多样性的过早丢失会导致 EA 算法陷入局部最优，这是众所周知的早熟收敛效应。EA 算法中通常都存在这一效应，如何对其进行有效预防将在本书第 5 章进行详细讨论。

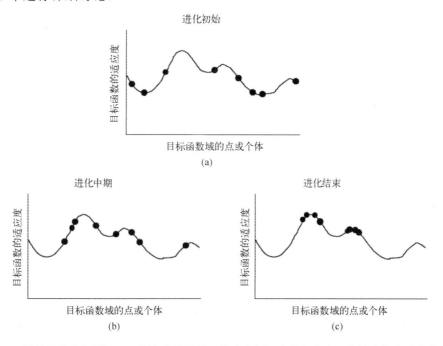

图 3.4 以种群分布为例的 EA 算法典型进程（搜索空间 y 中的每个点 x 均给出相应适合度值）

此外，通过绘制种群中最佳适应度值随时间的变化进程（图 3.5），能够描述 EA 算法在进化过程中任意时刻的行为。图 3.5 表明，在算法运行初期，最佳适应度值的上升速度很快；但在算法运行后期，适应度进一步提升的趋势则逐渐平缓。针对通过迭代方式对初始解进行逐渐改善的大多数 EA 算法，上述现象具有典型代表性。术语"任意时间"是指 EA 算法具有随时停止搜索进程并能够得到次优解的属性。综上可知，基于适应度值随着搜索进程变化的时间曲线，可获得针对 EA 算法种群初始化和终止准则的更具有普适性的观察结果。在 3.2.7 节中，本书曾经提出的一个质疑是：采用其他启发式方法进行种群初始化工作是否有价值？这样的工作能否使 EA 算法拥有比随机初始化更好的寻优结果？总体而言，EA 算法典型搜索进程曲线所暗示的结论是：采用启发式方法进行种群初始化是没有必要的，该结论可基于图 3.6 得到。

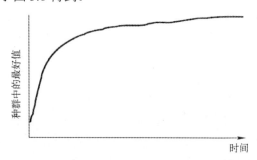

图 3.5　EA 算法的典型进程，以种群中最高适应度值随时间变化为例。

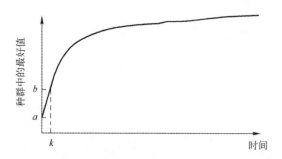

图 3.6　表明采用启发式算法进行种群初始化是不必要的（纵坐标 a 表示基于种群随机初始化的最佳适应度；b 表示基于启发式算法进行种群初始化的最佳适应度）。

　　如图 3.6 所示，采用启发式算法进行种群初始化，能够使 EA 算法以较好的种群开启搜索寻优进程。但是，基于随机初始化方式，种群也只需要较少的遗传代数（图 3.6 中的横坐标 K）就能够到达采用启发式算法初始化种群方式开始运行的 b 点处。因此，上述结论使得研究学者怀疑采用启发式算法进行种群初始化所具有的效果。本书第 10 章中将继续探讨这一问题。

　　EA 算法所具有的"任意时间"行为属性，为如何选择终止准则给出了更为通用的某些暗示。在图 3.7 中，EA 算法的搜索进程被等分为前后两个部分。

　　如图 3.7 所示，EA 算法的前半部分（X）在适应度值的增加幅度上远高于后半部分（Y）。该结果表明，长时间运行 EA 算法也许是不值得和没有必要的。也就是说，依据 EA 算法的"任意时间"行为属性，可预测在某一特定时间（如适当的适应度评估次数）之后，继续搜索进程获得质量更优解的可能性已经降低。

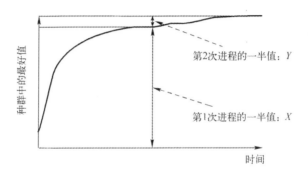

图 3.7 为什么长时间运行并不代表着更佳的 EA 算法性能（X 表示 EA 算法前半部分所增加的适应度值，Y 表示后半部分所增加的适应度值）。

因此，需要从全局视角对 EA 算法的性能进行评估。也就是说，对 EA 算法的评估不能只是依据针对单个特定问题的运行结果，而是应该基于求解不同类型问题所获得的综合平均性能。图 3.8 给出 20 世纪 80 年代 Goldberg 针对上述问题的观点[189]。

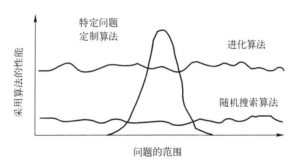

图 3.8 20 世纪 80 年代 Goldberg 针对 EA 算法性能的观点[189]

图 3.8 表明，EA 算法针对各种不同类型优化问题的求解性能都具有良好的均匀性，其与随机搜索算法和针对特定问题的定制算法相比，EA 算法的性能明显优于随机搜索算法，应用范围受到限制的特定问题定制算法的性能则是远高于 EA 算法。但是，当采用针对特定问题的定制算法求解其他类型的问题时，其性能则非常差。因此，EA 算法和面向特定问题的定制算法代表的是两个对立的极端情况。这种认知观点在 EA 算法的定位和强调进化搜索与随机搜索间的差异等方面发挥了重要作用，但在 20 世纪 90 年代出现的在实践和理论方面的新见解使得上述认知观点也逐渐发生了变化。现代的观点是组合上述两个极端算法获得混合算法。这一问题将在本书第 10 章中进行更为详细的论述，并将给出图 3.8 的修订版。从理论视角而言，"无免费午餐定理"表明，在某些条件下当对"全部"不同类型的待求解问题的优良解取平均值时，任何黑箱算法的性能都等同于随机算法[467]。也就是说，图 3.8 中所表征

的 EA 算法性能始终优于随机搜索算法的描述是错误的。这些问题将在本书第 16 章中作更进一步的深入讨论。

3.6 自然进化与人工进化

从底层基础支撑的视角看，进化计算的诞生是进化原理从生物学领域湿件（wetware）到计算机领域软件的一次重大转变。这实现了以计算机为工具创造数字世界，并且该数字世界比人类所生活的物理现实世界更加的灵活和可控。随着对进化行为遗传机制理解的不断加深，也为研究学者提供了成为设计和执行进化过程主动创造者的机会。

截至目前，依然存在争辩的议题是，EA 算法并不是自然进化的真实模型，但其的确是自然进化的一种表现形式。正如 Dennett 在文献[116]中所言：若拥有了变异、遗传和选择操作算子，就必然能够获得进化。生物界的自然进化和现代EA 算法中所采用的人工进化间的差别如表 3.6 所示。

表 3.6 自然进化和人工进化间的区别

	自然进化	人工进化
适应度	进化后才观测到的数量；选择的后效应（从观察者视角而言）	驱动选择操作算子的预定义先验数量
选择	由环境条件、相同物种的其他个体和其他物种（如捕食者）所决定的复杂多因素驱动力；持续测试个体生存能力；离散测试繁殖能力	基于给定适应度值具有选择概率的随机操作算子；父代选择和生存选择行为均以离散方式进行
基因型—表现型映射	受环境影响的具有高复杂度的非生物化学过程	相对简单的数学变换或参数化过程
变异	由单个父代（无性生殖）或两个父代（有性生殖）产生子代	子代可由单个、两个或多个父代产生
执行	并行而非集中的执行方式；个体的出生和死亡事件是非同步的	个体的出生和死亡事件通常是集中和同步进行
种群	空间差异决定结构化种群。种群规模随个体死亡和出生事件的产生而发生变化	典型的非结构化和随机配对特性（所有个体相互间均为潜在配偶）。通过同步种群个体的出生和死亡的时间与数量而维持种群规模的恒定

3.7 进化计算、全局优化和其它搜索问题

本书在第 2 章中指出 EA 算法常用于搜索待求解问题的优化解。众所周知，EA 算法并不是目前已有的唯一优化技术。因此，本节将解释 EA 算法被归属于一般类别优化方法的缘由，以及 EA 算法为什么越来越受到众多研究学者的关注。

理想情况下，针对某个系统所提出的任何适当的问题并能被证明其存在优化解，那么该解就能够通过某种技术和算法获得。事实上这样的算法也的确存在，如通过枚举某个待求解问题的所有可能解的方法。此外，许多可采用适当的数学公式予以表述的优化问题，也可以采用具有快速和精确等特点的分支定界算法进行优化求解。尽管目前的计算技术已经有了非常巨大和快速的提升，并且计算能力也一直服从随时间而逐渐递增的摩尔定律，但研究学者实际所面临的优化问题还是难以基于枚举或分支定界算法予以有效的解决。

计算机科学领域数十年的研究成果表明，现实世界中的多数问题在本质上都可约简为已被研究人员所广泛认可的抽象问题，并且其候选解的数量随待求解问题决策变量数量的增加而迅速增加。例如，交通运输中的很多问题都可归结为众所周知的旅行商问题（TSP），即：依据给定目的地的列表构造每个目的地仅能访问 1 次的最短路线。若存在 n 个目的地，并且它们相互之间的距离是对称的，那么可能的旅行次数为 $n!/2 = n \times (n-1) \times (n-2) \times \cdots \times 3$；显然，候选解的数量是决策变量 n 的指数级倍数。某些类似的抽象问题的精确求解方法是已知的，但其时间复杂度与决策变量数量呈现线性比例（或至少是多项式比例）关系，详见文献[212]中的描述。目前，科研人员普遍认为，许多的优化问题并不存在精确的求解算法。这一结论与本书在 1.4 节所讨论的结果相同。尽管计算能力已经日益提升，但对于超过某个规模的待求解问题仍然难以获得其精确解。因此，研究人员必须放弃搜索可被证明的最优解的想法，取而代之的是寻求其他方法以搜索获得次优解。

本书此处引入术语"全局优化"，其对应的过程是：针对某个适应度函数，搜索得到其最佳适应度值所对应的最优解。采用数学语言，这一过程可以描述为：在候选解集 S 中寻找解 x^*，以使得 $x \neq x^* \Rightarrow f(x^*) \geqslant f(x) \forall x \in S$。需要注意的是，此处所假定的是求解最大化问题，若针对最小化问题则需要采用取逆等方式进行变换。

如前文所述，目前已经存在的许多确定性的算法都可以求解上述问题；但这些算法的缺点是需要足够的运行时间才能保证获得最优解 x^*，即具有非常巨大的计算消耗。显而易见，目前最简单的问题求解方法就是对全部候选解集 S 进行完全枚举，但其寻优时间随着待求解问题决策变量数量的增加而呈指数级地变长。其他各种可统称为箱分解技术方法的核心理念是：基于解集 S 中元素排序生成某类树，然后推理每个分支所包含解的质量进而决定是否继续评估相应解的质量。尽管分支定界等算法有时具有快速获得最优解的能力，但在次优搜索顺序等原因引起的最差情况下，其时间复杂性等同于完全枚举方法。

另外一类是采用启发式方法进行上述优化问题的求解，该方法是采用系列规则确定解集 S 中的哪些候选解在下步搜索中予以生成和进行测试。对于某些随机启发式算法，例如模拟退火算法[2, 250]和 EA 算法的某些变种，其收敛性是能够被证明的，即：最优解 x^* 是存在的。但这些算法的性能较弱，难以将 x^* 识别为全局最优解，只能将其作为当前搜索阶段的最佳解。

还有一类比较重要的启发式算法是采用操纵算子将某种类型的结构施加在解集 S 中的元素上，以使得候选解集中的每个点 x 都存在一组邻居 $N(x)$ 与其相关联。在图 2.2 中，变量 x 和 y 被视为实值的原因在于对解集 S 所施加的自然结构。可见，针对采用实数编码的待求解问题，若每个决策变量均可在一组有限集合内取值而进行组合优化，那么每个候选解都存在许多的邻域结构。一个典型的例子是，局部搜索算法能够"看到"整个适应度曲面主要依赖于其邻域结构。针对棋类游戏，读者可能需要考虑的问题是：若下步向棋子移动的方块都是彼此相邻的，重新排列这些方块后棋盘将会是什么样的布局？因此，由某个邻域结构所导致的适应度曲面局部最优（适应度值比所有它的邻居要好）的候选解可能并不适合于另外一个邻域结构。但根据定义，全局最优 x^* 则是拥有任意邻域结构情况下，具有比其全部邻居都好的适应度值。

局部搜索算法[2]及其众多变种算法的运行机理通常是：先从当前解 x 开始，在邻域 $N(x)$ 中搜索候选解，其目标是搜索到性能优于初始解 x 的解 x'；如果 x' 存在，则接受其为新的当前解，相应地，下一步搜索应在邻域 $N(x')$ 内进行。该局部搜索过程的最终结果是，获得优于其邻域内所有解的局部最优解。这种被称为最大化问题的爬山算法已被研究了几十年，其优点是通常能够快速地确定待求解问题的较好解（这也是实际应用中最为期望的）；但是，爬山算法的缺点是无法保证所获得的候选解具有最好的质量。针对待求解问题存在的许多局部最优解，尤其是在某些局部最优解的性能远远弱于全局最优解的情况下，该算法难以对局部最优解和全局最优解进行分辨。

为获得全局最优解，研究学者已提出了许多改变搜索适应度曲面的方法，包括改变邻域结构（例如，可变邻域搜索算法[208]）、暂时将低适应度的解分配给可预见的良好解（例如，禁忌搜索算法[186]）等，但支撑上述算法的理论基础仍需要不断完善。

EA 算法自身所固有的特性使得其与上述局部搜索算法具有明显区别，具体体现在：EA 算法采用的是种群策略，进而获得了能够从解集 S 产生新搜索集合的非均匀概率分布函数（PDF）。显然，该 PDF 函数能够表征当前种群解集 S 内待搜索点间的交互作用，其是通过对两个或两个以上的种群个体（父代）的部分解进行重组操作而产生的。EA 算法所固有的这种潜在复杂 PDF 函数，与基于盲随机搜索的全局均匀分布以及其他随机算法（如模拟退火算法和各种爬山算法）的局部均匀分布，形成了非常鲜明的对比。

EA 算法所固有的能够保持解集多样性的能力使其不仅能够摆脱局部最优解，而且还具有处理大规模、非连续搜索空间的能力。此外，如本书后续章节所述，若某个解的多个副本同时在种群中生成、评估和维持，这使得 EA 算法能够本能、鲁棒地处理具有噪声或不确定等特性的待求解问题，这些特性通常与适应度与候选解间的匹配关系相关。

（关于本章的练习和推荐阅读，请访问 www.evolutionarycomputation.org.）

第 4 章　表示、突变和重组操作

如本书第 3 章所言,变异和选择操作是促使进化系统形成的两种基本驱动力。本章主要讨论支撑第一种驱动力的 EA 算法组件。变异操作主要是在遗传层级进行,也就是说,其所完成的工作主要是进行候选解的表示而不是候选解本身。本章分为 6 个部分,主要描述不同的候选解的表示方式及其在搜索进程中的变化。

4.1　表示和变异操作的角色

构建 EA 算法的首个阶段是确定针对待求解问题候选解的基因表示方式,包括定义基因型和定义从基因型到表现型间的映射。一般而言,为待求解问题选择正确的表示方式是非常重要的。虽然在许多情况下针对如何进行问题表示都存在很多可选项,但采用正确的问题表示方式是设计具有良好性能 EA 算法所面临的最大难点之一。因此,正确的问题表示方式通常与实践经验和是否能够良好地掌握待求解问题所在应用领域的专业知识密切相关。在下面章节中将详细地介绍常用的问题表示方式,以及可能应用这些表示方式的遗传操作算子。特别需要强调的是,虽然本书在此处所描述的问题表示方式都是较为常用的,但却可能不是读者所面对的待求解问题所应该采用的最好方式。此外,尽管此处对不同待求解问题的表示方式及与其相关联的操作算子都分别进行了详细介绍,但在实践中经常出现的现象却可能需要采用更为自然和更适合的混合表示方式对候选解进行描述和操作,而不是将待求解问题的不同方面采用单一的通用形式进行表示。

突变操作是指通过对表示(基因型)采用某种随机变化以实现单个父代创建单个子代的所有变异操作的通称,其形式依赖于基因的编码方式和用于调节突变强度或程度的突变参数的定义。依据待求解问题的实现方式,突变参数包括突变概率、突变率、突变步长等类别。本书下文的描述主要侧重于操作算子而不是突变参数的选择。但是,突变参数的不同却可能导致 EA 算法的演化行为具有显著的差异性,相关内容将在本书第 7 章中进行更为深入的讨论。

重组操作是指通过两个(或多个)父代的遗传信息创建新个体的过程,其是被众多研究学者所公认的 EA 算法的最重要特征之一。许多研究学者将重组操作视为 EA 算法能够创造多样性的主要内在机制,而突变操作只是作为产生多样性的次要搜索算子。但是,不同 EC 分支在其各自的发展历程都强调了采用不同的变异操作算子，当这些具有差异化的操作算子汇总整合在 EA 算法统一框架内时，曾引发了学术界的大量争论。暂且不论这些视角的优点，基于重组操作算子对父代进行组合的能力是 EA 算法显著地区别于其他全局优化算法的特点。

尽管术语"重组"现已被广泛应用，但 EA 算法的早期研究学者主要采用"交叉"这一术语，后者起源于对减数分裂过程的生物学模拟（详见本书 2.3.2 节）。因此，本书也会偶尔交替采用上述两个术语，其中"交叉"常在两个父代遗传操作中采用。重组操作通常是依据交叉率 p_c 以概率形式应用于进化过程。通常的情况是，两个父代以概率 p_c 进行重组并创建两个子代，或者简单地以概率 $1-p_c$ 复制父代以创建子代。

通过参数 a 的数量可区分变异操作算子的所属类别，该方式涵盖了 $a=1$ 时所表征的突变操作和 $a=2$ 时所表征的交叉操作等直接定义模式。显然，上述方式使得 $a=3,4,\cdots$ 时的多父代重组操作算子的定义和实现更加容易和合理。同时，也为研究学者提供了以生物学上不存在的繁殖方式进行生物演化过程实验的可能性。从技术的角度，这也是放大重组操作效应的有利工具。尽管该类操作算子并未被广泛应用，但在 EC 领域的发展历程中也出现了许多的应用例子，例如：最早见刊于 1966 年发表的文献[67]，以及后来文献[126, 128]所进行的综述；本书在 6.6 节详细地描述了如何将其应用于不同类型的 EA 算法。这些操作算子也可以基于组合父代基因信息时的机理差异性进行分类，相关机理包括：

（1）基于等位基因频率，如通过 p-性别投票的广义均匀交叉[311]；

（2）基于父代分割和重组，如通过对角交叉[139]和广义 n-点交叉；

（3）基于实值等位基因的数值运算，如通过质心交叉[434]和广义算术重组操作。

通常，增加重组操作参数的数量并不能保证 EA 算法性能的提升，后者在相当大的程度上主要取决于重组操作算子的类型和待求解优化问题的特性。但是，针对具有可调粗糙度的适应度曲面的系统研究[143]和对多种类型问题的大量实验研究结果表明：采用两个以上的父代进行重组操作能够显著加快搜索进程的速度，并且适用于许多待求解的优化问题。

4.2　二进制表示

EA 算法中最为简单的待求解问题表示方式是本书 3.3 节所采用的二进制方式。这也是最早所采用的方法之一，多数遗传算法（GA）都应采用这种方式，甚至在待求解的问题与二进制的表示方式相对而言并无关联的情况下，也常被错误地采用。显而易见，二进制表示的基因型是由简单的系列二进制数字组成，其也被称为"位字符串"。

针对待求解的特定应用问题，需要确定"位字符串"的长度和解释如何基于二进制编码解码为相应的表现型。在选择基因型到表现型的映射时，必须确保编码所采用的"位字符串"能够表征待求解问题的候选解[①]；反之，所有可能的候选解也都能够采用"位字符串"进行表示。

对于某些待求解问题，特别是涉及布尔决策变量的优化问题，其基因型—表现型间的映射关系体现得却是非常自然。以 3.4.2 节所描述的背包问题为例，若每个可能被包含的子项都采用布尔变量进行决策，二进制方式显然能够表征被编码的子项是否被包含在最优解中。"位字符串"方式也常用于编码其他的非二进制信息。例如，通过将整数编码为 8bit（可允许 256 个可能值）或者 5 个 16bit 的实数，长度为 80bit 的"位字符串"则可用于编码 10bit 整数。现有研究表明，采用"位字符串"方式对非二进制信息进行编码是不正确的，直接采用整数或实值的编码方式通常能够取得更好的效果。

二进制编码方式存在的问题在于：由于位字符串的每个位所具有的含义不同，这使得不同的单基因位的突变所造成的影响具有显著差异性。此外，采用标准二进制编码两个连续整数时，虽然两者之间的实际差为 1，但其二进制码间的汉明距离却不为 1。若待求解问题的优化目标是演化得到某个整数，那么通常的期望是将整数 7 突变为整数 8 或整数 6 的概率相等；但采用标准二进制编码将 0111（解码为整数 7）突变为 1000（解码为整数 8）需要 4 次的"位翻转"，将其突变为 0110（解码为整数 6）却只需要 1 次的"位翻转"。因此，采用具有随机性、独立性等特点的突变操作算子以突变率 $p_m < 0.5$ 的概率改变等位基因时，从整数 7 突变为整数 8 的概率要远小于从整数 7 突变为整数 6 的概率。上述问题可通过采用二进制方式的格雷编码予以解决，其将整数映射至"位字符串"时能够保证连续整数在二进制编码中的汉明距离也为 1。

4.2.1　二进制表示的突变

二进制编码的常用突变操作策略是将每个基因位单独地以较小概率 p_m 进行翻转（即从 1 到 0 或从 0 到 1）。通常，进行"位翻转"的基因位数量并不固定，其取决于所采用的随机数的顺序。因此，针对编码长度为 L 的字符串，平均存在 $L \cdot p_m$ 个基因位的值会发生改变。如图 4.1 所示，当第 3、第 4 和第 8 个随机值小于突变率 p_m 时，字符串中对应位置的基因值发生翻转。

图 4.1　二进制编码的位突变

针对如何选择合适的位突变率 p_m 的问题，研究学者们进行了大量研究，并提

---

① 实际上这种对有效性的限制并不都是可行的；针对该问题的完整讨论详见第 13 章。

出了许多有价值的建议。多数采用二进制编码的 GA 算法将基因突变率限制的范围是：在平均每代一个基因和每个后代一个基因之间。但特别需要注意的是，能否选择最合适的突变率取决于所期望的求解结果。例如，待求解问题是否要求种群中的所有个体都具有高适应度值，或者只是简单地要求搜索得到某个具有高适应度值的个体。通常，针对前者，需要设计较低的突变率以保证种群中的优良解不易被突变破坏；针对后者，在确保覆盖良好搜索空间的益处高于破坏优良解副本所需代价的情况下，需要设计更高的突变率[①]。

4.2.2　二进制表示的重组操作

采用二进制表示方式的 3 种标准形式的重组操作的共同点是，由两个父代创建两个子代。这 3 种标准形式都已被扩展到更为通用的基于多父代进行重组操作的情况[152]。同时，在某些情况下，只需创建单个子代（详见本书 5.1 节）。

1. 单点交叉操作

该方式是由文献[220]提出，并由文献[102]进行详细描述，是最早提出的重组操作算子，其运行过程为：首先，在区间$[1, l-1]$（其中，l 为编码长度）选择随机数 r 并将其作为交叉点；然后，在所选择的交叉点将父代拆分为两段；最后，采用互换父代尾部的方式，创建得到两个新的子代（实现方式如图 4.2 的上部所示）。

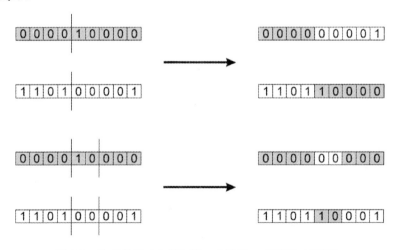

图 4.2　单点交叉（上部）和 $n=2$ 时的 n-点交叉（下部）

2. n-点交叉操作

采用如下方式可将单点交叉操作非常容易地扩展至 n-点交叉操作：首先将父

---

① 事实上，这个例子表明了 EA 算法参数的选择并不能进行独立。例如，在第 2 种情况下需将高突变率与主动选择策略进行耦合以确保最佳解不丢失。

代染色体分为两个以上的相邻基因片段，再对划分得到的父代基因片段采用交替选择的方式创建得到新的子代。实际上，这意味着在区间$[1, l-1]$需要确定n个随机的交叉点，其具体实现如图4.2下部所示的$n=2$时的n-点交叉操作。

3．均匀交叉操作

上面所描述的两种交叉操作算子的共同点是：先将两个父代划分为多个相邻的基因片段，再重新对其进行组合以创建子代。与此相反，均匀交叉操作[422]是单独针对每个基因进行随机选择以确定采用哪个父代基因创建子代，其主要的实现过程是：首先，在[0,1]以均匀分布方式生成包含l个随机变量的向量；然后，针对第一个子代的每个基因位，若随机向量所对应基因位的值低于所预先设定的参数p（通常为0.5），该位置所对应的基因遗传于第一个父代，否则，遗传于第二个父代；最后，以与第一个子代相反的映射方式创建得到第二个子代。其具体的实现过程如图4.3所示。

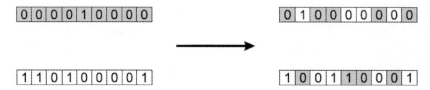

图4.3　均匀交叉示意图。本例中，采用随机向量[0.3,0.6, 0.1, 0.4,0.8,0.7, 0.3, 0.5,0.3]和阈值p= 0.5决定基因遗传过程。

在之前讨论中提出，当先验信息缺乏时，可采用随机混合父代基因片段的方式进行重组操作。采用如图4.2所示的n-点交叉操作方式会产生固定偏差，主要原因在于该方式倾向于使得染色体中原本彼此接近的基因继续能够相邻。尤其是当n为奇数时（例如，单点交叉方式）会存在较大的固定偏差，导致染色体两端的基因难以获得被组合的机会。上述这些效应被学术界称为位置偏差。大量研究学者从理论和实验两个视角对位置偏差现象进行了广泛研究[157, 412]，详见本书的16.1节。相对而言，均匀交叉操作虽然不存在位置偏差效应，但却存在较强的分布偏差效应，即：子代从每个父代继承各50%的基因，并且均匀交叉会阻止从单个父代遗传大量的共一适应基因。

综上可知，上述算法的通用特性（以及无免费午餐定理[467]，详见本书16.10节）表明，不存在某种遗传操作算子在面对任意待求解问题时都具有强于其他操作算子的性能。但是，当面对特定问题进行 EA 算法的设计时，特别是当所采用的待求解问题表示方式中明显存在能够可以有效利用的已知模式或依赖关系时，对不同重组操作算子的偏差类型透彻理解是非常有价值的。以背包问题为例，采用能够使较贵重物品彼此相邻的交叉操作算子，对求解就是非常有益处的。若在问题表示方式中，将待选择物品按重量（成本）进行排序，采用具有位置偏差的n-

点交叉操作算子较为适合。但是，若问题表示中，对待选择物品按随机方式进行排序，则 n-点交叉操作可能阻碍对决策有益的共—适应值的遗传，此时采用均匀交叉显然更有利于该问题的求解。

4.3 整 数 表 示

如同本书在 4.2 节中所示，若待求解问题能够将系列基因非常自然地映射为系列数值时，则基于二进制的问题表示并不总是最为合适的方式，该种情况的最常见例子是在整型变量中搜索最优值的优化问题。这些整型变量的取值可能是不受限制（即：允许取值为任何整数），也可能被限制在有限整数集合范围内。例如，若待求解问题是在正方形网格上进行路径寻优，则变量取值就被限制在{0,1,2,3}的集合内，显然这些整数是用于表征方向的集合{北,东,南,西}。此处，采用整数编码比二进制编码进行问题表示更为合适。在设计编码策略和变异操作算子时，还需要考虑待求解问题的决策变量的可能取值间存在的内在本质关系，其对基于整数表示的排序属性尤为重要，但对于基本属性（如上例中正方形网格上的点）就不存在所谓的固有排序关系[①]。

为了更清晰地描述上述问题，此处以地图的 k-着色问题为例，说明待求解问题决策变量的取值之间不存在固有排序关系的情况。给出一组点（顶点）和它们相互之间的连接线（边），待求解的问题是为每个顶点在 k 种颜色中选择一种，并要求由一条边连接的任意两个采用不同颜色的顶点。针对该问题，显然不存在"红色不比蓝色更像黄色"等类似的内在的顺序关系，原因在于这些颜色的含义只是代表不同的颜色而已。事实上，在问题求解过程中，可将不同颜色以任意顺序分配给其所表征的 k 个整数，经 EA 算法获得的最终有效解将是相互等价的。

4.3.1 整数表示的突变操作

整数编码具有两种基本的突变形式,其共同点是:依据用户所定义的概率 p_m,针对每个等位基因进行独立变异操作。

1. 随机重置

该变异方式是通过对二进制编码的"位翻转"突变操作算子进行延伸而实现的，其过程是：针对每个独立的基因位置，以概率 p_m 从候选值中随机选择某个新的值替代该等位基因的原有值。此种方式最适合针对基本属性问题的编码，原因在于这使得全部基因具有相同的被选择概率。

2. 蠕变突变

该变异方式是面向排序属性问题设计的基因编码策略，其主要操作是：针对

---

① 这两种类型属性的命名习惯目前还存在差异。本书第 7 章将深入讨论这些问题，详见表 7.1。

每个基因，以概率 p 增加或减小一个蠕变突变值。通常，针对每个基因，这些值是在零点附近以对称分布的方式随机进行抽取，并且在较大分布处采用较小的值。特别需要注意的是，蠕变突变通过设定参数控制用于产生随机数的分布，进而控制突变在搜索空间中所采用的步长。但是，合适的参数设置并不容易实现，尤其在以整数形式表示的待求解优化问题中，或同时连续采用多个突变操作算子的情况下。例如，文献[98]中提出了同时采用"大蠕变"和"小蠕变"操作算子的变异策略；另外一种策略是，联合采用具有较低概率的随机重置变异操作算子和能够在取值允许范围内进行较小变化的蠕变操作算子。

4.3.2 整数表示的重组操作

针对基因是由有限数量的等位基因值（如整数）组成的待求解问题表示方式，采用与二进制表示方式相同的重组操作算子也是合理的。一方面，这些操作算子比较有效，即其子代不会在给定基因型空间之外创建。另一方面，这些操作算子的运行结果也是比较充分和合理的，即：进行等位基因的"混合"操作时不会产生没有任何意义的候选解。例如，当采用基因对整数值进行编码时，若采用平均偶数和奇数的重组操作算子，就会产生针对待求解问题没有任何实际意义的非整数结果。

4.4 实数或浮点数表示

通常，当待表征的决策变量值的分布属于连续型而非离散型时，对候选解采用基于实际值的字符串方式进行表示更为有效。例如，某个设计所包含组件的长度、宽度、高度或重量等物理量的值，通常被限定在小于设定整数值的某个公差范围之内。最为典型的实例是本书 2.4 节所描述的卫星碟形天线设计问题，其需要进行基因编码的是天线角度和长度。另一个实例是采用 EA 算法对人工神经网络节点间的连接权重进行编码。上述被编码的实数值的精度在计算机上运算时会受到限制，所以这些实值被称为浮点数。通常，具有 k 个基因的候选解的表现型可采用向量 $< x_1, \cdots, x_k >$ 表示，其中 $x_i \in \text{IR}$ 。

4.4.1 实数表示的突变操作

针对浮点数表示方式，通常忽略由计算机硬件采样过程所引起的离散化效应，并认为等位基因值服从连续分布而非离散分布，这导致前文所描述的突变操作算子此处并不适用。通常采用的替代策略是：在给定实数值的下限 L_i 和上限 U_i 区间内，随机改变每个基因的等位基因值[①]，其变换过程如下所示：

---

① 此处假设每个决策变量的论域均属于单独区间 $[L_i, U_i] \in \text{IR}$ 。显然，不相交的区间更为简单。

$< x_1, \cdots, x_n > \rightarrow < x'_1, \cdots, x'_n >$，其中，$x_i, x'_i \in [L_i, U_i]$

与整数表示方式相类似，根据所获取的新基因值服从的概率分布，浮点数表示方式所对应的操纵算子可分为均匀突变和非均匀突变两种类型。

1. 均匀突变

采用此操作算子时，x_i 的值在区间 $[L_i, U_i]$ 随机地均匀抽取。这种操作方式类似于二进制编码中的位翻转和整数编码中的随机重置等较为简单的突变操作算子，其通常与位置突变概率联合使用。

2. 非均匀突变

此算子通常采用与整数蠕变突变操作算子相类似的操作策略，所采用的突变变化值通常较小。其主要的实现方式是：首先，在当前基因值上叠加服从零均值和自定义标准偏差的高斯分布中所随机抽取的值，再依据实际需要将该值进一步缩减至区间 $[L_i, U_i]$。此处所采用的高斯分布（如式（4.1）所示）表明，抽取任意给定幅值随机数的概率是标准差 σ 的快速递减函数。由上可知：所抽取的样本大约 2/3 是位于 ± 1 个标准差内，这也意味着绝大部分突变值都很小。此外，高斯分布并未终止于零的特点使得产生较大突变值的概率并不为 0。因此，σ 是确定已知决策变量 x_i 受到变异操作算子扰动程度的算法参数，其通常被称为突变步长。通常所采用的策略是：将突变操作算子以概率 1 作用于编码后的每个基因，通过改变突变参数控制高斯分布的标准差而控制突变步长的概率分布。

$$p(\Delta x_i) = \frac{1}{\sigma \sqrt{2\pi}} \cdot e^{-\frac{(\Delta x_i - \xi)^2}{2\sigma^2}} \tag{4.1}$$

上述策略中，能够用于替换高斯分布的是具有"较大"尾端值的柯西分布。也就是说，后者产生较大突变值的概率略高于具有相同标准差的高斯分布[469]。

4.4.2 实数表示的自我—自适应突变操作

如前文所述，面向连续决策变量的非均匀突变操作算子是通过叠加源于零均值高斯分布的随机变量而实现的，其中高斯分布的标准差的主要作用是控制突变步长。此处，自我—自适应的概念是指针对待求解问题的候选解，如何自适应地改变操作过程中的突变步长。目前，该策略已成功地应用于实值、二进制和整数等搜索空间[24]。自我—自适应突变的基本特征是：突变步长在染色体中进行编码，并与决策变量共同经历 EA 算法演化过程所必需的变异和选择等遗传操作行为。

下文给出了如何突变 σ 值的详细描述。突变步长实现自我—自适应突变的关键是无须用户手动对 σ 值进行设置，其随着候选解（即编码中的 $\bar{x}$ 部分）的变化进行自适应的演化。为实现上述目的，通常是先修改 σ 值，再依据 σ 值对 x_i 值进行突变操作。这需要对新个体 $<\vec{x}, \sigma'>$ 进行两次评估：首先，根据 $f(\vec{x})$ 直接评估新个体在生存选择阶段的生存能力；然后，再评估其创建良好子代的能力。其中，后者是通过观测子代是否为可行解的间接方式予以实现的，若其为可行解，则表明该突变步长是有效的。因此，个体$<\bar{x}',\sigma'>$同时表征了生存选择所得到的良好解$\bar{x}'$，以及被证明能够从$\bar{x}$产生良好解$\bar{x}'$的良好σ'值。

警觉的读者已经注意到，采用变化突变步长的理念是建立在重要假设基础上的。也就是：假定不同突变步长在不同环境下的表现行为具有差异性，并且假定某些突变步长值在遗传操作中的表现要强于其他值。上述假定针对不同的运行环境可做出各种差异化的解释。例如，从时间视角可将进化搜索过程划分为不同的阶段，并期望能够在这些阶段中采用具有差异化的突变策略，进而能够在整个搜索过程中基于自我—自适应机制对突变策略进行调整。或者，从空间视角观测个体局部的附近解（即：其近邻的适应度曲面形状），进而确定哪些导致适应度增加的策略才是比较良好的突变。通过为每个个体分配单独的突变策略并协同个体进行演化，可使得学习和使用适合局部拓扑结构的突变操作算子具有可能性。与上述这些讨论相关的问题，本书在第8章关于进化参数控制部分，进行了更为广泛的讨论。下文将详细地描述3种自我—自适应突变的特殊情况。

1. 单步长非相关突变操作

在该情况下，基于相同分布对每个决策变量x_i采用唯一的参数σ进行突变操作。通过与e^Γ相乘（其中Γ是从均值为0、标准差为τ的正态分布中随机抽取的值），参数σ随着进化过程的每个时间步进行突变。由于存在$N(0,\tau)=\tau\cdot N(0,1)$，所以突变机制由以下公式确定：

$$\sigma'=\sigma\cdot e^{\tau\cdot N(0,1)} \tag{4.2}$$

$$x_i'=x_i+\sigma'\cdot N_i(0,1) \tag{4.3}$$

此外，因非常接近于零的标准差是EA算法所不期望得到的值（它们平均影响可忽略不计），采用如下的下边界规则可确保突变步长不小于设定的阈值：

$$\sigma'<\varepsilon_0 \Rightarrow \sigma'=\varepsilon_0$$

在上述公式中，$N(0,1)$表示从标准正态分布中抽取的随机值，$N_i(0,1)$表示从标准正态分布中为每个决策变量x_i单独抽取的随机值。比例常数τ是算法开发者设置的外部参数，其通常与问题规模的平方根成反比，如下所示：

$$\tau \propto 1/\sqrt{n}$$

参数τ可解释为类似神经网络的学习速率。Back在文献[22]中阐释了通过与决策变量的对数正态分布相乘进而实现参数σ突变的原因，具体如下所示：

（1）针对突变率进行较小改变的次数应该比进行较大改变的次数更多；

（2）标准偏差必须大于0；

（3）因需要与σ相乘，中位数（0.5分位数）的取值应为1；

（4）从平均角度而言，突变操作应该是中性的，即：绘制某个值及其倒数的

54

可能性是相等的。

显然，对数分布能够满足上述所有要求。

图 4.4 表明了在 2 维空间内突变操作算子的影响。也就是说，针对目标函数 $IR^2 \to IR$，其对应的个体表示形式为 $<x, y, \sigma>$。因 σ 值的唯一性使得突变步长的大小在搜索空间的每个方向上都是相同的，表征新创建子代的全部点（子代基于给定概率产生）形成了一个围绕着将发生突变的种群个体的圆。

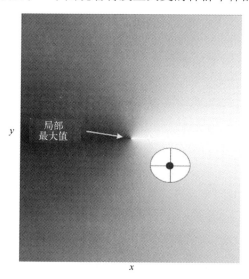

图 4.4 基于参数 $n=2$，$n_\sigma =1$ 和 $n_\alpha =0$ 的突变影响示意图。部分圆锥形适应度曲面：黑点表示发生突变的个体；表征新创建子代的全部点以给定概率产生后形成一个圆；沿 y -轴移动的概率（对适应度地影响较小）与沿 x -轴移动的概率相同（对适应度的影响较大）。

2. n 步长的非相关突变操作

采用 n 个突变步长的动机源于能够对搜索空间中的多个维度进行差别化处理的期望。针对每个维数 $i \in \{1, \cdots, n\}$ 采用不同突变步长的主要原因源自在实验中所观测得到的现象，即：适应度曲面在沿 i 轴和沿 j 轴方向上的坡度存在差异性。针对上述现象，最为直接和简单的解决方法是：针对每个染色体 $<x_1, \cdots, x_n>$ 采用 n 个突变步长，以便能够在每个维度进行扩展，所获得的新染色体可表示为 $<x_1, \cdots, x_n, \sigma_1, \cdots, \sigma_n>$；步长的突变机制采用如下公式指定：

$$\sigma_i' = \sigma_i \cdot e^{\tau' \cdot N(0,1) + \tau \cdot N_i(0,1)} \tag{4.4}$$

$$x_i' = x_i + \sigma_i' \cdot N_i(0,1) \tag{4.5}$$

其中，$\tau' \propto 1/\sqrt{2n}$，$\tau \propto 1/\sqrt{2\sqrt{n}}$。

此处，采用如下所示的边界规则，用于防止标准差接近于零：

$$\sigma_i' < \varepsilon_0 \Rightarrow \sigma_i' = \varepsilon_0$$

需要注意的是，此处 σ 的突变公式已经不同于式（4.2）。该处所采用的突变机制是基于更为细化的粒度，即：突变操作并非作用于个体层次（每个个体 $\bar{x}$ 都具有单独的 σ 值），而是作用于协同层次（每个个体 $\bar{x}$ 中的每个决策变量 x_i 都具有其单独的 σ 值）。相应地，式（4.2）可直接修改为：

$$\sigma_i' = \sigma_i \cdot e^{\tau \cdot N_i(0,1)}$$

需特别指出的是，进化策略（ES）算法所采用的变异机制是与式（4.4）相同的。从技术视角而言，其正确的原因在于：两个正态分布变量的和还是服从正态分布，进而所得到的结果仍然服从对数正态分布。上述这些概念的动机来源于：共同突变 $e^{\tau' \cdot N(0,1)}$ 允许突变的整体变化并保持全部的自由度，而协同特定突变 $e^{\tau \cdot N_i(0,1)}$ 提供了在不同突变方向采用不同突变策略的灵活性。

图 4.5 展示了 n 步长的非相关突变操作算子在 2 维空间上的影响示意图。与针对单步长的非相关突变部分的描述相同，其目标函数仍然为 $IR^2 \to IR$，但个体表示却变为 $<x, y, \sigma_x, \sigma_y>$。由于突变步长的大小在每个方向（此处为 x 和 y 两个方向）上都可能不同，因此搜索空间中的点（子代基于给定概率产生）围绕待突变个体形成了一个椭圆。椭圆轴与坐标轴平行并且其沿着 i 轴的长度与 σ_i 值成比例。

图 4.5　基于参数 $n=2$，$n_\sigma=2$ 和 $n_\alpha=0$ 突变影响示意图。部分圆锥形适应度曲面：黑点表示发生突变的个体；表征新创建子代的全部点以给定概率产生后形成一个椭圆；沿 x -轴移动的概率（对适应度影响较大）大于沿 y -轴移动的概率（对适应度影响较小）。

3. 相关突变操作

上文所讨论的第 2 个版本的突变（即 n 步长的非相关突变）操作对每个轴采用不同的标准差，但其也仅允许与这些轴正交的椭圆。支撑相关突变操作的基本原理是，通过旋转协方差矩阵 C 可将椭圆旋转至任何方向。

采用 $\overline{\Delta x}$ 表示概率密度函数，相应的式（4.1）变为：

$$p(\overline{\Delta x}) = \frac{\mathrm{e}^{-\frac{1}{2}\overline{\Delta x}^T \cdot C^{-1} \cdot \overline{\Delta x}}}{(\det C \cdot (2\pi)^n)^{1/2}}$$

其中，协方差矩阵 C 的组成元素采用如下公式计算：

$$c_{ii} = \sigma_i^2 \tag{4.6}$$

$$c_{ij, i \neq j} = \begin{cases} 0 & \text{不相关} \\ \frac{1}{2}(\sigma_i^2 - \sigma_j^2)\tan(2\alpha_{ij}) & \text{相关} \end{cases} \tag{4.7}$$

其中，协方差与旋转角的关系如下所示：

$$\tan(2\alpha_{ij}) = \frac{2c_{ij}}{\sigma_i^2 - \sigma_j^2}$$

上述公式可由旋转的三角性质推导获得。

通过采用与以下矩阵相乘，可实现二维旋转：

$$\begin{pmatrix} \cos(\alpha_{ij}) & -\sin(\alpha_{ij}) \\ \sin(\alpha_{ij}) & \cos(\alpha_{ij}) \end{pmatrix}$$

更高维度的旋转可通过连续的系列 2 维旋转（即矩阵乘法）得到。

因此，更为完整的突变机制可采用如下的方程予以描述：

$$\sigma_i' = \sigma_i \cdot \mathrm{e}^{\tau' \cdot N(0,1) + \tau \cdot N_i(0,1)}$$

$$\alpha_j' = \alpha_j + \beta \cdot N_j(0,1)$$

$$\overline{x}' = \overline{x} + \overline{N}(\overline{0}, C')$$

其中，$n_\alpha = \dfrac{n \cdot (n-1)}{2}$，$j \in 1, 2, \cdots, n_\alpha$。

其他常数变量取值如下：$\tau \propto 1/\sqrt{2\sqrt{n}}$，$\tau' \propto 1/\sqrt{2n}$，$\beta \approx 5°$。

由上可知，目标变量 $\overline{x}$ 主要是通过叠加从 n 维正态分布协方差矩阵 C' 中抽取 $\overline{\Delta x}$ 的方式进行变异操作。上述公式中的 C' 是通过对旧 C 进行 α 值的突变后得到的，即：协方差的重新计算。参数 σ_i 的突变操作方式仍是通过与对数正态变量的相乘得到，但后者由全局变量和个体变量共同组成。参数 α_j 则是通过与正态分布变量相叠加的方式进行突变操作，在这点上非常类似于针对目标变量的突变操作。

本书此处制定如下所示的 α_j 值的边界规则。通过将旋转角度的范围限定在区间 $[-\pi,\pi]$，进而将新的角度值简单地映射至可行范围之内：

$$|\alpha_j'| > \pi \Rightarrow \alpha_j' = \alpha_j' - 2\pi \operatorname{sign}(\alpha_j')$$

图 4.6 形象地展示了相关突变在 2 维空间上的影响示意图。与之前所采用的 2

种突变操作算子不同的是，基于相关突变的个体表述形式变为$<x, y, \sigma_x, \sigma_y, \alpha_{x,y}>$，搜索空间中的点（子代基于给定概率产生）围绕待突变的种群个体形成一个旋转椭圆，其轴的长度与参数σ的取值成比例。

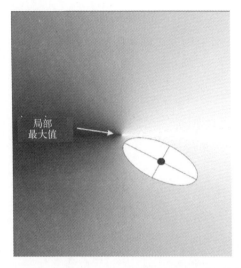

图 4.6　基于参数 $n=2$，$n_\sigma=2$ 和 $n_\alpha=1$ 的相关突变影响示意图。部分圆锥形适应度曲面：黑点表示发生突变的个体；表征新创建子代的全部点以给定概率产生后形成一个旋转椭圆；沿最陡上升方向（对适应度影响较大）移动的概率大于向其他方向移动的概率。

表 4.1 中总结了上述 3 种常见自我—自适应突变操作算子中对个体长度和结构的设置规则。由此可见，若只是考虑每种设置方案中的个体长度而不考虑变量间的相互关系时，EA 算法进化过程中需要进行学习的变量数量是逐渐增加的，即：考虑的因素越多，需要学习的变量也就越多。换句话说，随着 EA 算法依据局部拓扑进行搜索的自我—自适应能力的逐步增加，所需要执行的学习任务的规模也随之逐渐增加。简而言之，通过指定等概率突变操作界线的形状能够提升算法的精确性，随之而来的是，需要增加待尝试的不同选项的数量。由于这些差异化的可能性设置的优点是通过间接评估获得（通过应用不同选项并计算被创建个体的相对适应度）的，进而能够推知的合理结论是：随着突变操作算子复杂性的增加，将需要进行更多次数的函数评估以支撑学习获得更好的搜索策略。

表 4.1　采用不同突变操作算子时 n_σ 和 n_α 的设置

n_σ	n_α	个体结构	注释
1	0	$<x_1,\cdots,x_n,\sigma>$	标准突变
n	0	$<x_1,\cdots,x_n,\sigma_1,\cdots,\sigma_n>$	标准突变
n	$n\cdot(n-1)/2$	$<x_1,\cdots,x_n,\sigma_1,\cdots,\sigma_n,\alpha_1,\cdots,\alpha_{n(n-1)/2}>$	相关突变

针对上述结论，读者可能会感觉有些悲观；但也需要注意的是，对额外复杂性的需求也是比较容易想到的情景。例如，若适应度曲面中包含逐渐增加适应度的"山脊"，则显然需要突变操作算子与坐标轴间具有比较合适的仰角。简言之，针对待求解问题，采用哪种突变操作策略并不存在固定不变的选择。较为常用的确定突变操作策略方法是：先从 n_σ 值的不相关突变开始运行算法，若搜索得到优良解的速度太慢或者全部 σ_i 值均进化为相差不大时，则将突变操作策略转换为更简单模型；若解的质量较差，则将操作策略转换为更为复杂的模型。

在 EC 领域，采用和研究自我—自适应突变操作机制的工作已经持续进行了几十年。众多实验证据表明，具有自我—自适应能力的 EA 算法在性能上优于不具备此功能的同类算法，同时理论研究也表明，自我—自适应具有极其重要的作用[52]。若基于实验结果得到的突变操作步长值与基于理论推导得到的最优值相吻合，那么就可以实现理论推导和实验结果在 EC 领域的完美互补。目前研究的主要难点在于：针对复杂问题和/或算法的理论分析是不可行的。但是，依据某些性能标准（如算法运行期间的进程率），对于相对简单的目标函数，能够通过理论上推导得到最佳的突变操作步长值，进而能够与实际运行 EA 算法所获得的步长值进行比较。

目前，理论推导和实验运行结果证明，获取优良解的 EA 算法的 σ 值，随运行时间的逐渐增长而逐渐递减。针对该结论，最为直观的解释是：在搜索过程的开始阶段，必须以探索方式对大部分搜索空间进行采样，进而定位具有显著特性（具有良好适应值）的搜索区域，这使得在该阶段需要采用较大的突变操作步长值；但是当 EA 算法运行一段时间，并开始逐渐接近包含最优解的搜索区域时，只需对某些个体进行微调即可获得优良的可行解，因此在该阶段需采用较小的突变操作步长值。

另外一种具有说服力且能够表征自我—自适应机制强大作用的证据，是基于动态变化的适应度曲面环境。在目标函数变化的情况下，进化过程所要优化的对象显然是移动目标。当目标函数开始发生改变时，由于种群个体已适应了旧的目标函数，这很自然地会导致某些个体具有较低的适应度值。此时，需要对当前种群进行重新评估，以及对搜索空间进行重新探索。此时，原来的突变操作步长值已经不能适应当前已经发生变化的搜索区域，通常这些值相对而言都是偏小的。例如，文献[217]给出了在目标函数发生变化后，自我—自适应机制如何重置突变操作步长并进行重新搜索的过程，进化曲线如图4.7所示。

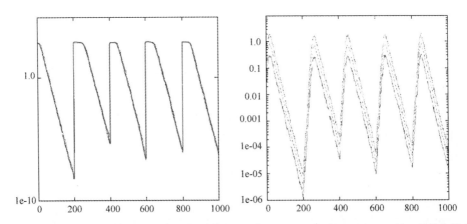

图 4.7　面向球域函数的移动优化 ES 算法实验（n=30，n_σ=1）：每 200 代（x 轴）最优解的位置发生一次变化对给定种群的平均最佳目标函数值（y 轴，左侧）具有明显影响；基于自我—自适应机制进行突变操作步长值（y 轴，右侧）调整时，先经过较小的延迟，然后再以较大的步长值探索新的搜索区域，最后在种群接近最优解时参数 σ 的值又再次变小。

近几十年来，EA 算法（特别是进化策略）在自我—自适应机制方面已积累了许多经验。依据这些知识所得到的进行自我—自适应的部分必要条件如下所示：

（1）种群规模 $\mu>1$，以便于采用不同策略；

（2）产生多于初始种群规模的子代数量，即 $\lambda>\mu$；

（3）选择压力要适当，针对启发式：$\lambda/\mu=7$，例如（15, 100）；

（4）采用 (μ,λ) 选择机制，以确保适应度较差的个体能够被淘汰；

（5）重组操作算子的策略参数通常取中值。

4.4.3　实数表示的重组操作算子

通常可采用 3 种方式对两个浮点型的字符串进行重组操作。

第一种，采用类似于"位字符串"的重组操作算子对浮点数进行拆分。在此策略下，与基于二进制所表示的重组操作方式相同，差别仅在于进行遗传操作的等位基因是"浮点值"而非"位"值。该重组操作算子的缺点也与前文所述相同，即：重组操作只能对现有浮点值进行新的组合，若需要在种群中引入新浮点值，则需要借助突变操作算子。此处的重组操作通常被称为离散重组，其特点是：由父代 x 和 y 创建得到子代 z，其中子代基因 i 的等位基因值以相等的似然概率源于两个父代，即 $z_i=x_i$ 或 $z_i=y_i$ 的概率是相同的。

第二种，采用重组操作算子面向每个等位基因位的值，在父代之间创建得到子代的新等位基因值。将 α 值在区间[0,1]中取值，进而将所创建的子代标记为 $z_i=\alpha x_i+(1-\alpha)y_i$。这种重组操作方式虽能够创建得到新的基因，但其也存在如

60

下缺点：该操作的平均化过程会导致种群中每个基因的等位基因值的范围逐渐缩小。因此，这种类型的重组操作算子常被称为中值重组或算术重组。

第三种，采用重组操作算子在新创建子代的每个等位基因位置都产生接近于某个父代的等位基因值，该值也可能位于父代等位基因值的外部（即大于两个等位基因值中的较大者或小于其中的较小者）。显然，该类型的重组操作算子能够产生不受父代基因值范围所限制的新基因，因此该重组方式也常被称为混合重组。

文献[295]中详细地描述了上述 3 种类型的算术重组操作算子。通常情况下参数 α 的取值是在区间[0,1]进行随机选择，但在实践中常采用的值为 0.5（即均匀算术重组）。

1．简单算术重组操作

首先，选择重组操作点 k；然后，将父代 1 的前 k 个数作为子代 1 的头部；最后，将父代 1 和父代 2 的算术平均数作为子代 1 的尾部。

新创建后的子代 1 如下所示：

子代 1：$< x_1,\cdots,x_k,\alpha\cdot y_{k+1}+(1-\alpha)\cdot x_{k+1},\cdots,\alpha\cdot y_n+(1-\alpha)\cdot x_n >$

将子代 1 所对应的父代 x 和 y 的次序进行反转即为子代 2。

采用简单算术重组操作算子创建子代的过程示意如图 4.8 顶部所示。

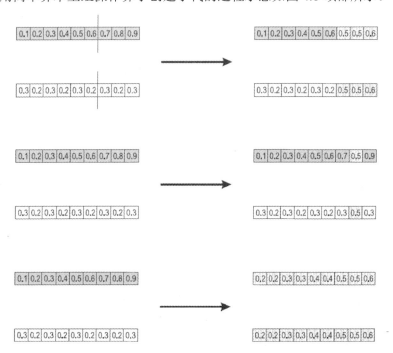

图 4.8 简单算术重组操作：k =6，α =1/2（上）；单算术重组操作：k =8，α =1/2（中）；
全算术重组操作，α =1/2（下）。

2．单算术重组操作

首先，在父代中随机选择等位基因 k；接着，计算该位置的两个父代的算术平均值作为子代的等位基因 k 点处的取值；最后，将其他点的等位基因值取为与父代相同。

采用上述操作算子所创建的子代 1 如下所示：

子代 1： $< x_1, \cdots, x_{k-1}, \alpha \cdot y_k + (1-\alpha) \cdot x_k, x_{k+1} + x_n >$

将父代 x 和 y 的次序进行反转即可创建得到子代 2。

采用单算术重组操作算子创建子代过程的示意如图 4.8 中部所示。

3．全算术重组操作

这是最为常用的重组操作算子，通过对两个父代中每个基因的等位基因值进行加权求和实现子代的创建，如下所示：

子代 1 $= \alpha \cdot \bar{x} + (1-\alpha) \cdot \bar{y}$， 子代 2 $= \alpha \cdot \bar{y} + (1-\alpha) \cdot \bar{x}$

采用全算术重组操作算子创建子代过程的示意如图 4.8 的底部所示。显然，若 $\alpha = 1/2$，则创建得到两个完全相同的子代。

4．混合交叉

文献[160]所提出的混合交叉（$BLX - \alpha$）是在较大的父代（n 维）矩形扩展区域中创建子代的方法，其中额外空间的规模与父代及其在坐标内变化的距离成正比。针对两个父代 x 和 y，若其在等位基因 i 处的取值存在的关系为 $x_i < y_i$，则可以计算两个父代间的差异为 $d_i = y_i - x_i$，进而可以推知，子代 z 中的第 i 个等位基因的取值范围为 $[x_i - \alpha \cdot d_i, x_i + \alpha \cdot d_i]$。为创建子代，首先需要在区间[0，1]进行均匀抽样获得随机数 u，接着计算 $\gamma = (1-2\alpha)u - \alpha$，最后通过下式以加权方式创建新的子代：

$$z_i = (1-\gamma)x_i + \gamma y_i$$

针对混合交叉重组操作算子，早期的研究学者指出，在 $\alpha = 0.5$ 时可创建得到最佳子代，并认为这使得子代取值均衡地分布于父代的外部区域和内部区域，进而能够有效地平衡 EA 算法的探索和开发能力。

图 4.9 表明了单算术重组操作、全算术重组操作和混合交叉操作算子间存在的差异性，其中每种重组操作算子的 α 值均设置为 0.5。最近学者提出的模拟二进制交叉[111,113]是基于混合交叉操作算子所进行的研究，但该方法并不从每个父代等位基因值的周围进行均匀选择而创建子代，却是从更有可能产生较小变化的分布中进行选择，并且分布区域与父代之间的距离相关。

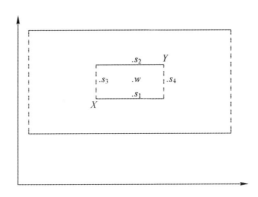

图 4.9　两个实值父代 X 和 Y 采用不同重组操作算子创建子代的示意图：$\{s_1,\cdots,s_4\}$ 是在 $\alpha=0.5$ 时基于单算术重组操作算子创建的 4 个子代；w 是 $\alpha=0.5$ 时基于全算术重组操作算子所创建的子代，图中的内部矩形框表示 α 变化时所有可能的子代位置；外部虚线框表示 $\alpha=0.5$ 时（$BLX-\alpha$ 混合交叉）操作算子创建子代的所有可能位置，并且在每个位置创建子代的可能性都是相同的。

4.5　排　列　表　示

　　许多待求解问题的解的形式就是决策系列事件所应该发生的顺序。虽然存在基于非限制整数表示的解码器函数[28,201]或基于实值表示的"浮动键"[27,44]等其他形式的表示方式，但该类问题最为本质的表示形式却是基于固定整数值的排列。不同于某些基于二进制或基于简单整数表示方式中所存在的允许同一整数在基因表示中多次出现的情况，此处所采用的排列表示方式绝对不允许排列中出现重复整数。因此，一个非常显而易见的要求是：选择或设计变异操作算子对以排列形式表示的候选解进行处理时，必须要保证编码基因中的每个等位基因值在候选解中只出现一次。在本书前文所描述的 N-皇后例子中，当采用 EA 算法进行求解时，需将每个解都表示为每个皇后在棋盘行上进行定位的列表（即每个皇后需放置在不同列上）；为保证所有皇后均位于不同行，显然可行解需满足上述对整数排列表示的要求。

　　针对整数排列表示，选择变异操作算子时需明晰两类问题：

　　针对第一类问题，事件发生次序非常重要。这类常见问题的典型例子就是工业过程的生产调度问题，即：系列发生事件需要基于有限的物资资源或在有限的时间周期完成某项任务。当某些待生产的产品之间存在某种依赖关系（如产品间可能存在不同的生产时间，或者某个产品可能是另外某个产品的组件）时，如何决策在系列机器上完成这些产品制造任务的时间顺序。例如，部件 1 需在部件 2 和 3 之前完成，部件 2 和 3 需在部件 4 之前完成，但对提前完成的具体时间长度并未提出任何要求。在上述情况下，排列[1,2,3,4]和[1,3,2,4]所表征候选解的质量相似并且都强于排列[4,3,2,1]所表示的解。

针对另一类问题，需要考虑事件间的相邻性，其典型代表是旅行商（TSP）问题。该问题的优化目标是搜索能够完整地旅游 n 个给定城市的最短路线。若考虑路线中的非对称情况（即：将去程与回程作为两条完全不同的旅游路线），面对 n 个给定城市时，TSP 问题的搜索空间中共存在 $(n-1)!$ 条路线[①]。显然，当 $n=30$ 时存在大约 10^{32} 条不同的旅游线路。若将城市标记为数列 1，2，$\cdots$，n，显然每次的完整城市旅游路线都是系列整数的排列。当 $n=4$ 时，路线[1,2,3,4]和[3,4,2,1]都是有效的候选解表示形式。此处，城市间的联系也是最为重要的。若忽略旅游起点的重要性，则 TSP 问题与排序问题间的差异更为清晰，并且路线[1,2,3,4]、[2,3,4,1]、[3,4,1,2]和[4,1,2,3]都是相同的。此外，TSP 问题中的许多路线还具有对称性，这使得路线[4,3,2,1]也与上述路线是等价的。

对排列进行编码共存在两种可能的方法。第 1 种较为常用，即：排列中的第 i 个元素表示在序列中的该位置发生的事件（或访问的第 i 个目的地）。在第 2 种情况下，第 i 个元素的值表示第 i 个事件发生时在序列中的位置。因此，对于 4 个城市[A、B、C、D]而言，排列[3、1、2、4]在第 1 种排列编码中表示旅游路线为[C、A、B、D]，而在第 2 种排列编码中却表示旅游路线为[B、C、A、D]。

4.5.1 排列表示的突变操作

针对排列表示而言，通常并不需要单独地考虑每一个基因，而是需要考虑面向基因组对等位基因进行合理移动的突变操作方式。此处突变参数的寓意是指染色体发生突变的概率，而不是指染色体中单个等位基因发生改变的概率。文献[423]描述了面向排序问题的 3 种最为常见的突变操作算子。下文所述的前 3 个突变操作算子（特别是插入突变）是通过对等位基因值出现的顺序进行较小的改变而实现变异操作功能的；但针对基于邻域的排列表示问题，这些突变操作算子会导致排列间的链接被大量破坏，故针对该类排列方式多采用反转操作算子。

1．交换突变操作

随机选择染色体的两个位置（基因）并交换其等位基因值，其示意如图 4.10 中的上部所示，图中对位置 2 和 5 的等位基因值进行交换。

2．插入突变操作

随机选择两个等位基因并将第 2 个等位基因移动到第 1 个等位基因的右边，其他等位基因则依次向右移动，其示意如图 4.10 中的中间小图所示，图中将位置 5 移动到了位置 2 的右边。

3．加扰突变操作

在整个染色体中随机选择全部等位基因的子集并将其在子集中的位置打乱，

---

① 此处针对问题规模的评论适合于所有排列类型的问题。

其示意如图 4.10 的下部所示，图中选择的是位置 2 到位置 5 之间的子集并将这些等位基因值打乱后重新排序。

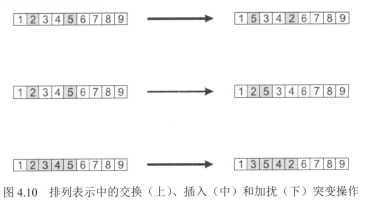

图 4.10　排列表示中的交换（上）、插入（中）和加扰（下）突变操作

4．反转突变操作

随机选择染色体上的两个位置并颠倒该两个位置之间基因位的顺序。该方式能够有效地将染色体分割为 3 部分，其中两边部分的所有链接均被保留，而中间两部分的连接则被破坏。采用随机选择子字符串进行反转的突变操作方式比较适应用于邻域型排列问题的求解，通过一系列的反转操作能够很容易地产生其他的一些变化。因此，采用该突变操作算子所形成的搜索空间排序是求解这类问题的最为自然的方式，其等价于面向二进制问题表示方式的汉明空间策略。该突变操作算子是针对 TSP 问题[271]的搜索启发式的 2-操作算子的基本步骤，其很容易扩展至 k-操作算子。反转突变操作算子的示意如图 4.11 所示，图中位置 2 和 5 间的子字符串是互为反向的。

图 4.11　反转突变示意图

4.5.2　排列表示的重组操作

直观上讲，面向排列表示的重组操作算子在设计上存在着特定的困难，因为通常难以简单地在父代之间交换子字符串后还能够保持排列表示的固有性质不变。然而，当结合问题的候选解实际所代表的含义进行考虑时，这些困难就可以得到缓解，即：排列所表征的含义或者是所包含元素发生的顺序，或者是连接元素对的系列移动次序。许多特定的重组操作算子都能够用于对排列表示问题进行遗传操作，其目的是尽可能多地传输父代所包含的信息，尤其是父代所共同拥有的信息。本书此处主要集中描述面向排列问题的两个较为著名和常用的重组操作算子。

1. 部分映射交叉（PMX）操作

该操作算子最早由 Goldberg 和 Lingle 在文献[192]中提出，主要用于 TSP 问题，目前其已成为用于求解邻域型问题时应用最为广泛的操作算子之一。随着多年研究的进展，PMX 操作算子也发生了很多细微的变化。本书此处采用的是 Whitley 在文献[452]中所给出的定义，其工作原理如下所示（图 4.12～图 4.14）。

（1）随机选择两个交叉点，并将所选交叉点间的交叉段的全部元素从第 1 个父代（P1）复制到第 1 个子代；

（2）从第 1 个交叉点开始在第 2 个父代（P2）的交叉段中查找尚未被复制的元素；

（3）对于基于上述步骤所寻找的 P2 交叉段中的每一个元素（如 i），在子代中查看哪些元素（如 j）已经从 P1 复制到了其对应的位置上；

（4）在子代中，将 i 放在 P2 中被 j 所占据的位置；

（5）若 P2 中被 j 占据的位置已被元素 k 填充在子代中，则将 i 放置在 P2 中 k 元素所对应的位置；

（6）采用如上步骤将交叉段中的所有元素处理完之后，子代中的剩余位置则采用 P2 中的元素进行填充；第二个子代的创建也是采用类似的过程，差别仅在于所采用的父代角色的不同。

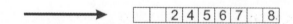

图 4.12　PMX 操作算子的步骤 1：将随机选择的片段从第一个父代复制到子代。

图 4.13　PMX 操作算子步骤 2：依次考虑父代 2 中间段而不是父代 1 中间段元素的放置；P2 中"8"的位置在子代中由"4"占据，所以，将"8"放在 P2 中"4"所在的位置；P2 中"2"的位置在子代中由"5"占据，所以，首先查看 P2 中的"5"所占据的位置，即位置 7；但该位置已经被"7"所占据，所以，再在 P2 寻找"7"出现的位置，即位置 3，然后在子代中的位置 3 放置"2"；最后需要注意的是，值"6"和"5"同时出现在两个父代的中间部分，不需要做任何处理。

```
1 2 3 4 5 6 7 8 9
                              9 3 2 4 5 6 7 1 8
9 3 7 8 2 6 5 1 4
```

图 4.14　PMX 操作算子步骤 3：将第 2 个父代中的剩余元素复制到子代中相同的位置。

通过检查上述步骤所创建的子代可知，子代 9 连接中的 6 个连接都存在于一个或多个父代中。但是，在父代所共同拥有的两个连接边{5–6}和{7–8}中，仅有第一个连接边遗传至子代中。Radcliffe 在文献[350]中曾经指出，任何重组操作子的期望属性都应该获得，即：两个父代所携带的任何信息都应该存在于所创建的子代中。思索之后可知，上述描述对于所有面向二进制和整数表示的重组操作算子以及浮点表示的离散重组操作算子都正确；但正如上文的示例所示，该描述对于 PMX 操作算子却不一定正确。考虑到这个问题，研究学者面向邻域型的排列问题，已针对性地设计了其他的重组操作算子。下文将介绍较为著名的若干种重组操作。

2．边缘交叉操作

该操作算子的核心理念是：子代应该尽量基于某个父代的边缘进行创建。该算子近年来已经历了多次改进。本书此处主要描述在 Whitley 提出该算子后最为常用的边缘-3 交叉操作算子[452]，其设计的主旨是确保对父代公共边缘的保留。

为达到上述主旨，需构建一个边缘表（也称为邻域列表），进而为每个元素列出父代中链接到该元素的所有其他元素。表中的符号"+"表示该边缘同时存在于两个父代中。该操作算子的执行过程步骤如下：

（1）构建边缘表。

（2）随机选取一个初始元素并将其放入子代中。

（3）设置变量 *current element = entry* 。

（4）从表中删除对 *current element* 的全部引用。

（5）检查 *current element* 列表：

● 若存在一个父代公共边则选择其作为下一个元素；

● 否则，选择列表中自身具有最短列表的条目；

● 将链接随机性地打乱。

（6）在列表为空的情况下检查子代的另一端是否得到了扩展；否则，随机选择另外一个新元素。

显然，基于上述操作算子，只有在最后一种情况下才有可能引入所谓的外部外缘。

边缘-3 重组操作算子的工作过程可以通过示例予以说明，其中：父代采用的是与之前所描述的 PMX 操作算子的示例相同的两个排列，即：[1 2 3 4 5 6 7 8 9]和[9 3 7 8 2 6 5 1 4]；边缘表如表 4.2 所示，排列结构如表 4.3 所示。特别需要注意的是，该操作算子在每次重组操作过程中只创建得到单个新的子代。

表 4.2 边缘交叉操作：边缘表示例

元素	边缘	元素	边缘
1	2,5,4,9	6	2,5+,7
2	1,3,6,8	7	3,6,8+
3	2,4,7,9	8	2,7+,9
4	1,3,5,9	9	1,3,4,8
5	1,4,6+		

表 4.3 边缘交叉操作：排列结构示例

选择	被选元素	理由	部分结果
All	1	随机	[1]
2,5,4,9	5	最短列表	[1 5]
4,6	6	公共边	[1 5 6]
2,7	2	随机选择（列表中均有两个项目）	[1 5 6 2]
3,8	8	最短列表	[1 5 6 2 8]
7,9	7	公共边	[1 5 6 2 8 7]
3	3	仅列表中的项目	[1 5 6 2 8 7 3]
4,9	9	随机选择	[1 5 6 2 8 7 3 9]
4	4	最后元素	[1 5 6 2 8 7 3 9 4]

3．排序交叉操作

此操作算子由 Davis 面向排序型排列问题而设计[98]，其执行方式类似于 PMX 操作算子，即：将在第 1 个父代中随机选择的片段复制到子代中。由于该操作算子的主要目的是从第 2 个父代中获取有关相对排序的信息，故其在处理方式上也与 PMX 操作算子具有一定的差异性。排序交叉操作的详细步骤如下：

（1）随机选择两个交叉点，并将它们之间的交叉段从第 1 个父代（P1）复制到第一个子代中；

（2）从第 2 个父代（P2）中的第 2 个交叉点开始，将剩余未使用的数排序，依据它们在 P2 中出现的顺序复制到第 1 个子代中，当到达列表末尾时，则环绕返回至头部；

（3）将父代的角色进行颠倒后，采用相类似的方式创建得到第 2 个子代。

上述操作过程如图 4.15 和图 4.16 所示。

图 4.15 排序交叉操作，步骤 1：将随机选择的交叉段从第 1 个父代复制到子代。

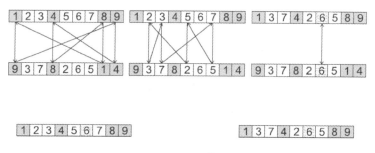

图 4.16　排序交叉操作，步骤 2：依据在第 2 个父代中出现的顺序复制其余的等位基因值，需要将字符串视为环形以完成交叉操作过程。

4．循环交叉

文献[325]提出，该操作算子的目标是尽可能多地保存排列表示所包含元素中的绝对位置信息，其工作原理是将排列中的元素划分为多个循环。显然，每个循环都是全部排列元素的子集，其所具有的特点如下：将两个父代对齐后，每个排列元素总是与同一循环中的另外某个排列元素成对出现。当将全部排列处理为循环后，通过在每个父代中选择交替循环，进而实现子代创建。该方法中构建循环的步骤如下所示：

（1）从父代 P1 的第 1 个未使用位置的等位基因开始；

（2）寻找父代 P2 中相同位置的等位基因；

（3）转到父代 P1 中具有相同等位基因的位置；

（4）将该等位基因加入循环中；

（5）重复步骤（2）到（4），直到到达父代 P1 的第一个等位基因，进而完成整个循环。

循环交叉操作算子的完整运行过程如图 4.17 所示。

图 4.17　循环交叉操作。上部分：步骤 1——循环识别。下部分：步骤 2——子代构建。

4.6　树　形　表　示

树形结构是计算中用于对象表示的最为普通的结构之一，其是已知进化算法分支——遗传规划（GP）的基础。通常，（解析）树都是采用给定的语法形式进行表示。依据待求解的问题特点和进化算法使用者对问题解应采用的表示形式的感知程度，树形表示的编写规则包括算术表达式语法、一阶谓词逻辑公式和编程语言代码等。为详细说明该问题，下文给出了基于上述每种规则的表示形式。

1. 算术公式

$$2 \cdot \pi + \left((x+3) - \frac{y}{5+1} \right) \tag{4.8}$$

2. 逻辑公式

$$(x \wedge true) \rightarrow ((x \vee y) \vee (z \leftrightarrow (x \wedge y))) \tag{4.9}$$

3. 编程语言代码

```
i=1;
while (i<20)
{
    i=i+1;
}
```

图 4.18 和图 4.19 给出了基于上述表达式的解析树。这些示例表明了如何使用和解释这些解析树。

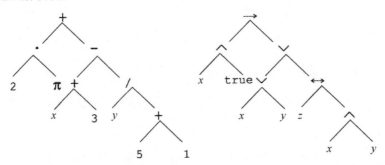

图 4.18　基于式（4.8）（左）和式（4.9）（右）的解析树

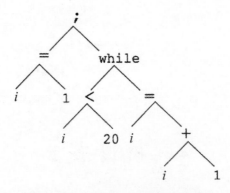

图 4.19　基于编程语言代码的解析树

由上文可知，从技术视角而言，采用树形结构表示个体的规范取决于定义树时所采用的规则，或者是符号表达式（s-表达式）所遵从的语法。通常，这是通过对函数集和终端集进行定义的方式予以实现的，其中：终端集中的元素用于表征树的叶子，函数集中的符号则用于表征树的内部节点。例如，使得式（4.8）中的表达式的语法正确的函数集和终端集的常见形式如表 4.4 所示。

表 4.4　式（4.8）中表达式对应的函数集和终端集

函数集	$\{+,-,\cdot,/\}$
终端集	$\mathbb{R} \cup \{x, y\}$

从学术严谨的视角而言，应该为函数集中的每个函数符号都指定参数数量（每个函数所具有的属性数量），但面向标准的算术函数或逻辑函数时，这些参数通常都被省略了。同样，基于函数集和终端集的正确表达式（树）的定义也应该预先给出。但是，由于已遵循了在正式语言中所定义术语的一般规则，这些表达式的定义也常被省略。

考虑到学术研究中的完整性，本书此处提供了以下详细信息：

（1）终端集 T 中的全部元素都是正确的表达式；

（2）如果 $f \in F$ 是拥有参数数量为 n 的函数，并且 $e_1,\cdots,e_n$ 都是正确的表达式，那么 $f(e_1,\cdots,e_n)$ 也是正确的表达式；

（3）不存在其他形式的正确表达式。

注意：上述定义未对不同类型的表达式进行区分；此外，每个函数均可将任何表达式作为其参数。上述特性通常被称为封闭性。

在实践中，函数集和终端集通常都被类型化并被赋予额外的句法要求。例如，在待求解问题表示中，可能会同时需要算术符号和逻辑函数符号，例如，以 $(n = 2) \wedge (S > 80.000)$ 作为正确表达式。此时，必须强制算术（逻辑）函数有且仅有算术（逻辑）参数，如不允许 $n \wedge 80.000$ 作为正确的表达式。上述问题在强类型遗传规划中已经解决，详见文献[304]。

4.6.1　树形表示的突变操作

基于树的突变操作的最常见实现方式是：先在树中随机选择一个节点，再采用随机生成的新子树替换从随机选择节点开始的子树。新子树的创建方式通常与初始化种群的方式相同（详见 6.4 节），并受到树形的最大深度和宽度等条件的限制。图 4.20（a）说明了式（4.8）中的解析树是如何突变为独立的树 $2 \cdot \pi + ((x + 3) - y)$。需要注意的是，由于被替换的子树是基于随机选择机制创建，并且当节点向下穿过树时，在任何给定深度上都可能存在更多的节点，因此，子节点的规模（树深度）可能会超过父树的规模（树的深度）。

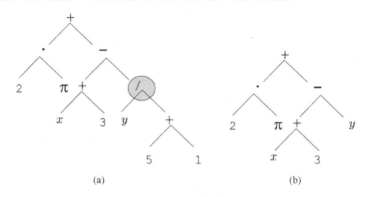

图 4.20   基于树的突变操作示意图：选择图（a）中的圆所圈定的节点作为进行突变的树节点；
        将选定节点以下的子树被随机生成的子树（其本质是片叶子）所代替。

基于树的突变操作算子存在两个参数：

（1）重组操作算子结合点处选择突变的概率；

（2）作为子树根节点的父代被替换时选择内部节点的概率。

需要特别提出的是，Koza 在 1992 年出版的关于 GP 算法的经典著作[252]中建议，算法使用者将基于树的突变率设置为 0，即：建议 GP 算法在无突变操作的情况下运行。最近，Banzhaf 等学者建议将突变率设置为 5%[37]。因此，对突变操作算子的这些限制作用，使得 GP 算法不同于其他的 EA 算法类型。导致上述现象主要原因是，研究学者们普遍认为交叉操作算子具有较大的疏解效应，其在某种意义上可作为宏突变操作算子予以使用[9]。虽然一些研究认为，在 EA 算法中只采用纯交叉操作算子的观点通常会产生误导[275]，但目前 GP 算法的确是较少地采用突变操作算子，在采用时也都是选择正向突变率。

4.6.2   树形表示的重组操作

基于树的重组操作采用在选定的父代之间交换遗传物质的方式创建子代。采用技术术语对重组操作过程进行描述就是，由两个父树创建两个子树的一种二元运算符。最为常见的基于树的重组操作实现方式是子树交叉，即：在给定父代节点中，随机选择两个节点交换子树，如图 4.21 所示。由图可知，子树尺寸（树的深度）可以超过父树尺寸（树深度），这也是 GP 算法中的重组操作算子不同于其他 EC 类型算法的特点。

基于树的重组操作算子主要存在两个参数：

（1）突变操作算子在结合点处选择重组操作的概率；

（2）选择树内部的节点作为交叉点的概率。

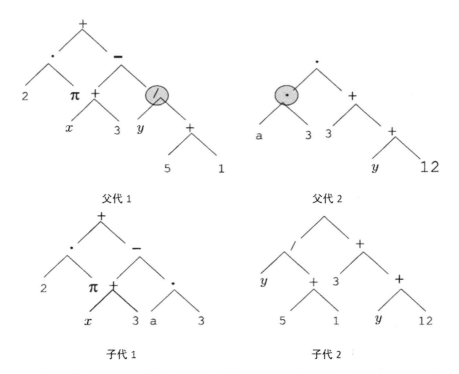

图 4.21　基于树的交叉操作示意图：父代中由圆圈定的节点是交叉点；子树在交叉点处进行交换，进而产生两个作为后代的子树。

（关于本章的练习和推荐阅读，请访问 www.evolutionarycomputation.org.）

第 5 章　适应度、选择和种群管理

本书在第 3 章中指出，形成进化系统基础的两种基本推动力是变异操作和选择操作。本章主要讨论与第 2 个基本推动力相关的 EA 算法组件。首先讨论典型的种群管理模型和选择操作算子，接着显式地研究需要保持种群多样性的情况（例如多模态问题），以及用于增加多样性的种群管理和改变选择策略的方法。

5.1　种群管理模型

本书在上章中重点介绍了待求解问题的候选解的表示方式，以及针对不同种群个体采用变异（重组和突变）操作算子创建子代的方法。这些子代通常会继承父代的某些属性，但同时也与父代之间存在着一定的差异性，从而使得进化过程获得了待评估的新候选解。本书此处将优化问题的重点转向影响进化过程中的第 2 个重要因素：种群个体基于相对适应度进行资源竞争和繁殖进而导致这些个体生存的差异化。

目前文献中有两种不同的种群管理模式，即：世代模式和稳态模式。本书 3.3 节的示例中所采用的模型就是世代模型。在该模型中，每一代均从规模为 μ 的种群开始进行遗传操作，其进化过程可简述为：首先，在原始种群中进行父代选择，从而得到配对池，其中该池内的每个成员都对原始种群已有的遗传基因复制，差别在于不同成员所拥有的遗传基因的比例不同，通常的规则是具有"更佳"适应度的父代的遗传基因的复制品会相对较多；接着，采用变异操作算子基于配对池内的成员创建得到 λ 个新创建的子代，并对这些子代进行适应度评估；然后，全部原始种群被从新子代中所选出的 μ 个个体所替代，从而得到新的下一代种群。

通常，在简单遗传算法（SGA）模型中，种群、配对池和子代的规模都是相同的，即：每一代都被新创建的子代完全替换，但这种限制并不是必要的。例如，在 (μ, λ) 进化策略中，首先会创建更多数量的子代（λ / μ 的比值通常在 5～7），然后再依据子代个体的适合度对其进行选择，进而产生下一代种群。

在稳态模型中，原始种群并不是被新创建的子代一次性地更新和替换，而是每次遗传操作过程中仅采用新子代替换原始种群的部分个体。通常 $\lambda(<\mu)$ 个旧个体被 λ 个新子代所替换，这种替代的种群比例被称为世代距离，其计算公式为 λ / μ。自 Whitley 的 GENITOR 算法[460]提出以来，稳态模型已得到学术界的广泛

应用和研究[105,354,442]，通常取 $\lambda=1$。

在该阶段，值得反复重申的观点是：负责种群管理竞争的选择和替换操作算子是基于种群个体的适应度进行的。因此，这些操作算子的运行机制是独立于待求解问题的表示方式。如第 3 章对 EA 算法的一般描述部分所言，进化周期中基于适应度进行竞争的两个过程分别为选择进行配对的过程和选择个体生存至下一代的过程。本章首先描述较为常用的父代选择方法，其所采用的许多方法在后面的生存选择阶段也是可采用的。这些选择操作的最首要条件是：必须要遵从最大化适应度值的约定，并且要求适应度值非负。通常，待求解的优化问题是采用需要最小化的目标函数进行表示的，因有时会出现适应度值为负值的情况，此时需要通过适当转换将其映射为适应度值为正的形式。

5.2　父　代　选　择

5.2.1　适应度比例选择

本书在 3.3 节中，采用一个简单例子描述了适合度比例选择（FPS）机制的基本原理。由前文可知，选择种群个体 i 进行配对的概率取决于其绝对适应度值与其他种群个体的绝对适应度值的比值。因此，全部种群个体被选择的概率总和必须等于 1。采用 FPS 机制，种群个体 i 被选择为父代概率的计算公式为

$$P_{FPS}(i) = f_i \left/ \sum_{j=1}^{u} f_j \right. \text{。}$$

FPS 选择机制自文献[220]提出后就备受研究学者的关注，也一直是学术界进行深入研究的主题，其主要原因在于该方法非常适合于理论分析。但是，许多研究学者们也逐渐认识到 FPS 选择机制存在一些难以避免的问题，具体如下：

（1）该选择机制会导致超级个体快速占据整个种群，进而使得进化搜索的过程过于集中，使得 EA 算法难以对其他可能存在的更好的候选解的空间进行彻底的搜索。在基于随机创建的具有较低适应度值的种群个体的早期进化阶段，上述现象则会经常出现，其通常被称为过早收敛。

（2）当种群个体间的适合度值彼此之间非常接近时，FPS 选择机制所对应的选择压力几乎不存在。这种现象导致对种群个体的选择过程是近似均匀随机的，对进化过程而言，那些仅是适合度值稍微大一点的种群个体的贡献度并不大。因此，在 EA 算法后期的运行阶段中，进化过程已产生了收敛趋势，并且适应度最差的个体已在种群内消失。此时，所能观测到的最典型的结果是，种群平均适应度值的增长过程变得非常缓慢。

（3）若对适应度函数进行调整，上述基于 FPS 选择机制的进化过程的运行结

果将会略有差异。

针对上述 3 个问题的最后说明如表 5.1 所示。该表中给出了 3 个种群个体和 1 个适应度函数，其中 $f(A)=1$，$f(B)=1$，$f(C)=5$。可见，调整适应度函数会改变选择概率，但适应度曲面的形状和最优解的位置却保持不变。

表 5.1　基于 FPS 方法调整适应度函数值改变种群个体的被选择概率

个体	适应度 f	选择概率 f	适应度 $f+10$	选择概率 $f+10$	适应度 $f+100$	选择概率 $f+100$
A	1	0.1	11	0.275	101	0.326
B	4	0.4	14	0.35	104	0.335
C	5	0.5	15	0.375	105	0.339
求和	10	1.0	40	1.0	310	1.0

为了避免 FPS 选择机制导致的上文所描述的第 2 个问题，通常采用窗口化 EA 算法演化过程的方式予以克服。此时，将原始适应度值 $f(x)$ 减去 β^t 以保持适应度值具有差值，后者在某种程度上取决于 EA 算法的最近搜索历史，其中上标 t 表征着 β^t 将随 EA 算法运行时间的增长而相应变化。一种最为简单的解决方法是：首先，设置 $\beta^t = \min_{y \in P^t} f(y)$；然后，再用该值减去当前种群 $P(t)$ 中最差个体的适应度值。显然，后者所导致的适应度值的波动速度可能会很快，相应的替代方法就是采用种群最近几代的适应度平均值取代上述方法所采用的最差个体的适应度值。

另外一种较为著名的方法是 SIGMA 缩放[189]，该方法对种群中的平均适应度值 $\bar{f}$ 和标准偏差值 σ_f 进行融合，其计算公式如下所示：

$$f'(x) = \max(f(x) - (\bar{f} - c \cdot \sigma_f), 0)$$

其中，c 为常量，其默认值为 2。

5.2.2　排序选择

基于排序选择机制进行父代选择的灵感源于众所周知的适合度比例选择机制的固有缺点[32]，基本原理是：依据个体适合度值的高低对全部种群个体进行排序，进而依据这些种群个体的排序而非实际适合度值间的相对关系，确定不同种群个体被选为父代的选择概率，从而能够保持较为恒定的种群选择压力。此处假设在种群排序后对全部个体进行编号，则这些编号能够表征种群中存在的较差解的数量，相应地将种群中的最好和最差的排序分别标记为 $\mu-1$ 和 0。显然，种群个体的排序编号与其被选为父代的概率间的映射关系可采用多种方式进行表征，如采用线性或指数递减函数。与前文的 FPS 选择机制及其他任何选择操作算子相同，种群个体的选择概率之和必须为 1 并至少要选择得到一个父代。

计算基于线性排序（LR）机制的父代选择概率时，需要借助额外的参数 s ($1 < s \leqslant 2$)。针对 $\mu = \lambda$ 的世代 EA 算法，这个参数可被解释为分配给最佳种群个体的期望子代数量。由于最佳和最差种群个体的排序编号分别为 $\mu - 1$ 和 0，故排序编号为 i 的种群个体被选择为父代的概率可采用如下公式计算：

$$P_{\text{lin-rank}}(i) = \frac{(2-s)}{\mu} + \frac{2i(s-1)}{\mu(\mu-1)}$$

注意：上述公式中的第 1 项针对全部种群个体而言都是常量，该项能够确保全部种群个体被选择的概率相加之和为 1；第 2 项在面对适应度最差的种群个体时，其值为零（最差种群个体的排序编号 $i=0$），此时的选择概率可视为种群个体被选择为父代的"基线"概率。

在 $\mu = 3$ 时，分别采用适合度比例和排序选择机制，并且参数 s 也取为不同值，表 5.2 所示的例子中给出了不同种群个体被选为父代的选择概率值。

表 5.2　适应度比例（FP）与线性排序（LR）选择机制的比较

个体	适应度	排序	P_{selFP}	P_{selLR} ($s=2$)	P_{selLR} ($s=1.5$)
A	1	0	0.1	0	0.167
B	4	1	0.4	0.33	0.33
C	5	2	0.5	0.67	0.5
求和	10		1.0	1.0	1.0

当种群个体排序编号与个体被选择概率间的映射关系采用线性模型进行表征时，只能对种群施加有限的选择压力。上述这一推论来源于如下的假设：从平均视角，具有中等适应度值的种群个体应该具有至少一次被选为父代的机会；反过来，就要求参数 s 的最大取值为 2（由于所采用的缩放尺度是线性的，若假定全部种群个体被选择概率的总和为 1，在 $s > 2$ 时，就会要求最差种群个体的被选择概率为负值）。因此，若需要种群具有更高的选择压力，即更多地强调选择高于平均适合度值的种群个体，就应该采用如下式所示的指数排序选择机制：

$$P_{\text{exp-rank}}(i) = \frac{1 - \text{e}^{-i}}{c}$$

其中，采用归一化因子参数 c 是为了保证种群个体的被选择概率之和为 1。也就是说，该参数为种群规模的函数。

5.2.3　实现选择概率

上面两章描述了用于确定种群个体被选择概率分布的 2 种父代选择机制，其中概率分布定义了种群个体为拥有繁殖机会而被选择为父代的可能性。在理想情况下，参与重组操作的父代配对池内的种群个体的比例与上述选择概率的分布完全相同。这意味着被选择种群个体的数量将由选择概率和配对池规模的乘积得到；但在实际进化过程中，由于种群规模有限等原因，导致上述确定被选择种群个体数量的方法难以实现。也就是说，当进行上述乘法运算时，通常会造成某些种群个体的预期拷贝数量不是整数，但在实际进化过程中所选择的种群数量必须是整数。换言之，父代配对池是基于选择概率分布对原始种群进行抽样而得到的，如 3.3 节中的例子所示，这使得配对池的种群数量经常都不是非常准确。

实现上述种群采样的最简单方法是轮盘赌算法。从概念上讲，该算法的原理与重复旋转单臂轮盘赌相同，其中轮盘孔的大小代表种群个体被选择的概率。一般而言，该算法用于从拥有 μ 个父代的种群集合中选择 λ 个成员并将其放至配对池中。为详细地说明轮盘赌算法的工作原理，此处假设将种群个体采用排序或随机方式按照编号从 1 到 μ 进行排列，以便计算种群个体的累积概率分布。依据全部种群个体的排列表，可得到相对应的概率分布值列表为 $[a_1,a_2,\cdots,a_\mu]$，并且第 i 个种群个体的概率分布 $a_i = \sum_i P_{\text{sel}}(i)$，其中 $P_{\text{sel}}(i)$ 表示采用适合度比例或排序机制进行表征的种群个体被选为父代的概率分布。注意，上述定义所隐含的寓意是 $a_\mu = 1$。上述轮盘赌算法的伪代码如图 5.1 所示。

```
BEGIN
  /*  Given the cumulative probability distribution a */
  /*  and assuming we wish to select λ members of the mating pool */
  set current_member = 1;
  WHILE ( current_member ≤ λ ) DO
    Pick a random value r uniformly from [0,1];
    set i = 1;
    WHILE (  a_i < r ) DO
      set i = i + 1;
    OD
    set mating_pool[current_member] = parents[i];
    set current_member = current_member + 1;
  OD
END
```

图 5.1　轮盘赌算法的伪代码

尽管轮盘赌算法在本质上具有简洁性，但当前研究认为，该算法在实际应用中难以获得符合期望分布的较好种群个体。当从某个分布中采样多个种群个体时（例如 λ 个），研究学者更为偏好的父代选择机制是随机通用抽样（SUS）算法[32]。从概念上讲，后者相当于采用具有 λ 个等间距的摆臂旋转车轮一圈，而不是旋转单臂车轮 λ 次进行种群个体的选择。SUS 算法也采用与轮盘赌算法相同的累积选择概率列表 $[a_1,a_2,\cdots,a_\mu]$，其选择配对池的伪代码如图 5.2 所示。

```
BEGIN
  /*  Given the cumulative probability distribution a */
  /*  and assuming we wish to select λ members of the mating pool */
  set current_member = i = 1;
  Pick a random value r uniformly from [0, 1/λ];
  WHILE ( current_member ≤ λ ) DO
    WHILE ( r ≤ a[i] ) DO
      set mating_pool[current_member] = parents[i];
      set r = r + 1/λ;
      set current_member = current_member + 1;
    OD
    set i = i + 1;
  OD
END
```

图 5.2　采用随机通用抽样（SUS）算法选择 λ 个种群个体进入配对池的伪代码

　　由于参数 r 的初始化值在区间 $[0, 1/\lambda]$ 内，并且每次进行种群个体选择时其值均增加 $1/\lambda$，所以能够保证每个父代 i 被复制的副本数至少是 $\lambda \cdot P_{\text{sel}}(i)$ 值的整数部分且不会超过预期数量 1 个。最后，需要读者关注的是：只需对图 5.2 所示的伪代码进行较小的更改，SUS 算法就能够实现在父代中选择任意数量的种群个体；若每次只选择单个种群个体，则此时的 SUS 算法就与轮盘赌选择算法等价。

5.2.4　锦标赛选择

　　本章所描述的前两种父代选择机制和基于概率分布的抽样选择机制都需要依赖于与全部种群个体相关的知识。但是，在种群规模非常庞大或者种群在并行系统上以分布方式运行等情况下，种群知识的获取可能非常耗时，也可能是难以实现的。此外，上述的父代选择机制都是建立在种群适应度能够被量化度量（基于某些待优化的显式目标函数）的假设之上的，但这些假设在某些情况下可能完全无效（例如应用程序是不断演化的游戏策略）。在这些情况下，难以对给定种群个体（或策略）的适应度值进行单独的量化。在这种情况下，需要模拟不断演化的游戏策略，以游戏对手的方式对给定种群中的任何两个个体进行量化评估。类似这样的情况在进化设计和进化艺术等应用场景中也是经常存在的[48,49]。针对这些场景，通常通过比较设计或艺术作品的效用性和用户的主观印象进行父代选择，而不是通过定量测量指定适合度的方式进行，详细描述见本书 14.1 节。

　　锦标赛选择机制是基于效用属性的遗传操作算子进行的，无须基于与整个种群相关的全局知识，也不需要对表征可行解质量的种群个体进行量化的度量；相反，其仅依赖于任意两个种群个体间的比较和基于比较结果所获得的排序关系。因此，锦标赛选择策略的实现与应用具有简单、快速的优点。采用锦标赛选择策

略可从拥有 μ 个种群个体的配对池中选择 λ 个成员，这一流程的伪代码如图 5.3 所示。

```
BEGIN
  /* Assume we wish to select λ members of a pool of μ individuals */
  set current_member = 1;
  WHILE ( current_member ≤ λ ) DO
    Pick k individuals randomly, with or without replacement;
    Compare these k individuals and select the best of them;
    Denote this individual as i;
    set mating_pool[current_member] = i;
    set current_member = current_member + 1;
  OD
END
```

图 5.3　锦标赛选择机制的伪代码

由于锦标赛选择机制进行父代选择是基于种群个体的相对而非绝对适应度进行的，故其在适应度函数的平移和变换不变性等方面具有与排序选择机制相同的性质。锦标赛选择机制选择种群个体的概率取决于以下 4 个因素，即：

（1）种群个体在整个种群中的排名。事实上，在未对整个种群进行排序的情况下，该排名是通过估计获得的。

（2）锦标赛的规模 k。通常，该值越大，所选择的种群个体高于种群平均适应度水平的机会也越大，配对池完全由低适应度值的种群个体组成的可能性就越小。也就是说，随着 k 的增加，高适应度值种群个体的被选择概率增加，而低适应度值种群个体被选择的概率减少。因此，增加 k 就意味着增加了种群个体的选择压力。

（3）选择最适合锦标赛成员的概率 p。在确定性锦标赛选择机制中该值通常被设置为 1，但在随机版的锦标赛机制中也会采用 $p<1$。由于 $p<1$ 时，适应度值较低的种群个体被选择的可能性较大，故降低 p 值就等价于减小种群个体的选择压力。

（4）采用有替代还是无替代方式进行种群个体的选择。针对无替代方式，采用确定性锦标赛选择机制时不会选择适应度较差的 $k-1$ 个种群个体，原因在于其他成员具有更佳的适应度值。但是，针对有替代方式的锦标赛选择机制，具有最差适应度值的种群个体却存在被选中的可能性，主要原因在于：基于概率 $1/\mu^k > 0$ 时，所有的锦标赛候选成员都有可能是种群中适应度值最差种群个体的副本。

锦标赛选择机制的上述特点在文献[20,58]中进行了详细描述，并且文献[190]的进一步研究表明：对基于参数 p 的二元（$k=2$）锦标赛选择机制，高适应度的单个种群个体占据整个种群的预期时间，与采用参数 $s=2p$ 时线性排序选择机制的预期占据时间相同。但是，由于 λ 个锦标赛选择机制需要进行 λ 次的种群个体选择，故其面临着与轮盘赌算法相同的问题，即：父代的实际选择结果与理论上的概率分布间存在着较大的差异性。尽管具有上述缺点，锦标赛选择机制还是某些 EC 算法（尤其是遗传算法）中使用最为广泛的选择操作算子，主要原因在于：实现方式简单，并且通过改变锦标赛规模 k 能够比较容易地控制种群的选择压力。

5.2.5 均匀父代选择

在 EC 算法的某些类型中，较为常用的父代选择机制是期望每个种群个体都具有相同的被选择的机会。这一观点给读者的第一感觉似乎是，建议在父代选择中不具有选择压力。若非结合较强的基于适应度的幸存者选择机制同时进行父代选择，那么读者的上述感觉的确是正确的。

在进化规划（EP）算法中，通常不采用重组操作算子，而是采用突变操作算子，父代的选择策略也是确定性的，即：每个父代通过突变操作算子创建一个新子代。在进化策略（ES）算法中，通常是基于均匀随机选择机制选择父代进入配对池进行遗传操作，也就是说，对于每个 $1 \leqslant i \leqslant \mu$ 都存在 $P_{\text{uniform}}(i) = 1/\mu$。

5.2.6 大规模种群的过度选择

在某些情况下，对超大规模种群进行父代选择操作是 EA 算法开发者所特别期望的。这种期望可能源于其他计算机技术方面的原因，例如，算法开发者对采用图形卡（GPU）加快 EA 算法的运行速度非常感兴趣，主要是由于该算法能够以较低的成本提供与集群或超级计算机相类似的运算速度。但是，影响 EA 算法最大的潜在加速的因素依赖于每个处理节点处理超大规模种群的能力。

先不考虑具体的对超大规模种群进行父代选择操作的细节，若待求解问题具有巨大的潜在搜索空间，首先需要采用超大规模种群进而能够避免种群随机初始化所生成的个体"缺失"某些显著搜索区域，然后才是需要在优化空间探索的过程中保持种群多样性。例如，在遗传编程（GP）算法中，采用量级达到数千及以上的种群规模的情况较为常见，如：1994 年的文献[254]中采用的种群规模为 1000，1996 年的文献[7]和 1999 年的文献[255]中分别采用了 128000 和 1120000 的种群规模。此种情况下，"过度选择"策略常用于规模在 1000 及以上的种群中实现父代选择操作。

在"过度选择"策略中，首先按适合度排序将种群分为两组：一组包含排序后种群个体的前 $x\%$；另外一组则包含剩余的种群个体，即排序靠后的 $(100-x)\%$。当进行父代选择操作时，80%的种群个体从第一组中选择，另 20%的种群个体在第二组中选择。Koza 在文献[252]中给出了依据种群规模对参数 x 进行设定的经验规则，详细情况如表 5.3 所示。由此表可知，在不同规模的种群中，最终选择的父代的数量基本保持常数。也就是说，大规模种群的选择压力随种群数量的增减而显著地增加。

表 5.3 过度选择机制的经验规则：用于实现较佳子种群选择的种群排序后的比例值

种群规模	较佳的种群分组比例值（x）
1000	32%
2000	16%
4000	8%
8000	4%

5.3 生 存 选 择

生存选择策略是，从由 μ 个父代和 λ 个子代所组成的种群中，选择构成下代种群的 μ 个个体的过程。从另外一个视角，也可将该过程理解为是约简 EA 算法工作内存的过程。理论上，前文所描述的父代选择机制均可用于此处的生存选择。但是，在 EC 算法的研究历史上，也相继提出一些已经广泛认可的专用于生存选择的特定机制。

如本书 3.2.6 节所述，在 EC 算法的主要进化周期循环中，生存选择过程也被称为替代过程。为与文献保持一致，本节中也将采用"替代"这一术语。替代策略可以依据种群个体的适应度或年龄进行分类。

5.3.1 基于年龄的替代

采用该种策略选择被替代种群个体时，并不考虑种群个体适合度值的大小，其主要关注点在于：在 EA 算法的迭代次数相同的情况下，期望每个种群个体均能够在种群中存在。这种策略显然不会排除具有高适应度值的种群个体的复制版本在遗传种群中持续存在的可能性，若出现该现象就需要：高适应度值的种群个体在选择操作阶段至少被选中一次，并且在重组操作与突变操作阶段未改变其遗传基因。注意，由于采用基于年龄的替代操作策略在进行遗传操作时不考虑种群个体适应度值的大小，这有可能导致任一遗传代的最佳适应度值低于其前面若干代的平均适应度值。虽然上述现象的产生违背了进化过程的直觉，但只要该现象不经常发生就不会对 EA 算法的最终运行结果造成影响。此外，当种群个体聚集在局部最优值附近时，该现象也可能对 EA 算法实现全局最优值的搜索是有益的。因此，平均适应度值随着 EA 算法运行时间变长而净增加主要依赖于两个因素：①进行父代选择时，具有足够大的选择压力；②采用的变异操作算子对原始种群个体基因的破坏程度是有限的。

基于年龄的替代策略也是简单遗传算法（SGA）在种群生存选择阶段经常采

用的策略。考虑到新创建子代数量与父代数量相同（$\mu=\lambda$），并且每个种群个体仅在一个进化周期内生存，所以在 SGA 算法中采用的替代策略非常简单，即：丢弃旧种群，保留新子代。显然，SGA 算法采用的是无重叠的世代模型。事实上，该替代策略也可采用拥有重叠种群（$\lambda<\mu$）的稳态模型予以实现，相应的极端情况是：在每个进化周期中仅创建一个新子代，并将其插入旧种群。显然，此时的替代策略就是先进先出（FIFO）的队列形式。

面向稳态模型 GA 算法，另一种基于年龄的替代策略是在种群中随机选择单个父代并采用子代予以替换。通过基于固定种群规模的数学证明可推知，上述替代策略具有平均效应。也就是说，每个种群个体的平均存活代数都为 μ 次。De Jong 和 Sarma 在文献[105]中，对上述策略进行了较为详细的实验研究，结果发现与类似的世代 GA 算法相比，采用前者所获得的优化结果的方差更大。Smith 和 Vavak 在文献[400]中指出，造成这种现象的原因在于：随机策略比 FIFO 策略更容易丢失最佳的种群个体。因此，本书不建议在生存选择中采用基于随机的替代策略。

5.3.2 基于适应度的替代

研究学者提出了许多基于适应度的替代策略，其从 μ 个父代和 λ 个子代中选择 μ 个种群个体遗传至下代。某些策略中也同时考虑了年龄因素。

几种较为常用的策略如下所示。

1. 替代最差（GENITOR）策略

该策略选择适应度最差的 λ 个种群个体被新子代替换。该方式尽管能够导致种群的平均适应度快速得到提升，但也会因为倾向于较快关注当前种群的最佳适应度个体导致进化过程过早地收敛。因此，该策略通常结合大规模种群和/或“无重复”替代策略同时使用。

2. 精英主义策略

该策略通常结合基于年龄的替代策略和基于随机适应度的替代策略联合使用，进而防止当前种群中最佳适应度个体的丢失。显然，该策略的本质是持续对当前种群中最佳适应度个体进行跟踪并将其始终保留在种群中。因此，若在将被替代的种群中选择了某个种群个体，在被插入种群的新子代不具备相同或更佳的适应度值的情况下，那么所采用的操作就是保留该旧种群个体和丢弃新子代。

3. 循环赛策略

该替代策略的首次采用是在进化规划（EP）算法中，其用于在当前配对池中选择 μ 个生存者。原则上，该策略也可用于从规模为 μ 的种群中选择 λ 个父代进入配对池的父代选择阶段。循环赛策略的工作原理可描述为：以循环赛形式举行配对形式的锦标赛，每个待评估的个体与从父代和子代所组合群体中随机选择的 q 个其他成员进行比赛；在每次比赛中，若该待评估的种群个体强于对手则被分配“赢”；当循环完成所有比赛后，获胜次数最多的 μ 个种群个体被选择并组成新的种群。通常，在进化编程（EP）算法中，对参数 q 的推荐设置为 $q=10$。特别值得注意的是，这一生存策略的改进版本，在某些所谓的"幸运"的情况下，也会允许某些具有较差适应度值的种群个体在下一个遗传周期内"生存"。随着参数 q 取值的增加，上述允许最差种群个体生存的可能性相应地也变得越来越低，在极限情况下则变为确定性的 $\mu+\mu$。

4. $(\mu+\lambda)$ 选择策略

该替代策略的名称与符号均起源于进化策略（ES）算法，其原理是：首先合并新创建的子代和父代，然后依据这些种群个体的适合度值进行排序，最后选择排在前 μ 位的种群个体生存进而组成下代种群。这一策略可看作 GENITOR 策略 $(\mu>\lambda)$ 和进化规划（EP）算法中循环竞赛 $(\mu=\lambda)$ 策略的抽象概括。在进化策略（ES）算法中，在 $\lambda>\mu$ 的情况下会产生较大数量的过剩子代（通常取 $\lambda/\mu\approx5\sim7$），进而导致较大的种群选择压力。

5. (μ,λ) 选择策略

在使用该策略的进化策略（ES）算法中，(μ,λ) 参数的典型设置方式是 $\lambda>\mu$。显然，新子代由包含 μ 个父代的种群创建得到。此外，该方法也适用于基于年龄的替代策略和基于适应度的替代策略。年龄替代策略通常意味着种群中的所有父代都被放弃，即：父代中的任何种群个体都未"生存"超过一代。当然，某些种群个体的副本可能会因为在后续的遗传周期中的遗传操作行为而得以重新"生存"。适应度替代策略的规则不同于年龄替代策略，即：λ 个新创建子代依据适应度值进行排序，选择最佳的 μ 个种群个体组成新种群。

研究表明，在进化策略（ES）算法中，采用 (μ,λ) 选择优先于 $(\mu+\lambda)$ 选择的原因可解释如下：

（1）(μ,λ) 选择因为丢弃了全部父代，其在原理上能够避开局部最优解。这对于求解具有许多局部最优点的多模态搜索问题是非常有利的。

（2）在适应度函数不是静态保持不变而是随算法运行时间动态变化的情况下，$(\mu+\lambda)$ 选择由于保留了"过时"解而难以很好地跟踪动态变化的待求解问题的最优解。

（3）$(\mu+\lambda)$ 选择在本质上阻碍了能够调整寻优参数的自适应机制的使用，详细参见本书 6.2 节。

5.4 选择压力

本章中曾多次非正式地提及选择压力这一概念，对其最为直观的描述是：具有较好适应度值的候选解"生存"至下一代或被选为父代的可能性，随着选择压力的增加而逐渐提高，而具有较差适应度的候选解则相应地难以"生存"至下一代或被选为父代。

为了对上述观点进行量化解释，研究学者已经提出多种面向"生存压力"的度量措施，并进行了深入的理论研究，其中最广为接受的概念是"接管时间"。在给定选择机制下，接管时间 τ^* 的定义为：由最初给定一个副本到采用选择操作算子而使得种群内全部充满最佳种群个体副本的过程中，EA 算法所需要运行的遗传代数。Goldberg 和 Deb 在文献[190]中给出了如下的计算公式：

$$\tau^* = \frac{\ln \lambda}{\ln(\lambda / \mu)}$$

对于 $\mu = 15$ 和 $\lambda = 100$ 的典型进化策略（ES）算法，其接管时间 $\tau^* \approx 2$。对于采用的适应度比例选择机制的 GA 算法，其接管时间按如下公式计算：

$$\tau^* = \lambda \ln \lambda$$

显然，在种群规模 $\lambda = 100$ 时，其接管时间 $\tau^* = 460$。

其他研究学者已经将上述分析结论分别扩展至世代种群模型和稳态种群模型等其他策略[79,400]；Rudolph 将其应用于环形等差异化的种群结构[360]，同时还考虑了其他能够对选择操作算子的性能进行度量的指标，如"多样性指标"。目前，研究学者已提出的用于度量选择压力的其他指标还包括：多样性的预期损失[310]，该指标是指在 μ 选择操作完成后，对多样性解的预期变化进行评估；选择强度，该指标基于生物学理论视角进行定义，是指在应用选择操作后，对平均种群适应度的期望相对增加指标进行评估。

虽然这些措施有助于理解不同选择操作机制的性能效果，但因为仅考虑选择操作而未考虑能够提供种群多样性的变异操作，使得这些评估选择压力的措施可能具有一定的误导性。Smith 在文献[390]中推导了面向稳态 EA 算法替代策略的一系列评估指标的数学表达式，采用实验验证了其理论分析的结果，并基于学术界广泛使用的基准检验问题进行比较，结果表明：采用接管时间的均值和方差都能够正确地预测首次确定全局最优值时所需时间的均值和方差的相对顺序。然而，对于 EA 算法的众多应用而言，最为重要的度量指标是：优化得到的最优解的质量和寻优获得的最优解的多样性。Smith 的研究结果进一步表明，事实上，上述理论指标都不能反映不同 EA 算法在这些方面相对性能的优劣性。

5.5 多模态问题、选择和多样性需求

5.5.1 多模态问题

在本书的 2.3.1 节和 3.5 节中，引入了多模态搜索适应度曲面和局部最优的概念。此处主要讨论，有效的进化搜索过程是如何依赖于现有的足够的多样性，进

而同时均衡学习信息的探索能力（通过研究包含高适应度值候选解所在的区域）和开发能力，以发现新的高适应度值区域。

多模态是 EA 算法经常遇到的待求解问题中的一个典型方面。这种情况下对算法的要求是：或者能够有效地定位全局最优值（尤其是当局部最优值拥有最大吸引区域时），或者能够有效地识别与各种局部最优方案相对应的具有高适应度值的最优解。其中，后者更为常见，例如，在 EA 算法所采用的适应度函数未完全与待求解问题的背景相对应的情况下。这样的例子也可能存在于新部件的设计问题中，如在进行选择设计材料等决策时，可能需要越来越精细和越来越详细的模型，进而使得适应度函数的参数在设计过程中也可能会发生改变。在这种情况下，给出尽可能多的选择是非常具有参考价值的，主要原因在于：首先，给人类专家的审美判断留出了空间；其次，我们最终需要的可能是具有较宽峰值而不是较尖峰值的候选解，原因在于后者可能过度适应（也就是说，过于拟合）当前的适应度函数，当适应度函数再次改变后，后者将难以再次获得更好的候选解。

EA 算法所固有的基于种群本质的特性，为识别待求解问题中的多个最优点提供了非常大的希望。但在实践中，由于种群规模的有限性，使得任意父代之间的重组耦合（称为随机交配混合）行为导致遗传漂移现象，并使得 EA 算法最终在某个最优点附近收敛。产生这种现象的原因可解释为：假定存在两个等价的适应度小生境，种群规模为 100 的全部种群个体最初在两个小生境间进行平均分配；之后，因选择操作算子所存在的随机效应，可能得到的是分别由 49 个和 51 个种群个体所组成的子种群；若忽略重组操作和突变操作算子对后续遗传过程的影响，在下一代中，从两个小生境中选择种群个体的概率将分别是 0.49 和 0.51；也就是说，最终将越来越可能从第二个小生境中选择得到种群个体，并且这一差别效应将随着两个子种群间的不平衡而逐渐增大，进而在最终种群中将会只存在一个小生境。

5.5.2 保持多样性的特性选择和种群管理方法

研究学者已经提出了许多用以辅助 EA 算法求解多模态问题的机制。这些方法大致可分为显式和隐式方法两类，其中：前者为保持种群多样性对遗传操作算子进行特定的修改，后者所采用的框架虽然允许但不能确保候选解一定具有多样性。在对上述两类方法进行具体描述之前，对"多样性"和"空间"这两个术语的含义进行明确阐释是非常有必要的。虽然生物进化过程发生在地球表面，但也可认为该过程发生在适应度曲面上。所以，我们需要对如下几个 EA 算法的运行空间进行明确的定义：

1. 基因型空间

此处将能够进行问题表示的一组候选解称为一个基因型空间，并定义基于距离的度量方式。可采用该空间中的自然距离度量（例如，曼哈顿距离），也可基于某些移动操作算子进行度量。较为典型的移动操作算子包括：二进制空间的"位翻转"操作、基于邻域排列问题的"单反转"操作以及基于顺序排列问题的"单交换"操作。

2．表现型空间

该空间是 EA 算法的搜索空间，其结构取决于候选解之间的距离度量。依据问题表示方式与问题候选解之间映射关系的复杂性，表现型空间的邻域结构可能与基因型空间的邻域结构不存在任何关联关系。

3．算法空间

从概念上讲，该空间等价于地球上生命进化的地理空间。从效率上讲，算法空间仅需要考虑 EA 算法的工作内存，也就是能够以某种方式构建的表征候选解的整个种群。该空间的结构划分方法包括基于概念和基于实际两种策略，如：一个种群可以划分在多个计算机的处理器或核上。

基于基因型或表现型空间度量的显式多样性保持方法包括适应度共享（5.5.3 节）、拥挤机制（5.5.4 节）和自物种形成（5.5.5 节）等方法，这些方法均是通过影响选择操作算子所采用的概率分布方式予以实现。基于算法空间概念的隐式多样性保持方法包括岛模型 EA 算法（5.5.6 节）、细胞 EA 算法（5.5.7 节）等方法。

5.5.3　适应度共享

基于适应度共享方案对种群多样性进行保持的核心理念是：在进行父代选择操作之前，通过即时分享种群个体的适合度，对指定小生境内的种群个体数量进行控制，并按照小生境内的适合度比例进行种群个体分配[193]。在实践中，需考虑种群中个体 i 和 j（包括 i 本身）之间可能存在的每一种配对关系，并根据某种距离度量准则（首选是在表现型空间进行距离度量，其次是在基因型空间进行度量，如采用针对基因型空间二进制表示方式进行度量的汉明距离）计算个体间的距离 $d(i,j)$。依据落入某个预先设定的距离 σ_{share} 内的个体数量，对个体 i 的适合度 F 采用幂律分布进行调整，如下式所示：

$$F'(i) = \frac{F(i)}{\sum\limits_{j} sh(d(i,j))}$$

其中，共享函数 $sh(d)$ 是距离 d 的函数，其由下式计算得到：

$$sh(d) = \begin{cases} 1 - (d / \sigma_{\text{share}})^{\alpha} & (d \leqslant \sigma_{\text{share}}) \\ 0 & \text{其他} \end{cases}$$

其中，常数 α 决定着共享函数的形状：当 $\alpha = 1$ 时，共享函数是线性的；当 $\alpha > 1$ 时，相似个体降低可行解适合度的影响随着距离的增加而迅速减弱。

共享半径 σ_{share} 的值决定着可维持的小生境数量和可区分的小生境粒度。Deb

在文献[114]中，给出了已知小生境数量的情况下进行共享值设置的建议，但实际情况并非总是如此。文献[110]建议，小生境数量的默认值范围应该是 5～10。

需指出的是，在适应度共享方法中采用适应度比例选择机制属于保持种群多样性的隐式方法。在这种情况下，若每个局部山峰的候选解均具有相同的有效适应度 F'，则在小生境之间存在稳定的候选解分布。可推知，小生境适应度的计算公式为 $F_k' = F_k / n_k$，在稳定分布情况下，每个小生境 k 中均包含与小生境适应度 F_k 成比例的 n_k 个解[①]。这一点的形象表示如图 5.4 所示。文献[324]的研究表明，采用其他的选择操作机制不会在小生境中形成稳定的子种群并予以维持。

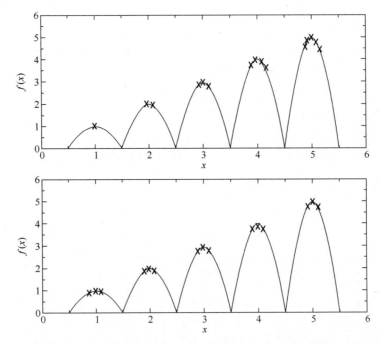

图 5.4　采用适应度共享（顶部）和拥挤机制（底部）时的理想化种群分布示意图：
在上述适应度曲面中共有 5 座适应度（5、4、3、2、1）的山峰，种群规模为 15；
采用适应度共享机制时，依据适应度将不同数量的种群个体分配至不同山峰；采用拥挤机制时，
将种群个体平均分配至不同的山峰。

5.5.4　拥挤机制

De Jong 在文献[102]中首先提出拥挤机制，其通过新创建个体取代相似种群个体，进而保持种群的多样性。该机制的最初方案是在稳定的种群环境中运行，

---

① 为了方便起见，此处假设给定小生境内的所有候选解都位于最佳点并且彼此之间的距离为零。

88

即：在每个进化步骤所产生的新子代数量都是种群规模的 20%。拥挤机制的运行过程是：首先将新子代插入旧群，接着随机选择一定数量[①]的父代种群个体，最后采用新子代替换父代种群中与这些新子代最为相似的父代种群个体。针对这种方法所存在的问题，Mahfoud 提出了一种被称为"确定性拥挤"的改进策略[278]，其依据的是新子代与父代间所存在的相似性，主要体现在以下的几个方面：

（1）父代种群个体间的配对都是随机的；

（2）每对父代通过重组操作算子创建两个子代；

（3）对这些新子代执行突变操作后所产生的新个体进行评估；

（4）计算子代与父代相互之间的四对距离；

（5）每个子代与一个父代基于锦标赛选择机制进行生存竞争，其目标是使得种群内部竞争的距离最小。换言之，若将父代和子代分别表示为 p 和 o，并采用数字下标表示锦标赛选择机制的配对编号，则要求为：$d(p_1,o_1)+d(p_2,o_2)<d(p_1,o_2)+d(p_2,o_1)$。

采用上述拥挤机制的最终结果是：子代与最相似的父代竞争后，获得生存权，进而使得子种群能够在小生境内生存，但其种群规模并不取决于适应度值的大小，而是平均分布在种群中具有不同高度的山峰之上。详见图 5.4 所示。

5.5.5 采用配对限定的自物种形成机制

自物种形成机制依据属于不同物种候选解（或其基因型）的某些特征，对种群个体之间的配对施加某种限制。此种情况下，种群内通常包含多个物种，在执行重组操作前需要进行父代选择时，种群个体将只选择与其相同（或相似）物种内的其他种群个体进行配对。研究学者将控制繁殖机会的某些特征因素称为种群个体的"羽毛"，这使得生物间的类比显得特别清晰[401]。

研究学者已经提出的自物种形成机制主要为两种方法：第一种方法基于解或其表示方式，例如，Deb 表现型（基因型）—限制配对[109, 114, 401]；另一种方法是在表征种群个体物种编码的基因型中添加某些元素，例如标签等，其具体的实现方式请参见文献[62,109,409]，需要提醒读者的是，这些文献中的许多理念是由其他研究者首先提出的。通常，这些方案都采用随机初始化种群的形式，并且受到进化过程所采用的不同类型重组操作和突变操作算子的影响。上述两种自物种形成机制的共同点是：种群个体被选为父代后，在表现型或基因型空间中，采用配对距离度量方式进行配偶选择，即：当潜在配偶处于某个设定的度量距离之外时被拒绝与之配对。

在基于标签的物种形成方案中，最初并不能保证具有类似标签的种群个体能够表征相类似的候选解，需经过若干代进化周期的多次选择后才能解决此问题。尽管

---

① 称为拥挤系数（CF），De Jong 采用 CF=2。

Spears 也试图通过采用基于标签的适应度共享机制纠正上述问题[409]，但其所提方法也不能保证不同物种包含着不同的候选解；但 DEB 的研究表明，即使未采用 Spears 所提方法，自物种形成机制与标准 GA 算法相比，在优化性能上也是有所改善的[109]。类似地，尽管基于表现型的自物种形成方案并不能保证维持良好的种群多样性，但与仅采用适应度共享机制的方法相比，前者具有更好的优化性能[114]。

5.5.6 串联运行多种群机制：岛模型 EA 算法

以串联方式演化多种群的理念也被称为岛模型 EA 算法、平行 EA 算法以及粗粒度平行 EA 算法。随着并行计算的日趋流行，上述方案在 20 世纪 80 年代引起了研究学者的极大兴趣[87,88,274,339,356,425]，并且这些研究成果在目前依然适用于计算集群等 MIMD 系统。当然，上述这些方案也可以在不具备加速运行装置的单处理器上予以实现。

本节所提方法的基本思想是，在某种通信结构中并行地运行多个种群。虽然在原理上可以采用任何形式的通信结构予以实现，但通常情况下，多种群机制所采用的是环形或环面的结构，并且有时采用哪种通信结构形式是由并行系统的体系结构所决定的，例如超立方体结构[425]。多种群 EA 算法在运行若干个通常固定的进化周期后（又称一个 EPOCH 或阶段）需要进行移民操作，即：在每个种群中选择部分个体与邻近种群中的其他个体进行交换。

基于学者 Eldredge 与 Gould 在文献[154]中所描述的间断均衡理论以及探索—异化权衡背景，文献[284]对上述移民方法进行了讨论。该研究提出，在种群间进行通信的各个阶段，每个子种群独立于其他种群进行演化操作时会发生探索行为，这种行为使得每个子种群均能够围绕其各自区域内的最优解对搜索空间进行搜寻；当子种群间进行移民操作时，拥有潜在高适应度值和基因型且具有较大差异性的外来种群个体的加入，将更加有利于对未知候选解空间的探索，对两个差异化的候选解进行重组操作将会更有利于全局寻优。

虽然上述算法在理论上具有较强的吸引力，但显然并不能保证不同的子种群在实际上能够有效地探索搜索空间的不同区域。另外一种可能的方法是，通过更为详细的初始化过程，使得 EA 算法能够在进化开始阶段就进行不同搜索区域的探索；但即使采用了该方法，也存在许多其他的进化参数影响对山峰的探索和对良好解的搜寻。即便在最终的寻优结果只是单一最优解的情况下，上述问题也是同样存在的。

相关研究学者面对不同进化参数对寻优性能和基本方案实现的影响，已进行了大量详实的研究（如本节之前的参考文献及文献[276]所提出的最新方法），但这些结果也可能只与所研究的特定待求解问题相关。此处，对以下的几个重要方面提出质疑：

（1）子种群间的交互频率如何确定？此处所存在的基本问题是：若子种群相

互间的通信过于频繁，会导致全部子种群收敛到相同的优良解；同样地，若通信频率太低，会导致一个或多个子种群围绕其各自的山峰快速收敛，那么大量的计算消耗就被浪费了。目前，大多数研究学者都采用 25～150 个进化周期作为通信的一个阶段。文献[284]中提出的替代策略是自适应地更改子种群间通信阶段的周期，也就是说，当 EA 算法运行 25 个进化周期后，若候选解性能仍然未有任何改进时，停止每个子种群的进化。

（2）多少种群个体以及哪些种群个体被交换？许多研究学者发现，为防止算法过快地收敛至同一个解，子种群之间需交换的候选解的最佳数量是 2～5 个。在确定了子种群间候选解的交换数量后，需要指定从每个子群体中选择哪些种群个体进行交换。显然，可通过基于适应度的选择机制（例如，"复制最佳"[339]，"最佳中选择半数"[425]）或者随机选择方式[87]予以实现。还必须要确定的是：被交换的种群个体是否能够有效地从一个子种群迁移至另一个子种群，进而能够在假定对称的通信结构模式下保持子种群规模的恒定；或者是否仅对这些被交换的种群个体进行相关的复制行为，因为在这种情况下，还需要针对每个子种群进行生存选择操作。选择多少和选择哪些种群个体进行交换的决策，会显著地影响子种群是否能够收敛至同一个候选解的趋势。基于随机选择策略比基于适应度的选择策略，更不可能使得新的高适应度被交换个体（移民）接管整个种群，显然交换更多的移民也会导致子种群内部快速的混合和接管。然而，这些因素对进化行为的影响程度还与进行个体交换的阶段周期的长短相关。若子种群间进行通信的"阶段"周期足够长，并且导致子种群的适应度达到收敛，那么给定子种群内所包含的候选解的基因可能非常相似，这就会导致种群个体的选择策略成为影响 EA 算法性能的次要因素。

（3）如何将种群划分为不同的子种群？此处采用的一般规则是：在获得与特定问题相关的最小子种群规模的情况下，子种群的数量越多，算法性能通常就会越好。上述规则显然符合研究人员所具有的通常逻辑。在理想情况下，若每个子种群均能够有效地探索不同的山峰，那么子种群越多，搜索到的峰值也就会越多，相应的某个峰值也可能会是全局的最优解。

最后需要特别提出的是，可在不同的岛屿上采用不同的算法参数执行寻优过程。因此，在注入岛模型中，子种群按层次排列，并且不同层级以不同的问题表示粒度运行。同样，重组操作或突变操作算子及其相关参数，以及子种群规模等运行参数，在不同子种群内也可以采用差异化的取值[148, 367]。

5.5.7 单种群内的空间分布机制：细胞 EA 算法

上节描述了由相互通信的子种群所组成的种群结构的实现方法。本节主要描述另外一种上述方法的替代策略，即：在算法空间中，分布式地将单种群分割为数量更多、规模较小的相互重叠的子种群（DEMES）。这种模型的物理含义等价于：在地理空间中被相互隔离的生物个体，只有当彼此的距离在某个范围内时，才能为了生存而进行配对和竞争。一个简单的可说明上述情况的实际例子是，在交通极不便利的过去中，一个人可能只能与所居住村庄或附近村庄的异性结婚和生子。因此，一个具有类似"隔空移物"能力的新基因，无论其拥有多么巨大的进化优势，其优良的遗传基因最初也只能在其活动区域的附近传播。但是，在下一进化周期中，该优良基因可能会传播给其周围的人，进而会缓慢地扩散或渗透至整个社会群体之中。

上文所提效应的实现原理是将种群个体看作巨大网格上的某个点，其只能和相邻点进行重组和选择等遗传操作。因此，这种效应所对应的与 EA 算法相关的术语已有很多，包括并行 EA 算法[195,311]、细颗粒并行 EA 算法[281]、扩散模型 EA 算法[451]、分布式 EA 算法[225]，以及当前较为常用的细胞 EA 算法[456,5]等。上述这些形式的 EA 算法的实现形式，可大致概括如下：

（1）当前种群通常分布在环形网格上，网格节点所对应的就是种群个体。

（2）针对每个节点定义 DEME（邻居）。对所有节点通常都定义相同的 DEME，例如，大小为 9 的方格的邻域需要选择该节点及其所有的相邻节点。

（3）在每个进化周期中依次考虑每个 DEME 并执行以下操作：

● 在 DEME 节点中选择两个候选解作为父代；

● 通过重组操作算子创建新子代；

● 对新子代执行突变操作，接着对新子代进行评估；

● 选择 DEME 节点上的某个候选解并将其采用新子代予以替换。

针对上面所描述的总体结构框架，不同的算法在实现上具有较大的差异性。ASPARAGOS 算法[195,311]采用阶梯拓扑而非晶格拓扑结构，在完成突变操作后又采用爬山算法对种群进行遗传操作。基于大规模并行 SIMD 或 SPMD 设备的算法在上述步骤（3）中，采用的是异步更新模型而不是顺序模式（文献[338]对该问题进行了较为详实的讨论）。父代的选择操作可基于适应度选择机制[95]或者基于随机选择机制[281]，并且其通常是 DEME 的中心节点。当采用基于适应度选择机制的父代选择操作时，通常采用适应度比例策略或锦标赛策略等众所周知的全局选择方案，在局部区域予以实现。De Jong 和 Sarma 在文献[106]中比较分析了许多类似的方案，表明基于局部的父代选择技术通常比基于全局的父代选择技术，具有更低的选择压力。虽然替换 DEME 中心节点的方式较为常见，但还是多采用基于适应度选择机制或随机选择机制的选择操作算子对待替换种群个体进行选择，或采用"若更好则替换当前解"等策略的重组操作算子[195]。White 和 Pettey 的研究结果表明，在生存选择操作中，通常比较偏好采用适应度选择机制[451]。与这些研究相关的最近成果和相关讨论，详见文献[5]。

（关于本章的练习和推荐阅读，请访问 www.evolutionarycomputation.org。）

第 6 章　流行进化算法变种

本章主要回顾当前较为流行的进化（EA）算法变种。此处进行的综述具有双重目的：一方面，是介绍历史上的 EA 算法变种，据作者所知目前还没有任何一本关于 EC 的教材能够完整地将这些最新的 EA 算法变种进行统一表述，并确定各自在 EA 算法中所应具有的位置；另一方面，也是为了展示相同的 EA 算法概念在实现上所具有的差异性。

6.1　遗 传 算 法

遗传算法（GA）是一种应用最为广泛的 EA 算法类型。霍兰德最初认为 GA 算法是一种研究自适应行为的方法，其早期的研究成果《自然和人工系统中的适应性》[220]也隐含了这一观点。然而，目前 GA 算法已经在最大程度上被视为一种函数优化方法（若认为该认知错误的话，请详见文献[103]给予的说明）。造成上述普遍认知的部分原因是受到 Goldberg 的开创性著作《遗传算法在搜索、优化和机器学习中的应用》[189]的引导，以及早期 GA 算法在解决优化问题方面所获得的高评价成功应用。该成果结合 De Jong 的博士论文[102]，定义了目前所普遍认知的经典遗传算法——"标准"或"简单 GA"（SGA）算法。SGA 算法的特点是：采用二进制的表示方式、适应度比例机制的选择操作算子、较低概率的突变操作算子、强调以生物遗传机制启发机理的重组操作算子等作为产生新候选解的主要手段，其概略描述详见表 6.1。虽然 SGA 算法已被广泛用于 EA 算法课程的教学，同时也是许多科研人员所接触到的第一个 EA 算法，但此处再次重申的观点是：SGA 算法在本质上缺少了许多 EA 算法所应该具有的良好特性，例如针对种群个体的精英主义选择策略。

表 6.1　简单遗传算法（SGA）的概略描述

问题表示	二进制位字符串
重组操作	单点交叉操作
突变操作	位翻转
父代选择	基于轮盘赌的适应度比例选择机制
生存选择	世代模型

由表 6.1 可知，其并未给出 GA 算法所固有的进化流程。此处给予描述：针对包含 μ 个个体的给定种群，首先采用复制方式从父代中产生数量为 μ 的过渡种群；接着，将该过程种群中的个体打乱后进行随机配对，基于概率 P_c 针对每个随机配对进行交叉操作，创建新子代，并采用新子代替换父代；接着，对再次产生的新过渡种群的个体执行突变操作，实现方式是以独立概率 P_m 对长度为 l 的种群个体的每个基因进行突变；最终，将上述操作所产生的过渡种群作为新的下一代种群。此处需要提出的是：新种群可能含有原始种群个体基因的部分片段，同时新种群中也可能存在完整的原始种群的个体，即经交叉和突变操作后生存下来并且其基因未发生改变的种群个体，但后者存在的可能性相当低（主要取决于参数 μ、P_c 和 P_m 的设定）。

该领域的早期研究主要关注：如何设定合适的 GA 算法参数值，如种群规模、交叉概率和突变概率等。通常，突变概率的取值范围在 $1/l$ 到 $1/\mu$ 之间，交叉概率的取值为 0.6～0.8，种群规模为 50 代或低于 100 代。需要提出的是，上述这些参数的取值范围在某种程度上是受限于 20 世纪八九十年代计算机的计算能力。

最近，研究学者们已逐渐认识到 SGA 算法存在一些缺陷。精英主义和非世代模式等策略已经用于改进 SGA 算法，进而能够获得更快的收敛速度等性能。如第 5 章所述，SUS 选择机制在实现上是优于轮盘赌选择机制的，最常用的排序选择通过锦标赛选择操作机制进行实现时，也具有更为简单和快速的优点。通过对问题表示，以及单点交叉操作算子相互作用所导致的偏置问题（例如文献[411]）的研究，促进了新的 EA 算法的诞生，例如：均匀交叉操作算子，以及从"Mess-GA[191]""链接学习[209,395,385,83]"到"分布算法估计系统研究"等（见 6.8 节）。

针对优化问题分析和研究的大量经验可知，在某些更为适合的场景下，需要采用非二进制形式的问题表示方式（如本书第 4 章所述）。通过采用自我—自适应理念，面对突变操作算子，如何选择合适的固定突变率的问题，在很大程度上得到了解决，其主要的核心思想是：在种群个体表示时，将突变率在基因层次进行编码，并使其参与进化过程[18,17,396,383,375]。

然而，SGA 算法虽然较为简单，但其仍然被广泛使用，其范围包括：研究院所的教学、新算法的基准测试和适合采用二进制表示方式的简单优化问题。此外，它还被进行理论研究的学者广泛地用于建模分析（详见第 16 章）。由于针对组合搜索空间的进化过程行为，SGA 算法具有较为深入的启发和洞见，因此，学术界存在这样的一种认知观点：若将 OneMax 视为研究者面对组合问题的果蝇，那么 SGA 算法就是进化算法的果蝇。

6.2 进化策略

进化策略（ES）是 Rehenberg 和 Schwefel 于 20 世纪 60 年代早期，在柏林技术大学研究形状优化问题的过程中发明的，其更为详细的历史请参见文献[54]。最早的 ES 算法非常简单，其是在向量空间内运行的包含两个成员的优化算法，其表示方式为（1+1）ES。该算法的演化过程为：首先，通过对父代向量的每个组成元素增加随机数的方式创建子代；然后，对新子代进行评估，若新子代的适应度较好，则接受该子代。ES 算法的另外一种方案的表示方式为（1,1）ES，其过程是：先采用新创建的子代替代父代，然后再依据定义遗忘父代。其中，上文所提到的随机数是从零到均值 σ 为标准偏差的高斯分布中随机抽取获得的，参数 σ 被称为突变步长。早期 ES 算法研究的一个重要历程碑是，依据 Rehenberg 在文献[352]中所描述的著名的 1/5 成功法则，其提出了在线调整突变步长的简单机制，详见本书 8.2.1 节所述。在 20 世纪 70 年代，基于种群中所含有的 μ 个种群个体和每周期所产生的 λ 个新子代，研究学者引入了多成员 ES 算法的概念，由此而产生了 $(\mu+\lambda)$ ES 和 (μ,λ) ES 算法，这些新变种相应地需要拥有更为复杂的步长控制策略。对其进一步地深入研究，诞生了 EC 领域非常有价值的研究方向：策略参数的自我—自适应机制，详见本书 4.4.2 节所述。通常，自我—自适应机制表示的是，EA 算法的某些参数在进化过程中能够以特定方式发生变化，这些参数在染色体中编码，进而能够与待求解问题的候选解进行同步的演化。从技术的视角看，这意味着 ES 算法运行在扩展的染色体 $\langle \overline{x}, \overline{p} \rangle$ 之上，其中 $\overline{x} \in \mathrm{IR}^n$ 是给定目标函数域中待优化的决策向量，$\overline{p}$ 表征 ES 算法的参数。现代 ES 算法通常都具有自我—自适应的突变步长，甚至也拥有旋转角度的功能。也就是说，自 1977 年文献[372]详细介绍自适应机制以来，目前多数的 ES 算法都具有该机制，同时其他 EA 算法也越来越多地倾向于增加针对进化参数的自适应机制。最新的 ES 算法，如文献[207]提出的 CMA 算法，是优化复杂实值函数的主要流行算法之一。ES 算法的概略总结如表 6.2 所示。

表 6.2　进化策略（ES）算法的概略描述

问题表示	实值向量
重组操作	离散或中间
突变操作	高斯扰动
父代选择	均匀随机
生存选择	基于 $(\mu+\lambda)$ 或 (μ,λ) 的确定性精英替换机制
特点	突变步长大小的自我—自适应

ES 算法的最基本重组操作策略是采用两个父代创建一个新子代，因此，若创建 λ 个子代就需要进行 λ 次的重组操作。从对父代等位基因进行重组的视角而言，ES 算法具有两种类型的重组操作算子，其中：离散重组操作算子以相等的概率从任何父代中随机选择一个等位基因；中位数重组操作算子则对父代的等位基因值进行平均。由于新子代中的每个位置 $i \in \{1, \cdots, n\}$ 都是从父代中随机抽取后获得的，

故 ES 算法的扩展版允许采用两个以上的重组操作算子。显然，针对上述扩展版的 ES 算法，由于对全部种群的 μ 个个体进行整体考虑，所采用的重组操作算子使得两个以上的种群个体对新子代的创建均有所贡献，但将要采用的父代数量却是不能预先确定的。这种所谓的多父代变异操作过程可被称为全局重组操作。为使得本书所提术语的寓意更为明确和更具有相对性，此处将本节最初所描述的遗传变异操作过程称为局部重组操作。ES 算法通常使用的都是全局重组操作算子。有趣的是，决策变量和策略参数通常会采用不同的重组操作算子，如：针对前者，多建议采用离散形式；但针对后者，则多建议采用中位数的形式。采用上述策略，能够确保表现型（解）空间的多样性，进而允许具有较大差异值的种群个体之间进行重组；同时，采用中位数形式的重组操作算子时，其自身所固有的平均效应也能够确保策略参数的自适应过程更加平稳。

ES 算法中常使用的选择操作算子是 (μ,λ) 选择策略，其优于 $(\mu+\lambda)$ 选择策略的主要原因如下：

（1）(μ,λ) 选择策略采用的是遗忘全部父代种群的方式，这在原理上也同时遗忘了全部的局部最优解，这显然有利于多模态问题的求解；

（2）当待求解问题的适应度函数具有时间动态变化的特性时，因 $(\mu+\lambda)$ 选择操作策略具有保留部分过时解的特性，使得其难以快速跟随待求解问题动态变化过程的最优值；

（3）由于错误的自适应策略参数可能会在每个遗传周期中大量生存下来，这导致 $(\mu+\lambda)$ 选择操作策略在一定程度上会阻碍 ES 算法的自我—自适应能力。例如，若某个种群个体包含着相对较好的决策变量和较差的策略参数，那么通常它的所有新子代都会很差；接着，在下一步的遗传操作中，虽然可以采用精英主义准则将这些适应度较差的新子代移除，但父代中所包含的错误自适应策略参数却可能比算法使用者所期望的生存周期更长。

ES 算法中的选择压力通常非常高，其原因在于遗传操作中的 λ 值通常都是高于 μ 值。针对 λ/μ 的取值，通常建议为 1/7，但目前较为流行的取值为 1/4。基于给定的父代选择机制，种群的接管时间 τ^* 的定义如下：由最初给定的一个种群副本到仅是采用选择操作算子使得种群内充满最佳个体副本时，EA 算法所需要运行的遗传代数。Goldberg 和 Deb 在文献[190]中给出了相应的计算公式，如下所示：

$$\tau^* = \frac{\ln\lambda}{\ln(\lambda/\mu)}$$

对于 $\mu=15$ 且 $\lambda=100$ 的典型 ES 算法，其种群接管时间 $\tau^*\approx2$。对于 GA 算法，采用适应度比例选择机制，在 $\mu=\lambda=100$ 时，种群接管时间 $\tau^*=\lambda\ln\lambda=460$。这表明 ES 算法是比 SGA 算法更为出色的优化工具。

6.3 进 化 规 划

进化规划（EP）算法是由 Fogel 等人在 20 世纪 60 年代最先提出的，其最初的研究目的是：期望通过将生物进化过程模拟为学习过程，进而生成人工智能[166,174]。反过来，智能被视为在系列环境为实现某些特定目标而具备自适应行为的系统能力。自适应行为是智能定义中的关键术语，而对环境具有预测能力被认为是具备智能的先决条件。经典的 EP 算法主要采用有限状态机作为种群个体。

目前，EP 算法经常采用实值形式对待求解问题进行表示，在这方面其几乎已经与 ES 算法完全地融合。这两种算法的主要区别是在生物灵感上的差异性：在 EP 算法中，每个种群个体被视为对应不同的生物物种，在其遗传操作中不存在重组操作算子。此外，两者的父代选择机制也不相同：在 ES 算法中，首先随机进行父代选择，然后再确定性地从规模为 $(\mu + \lambda)$ 的由父代与新子代组成的联合种群中选择 μ 个最佳个体；相对而言，在 EP 算法中，首先由每个父代创建一个子代（即：存在 $\lambda = \mu$），接着混合父代和新子代得到联合种群，最后采用随机循环锦标赛机制选择生存者作为新的种群。目前，在遗传操作的选择机制上，该研究领域采用的是一种非常开放和实用的策略，即：问题的表示方式和突变操作算子的选择，都是由待求解的特定问题的特性所驱动的。

表 6.3 给出了具有代表性的而非标准的 EP 算法的概略描述。

表 6.3 进化规划（EP）算法的概略描述

问题表示	实值向量
重组操作	无
突变操作	高斯扰动
父代选择	确定性（每个父代通过突变操作创建子代）
生存选择	概率 $(\mu + \mu)$
特点	自适应突变步长尺寸（Meta-EP）

自 1990 年以来，针对仅使用突变操作策略以及联合使用重组和突变操作策略所具备的优势问题，研究学者进行了大量的深入研究。Fogel 和 Atmar 在文献[170]中针对一系列线性函数，采用基因间参数化的相互作用机制，比较了采用和不采用重组操作算子时 EP 算法的寻优结果，其结论是：采用重组操作算子的 EP 算法具有更佳的性能。这一结论导致了从事 EP 和 GA 算法的学术团体的近期大量密集化的研究成果，其目的是：试图确定在何种情况重组操作算子是可用的，并且能提高搜索性能[159,171,222,408]。针对这一问题，目前的研究理念已发展为较为稳定的折中状态。文献[232]的最新研究结果表明，交叉操作或高斯变异操作算子能够创建适应度优于父代的新子代，但这种能力主要取决于 EA 算法搜索过程的状态，具体表现为：突变操作算子通常在进化过程初期阶段的贡献较大，而交叉操作算

子的贡献是随着进化过程的推进而逐渐增大的。该结论与其他 EA 算法领域的理论研究结果具有一致性。本书将在第 7 章中针对该问题进行更为深入和细致的讨论。其他研究学者也特别指出："将操作概率设定为常量的通常做法……是非常有限的，甚至可能会阻止发现适合问题的最优解。"但值得注意的是，在上述这些研究中，学者们并没有发现不同交叉操作算子在优化性能上所存在的差异性，并且开始严重质疑支撑 EA 算法的积木块假设理论（详见 16.1 节）的合理性，并且认为其自身是在进行更有益的科学辩论。

自 20 世纪 90 年代以来，用于实值参数向量优化的 EP 算法变种的研究与应用越来越多，甚至已经被定位为"标准"EP 算法[22,30]。在 EP 算法的发展历程中，先后出现了许多类型的突变操作策略，如采用突变步长大小反比于候选解的适应度值的策略。自文献[165,166]提出 Meta-EP 算法以来，基于式（4.4）所表征的突变步长进行自我—自适应的策略已成为事实上的标准。已提出的各种自我—自适应策略包括：先对决策变量进行突变，再对策略参数操作等（该策略违反了 4.4.2 节所阐释的基本原理）。通过溯源分析与该问题相关的文献可知，Gehlhaar 和 Fogel 所撰写的论文[182]成为突变步长选择策略的转折点。在该文献中，作者明确地比较了"sigma-first"和"sigma-last"的策略，所得到的结论是：在采用标准的 ES 算法方式时，前者比后者更具有优势。值得注意的是，在文献[81]和[168]中，Fogel 采用了具有 n 个标准偏差 σ_i 的对数正态自适应机制以及决策变量 x_i 的自我突变机制，结果表明：针对 EP 与 ES 算法，在优化性能上与上述观点是一致的。ES 算法的其他理念也促进了 EP 算法的发展，并且促进了基于自我—自适应协方差矩阵的 R-META-EP 算法的深入研究。此外，另一个值得注意的是 Yao 所提出的改进的快速进化规划算法（IFEP）[470]，该算法通过每个父代创建得到两子代，其主要特点在于：一个子代基于高斯分布产生随机突变，另外一个子代则采用柯西分布产生突变。Yao 指出，由于柯西分布具有更大的尾端分布值（存在更大的机会产生较大突变），这使得所提 IFEP 算法在整体上具有更大的机会跳出局部最小值，而高斯分布（若在进化过程中采用较小步长）却使得所提算法具有更好的针对当前父代的微调能力。

6.4　遗　传　规　划

遗传规划（GP）算法是 EA 算法家族中相对较为年轻的成员，其在应用领域以及面向特定问题的表示形式（以树为染色体）上，与其他 EA 算法分支相比具有明显的差异性。此外，本节之前所讨论的 EA 算法，其定位通常都是用于求解优化问题，但 GP 算法的定位却是解决机器学习问题。针对本书第 2 章所讨论的问题类型，多数其他 EA 算法侧重于搜索输入以获得最大回报（图 1.1），而 GP

算法的主要目的是搜索具有最大化拟合能力的模型（图 1.2）。显然，在引入最大化准则之后，建模问题已经成为优化问题的特殊案例。事实上，在 GP 算法中，采用进化过程完成建模类任务的基础可表述为：模型（将其表示为解析树）是种群个体，适应度是获得最大化的模型质量指标。

GP 算法的概略描述如表 6.4 所示。

表 6.4　遗传规划（GP）算法的概略描述

问题表示	树形结构
重组操作	交换子树
突变操作	树的随机变化
父代选择	适应度比例
生存选择	遗传替代

GP 算法采用解析树作为染色体，其中解析树是采用给定形式的语法所构建的表达式。依据待求解的问题和算法使用者对问题候选解应该具有的形式的感知程度，树形表示可以采用算术表达式语法、一阶谓词逻辑公式或编程语言代码等多种方式予以实现，详见 4.6 节。其中较为特殊的一种情况是将树形表示设想为可执行的代码，即程序。函数编程的语法，如语言 LISP，与波兰表达式符号非常匹配。例如，式（4.8）可用波兰符号改写为

$$+(\cdot(2,\pi),-(+(x,3),/(y,+(5,1))))$$

其相应的可执行的 LISP 代码[①]如下所示：

$$(+(\cdot(2\pi)(-(+x3)(/\ y(+51))))$$

基于上述描述，GP 算法可被定位为"通过自然选择进行计算机编程"[252]或"计算机程序的自动进化"[37]等角色。

还有一些其他事项，是特定于树形表示而专用于此处所描述的 GP 算法的相关事项，其详细描述如下所示。

初始化：树形结构的初始化可采用多种不同方式进行。GP 算法最常用的初始化方法是半倾斜法。在这种方法中，首先选择树的最大初始化深度 D_{max}，然后采用下文所描述方法中的一种，以相同概率从函数集合 F 和终端集合 T 中初始化得到种群中的每个个体：

- **完全方法**：当所创建的树形结构的每个分支均具有相同的深度 D_{max} 时采用该方法。若 $d < D_{max}$，树节点在深度 d 处的表达式从函数集合 F 中选择；若 $d = D_{max}$，树节点的表达式从终端集合 T 中选择。

- 生长方法：采用此方法创建的树形结构各分支的深度各不相同，其最大深

[①] 为更精确，应该使用"PLUS"等符号表示操作算子。

度为 D_{max}。此时，树需要从根部开始创建，若 $d < D_{max}$，树节点的表达式在 $F \cup T$ 的集合中通过随机选择获得。

单变异操作算子的随机选择：GP 算法的新子代通常是采用重组操作或者突变操作的方式进行创建，而不是采用类似其他 EA 算法中较为常见的先进行重组操作后再执行突变操作的方式。受益于 Koza 在文献[252]中所给予的灵感，图 6.1 比较了 GA 算法和 GP 算法在进化周期循环中所存在的上文所描述的差异性。

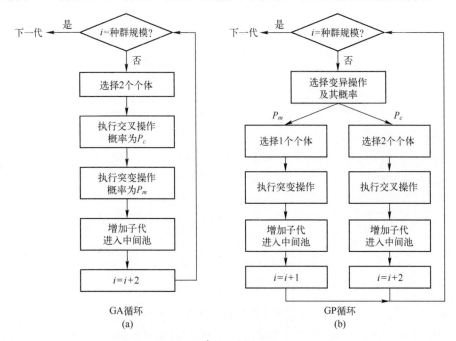

图 6.1　GP 算法与 GA 算法的流程图：此两个流程图表示了两种在世代策略中填充中间种群的不同方法；传统 GA 算法同时采用突变操作和交叉操作算子创建新子代（a）；在 GP 算法中，新子代由突变操作或者交叉操作算子所创建（b）。

低或零突变概率：著名学者 Koza 在 1992 年出版的关于 GP 算法的经典著作，即：文献[252]中所给出的建议是将突变率设置为 0。因此，他建议 GP 算法运行在无突变操作算子的情况下。最近，Banzhaf 等人建议将突变率设置为 5%[37]。显然，在对突变操作算子进行限制后，GP 算法不同于其他的 EA 算法。对突变操作进行限制的原因是：研究学者们普遍认为交叉操作算子所具有的疏解效应在某种意义上相当于宏突变操作算子[9]。虽然研究表明（几乎），仅采用交叉操作算子的运行效果可能不好[275]，但目前 GP 算法仍然多采用较低频率的突变操作。

过度选择：该策略常用于处理典型的大规模种群。GP 算法中通常将种群规模设置为几千左右。过度选择方法的过程是：首先，按适应度对全部种群个体进行排序；然后，将种群个体分为两组，其中第一组包含排序后种群个体的前 $x\%$，第二组包含的种群个体为剩余的$(100-x)$%；接着，进行父代选择，其中 80%的选择操作行为在第一组中进行，另20%的选择操作行为在第二组中进行。通常，x的值是算法使用者依据经验而设定的，并且该值的大小通常与种群规模相关，设定准则是：所选择的种群个体数量主要是来自主分组，并且在种群规模低于 100时，应该保持为常数。也就是说，大规模种群的选择压力将会随着种群规模的增长而显著地增加。

膨胀：有时也称为"最肥者生存"，这是 GP 算法在运行过程中所产生的一种现象，即平均尺寸的树形结构的大小随算法运行时间的增加而逐渐增大。目前已有许多研究学者对产生膨胀现象的原因进行探讨，并提出了相应的应对措施，详见文献[268,407]。虽然目前的研究结果和讨论还没有形成定论，但已经确定的一个主要疑点是：进化过程存在长度可变的染色体，这意味着：染色体尺寸随进化过程而增大的可能性暗示了膨胀现象的确存在。防止膨胀的最简单方法是引入树形结构大小的最大值，即：若应用程序所产生的子代超过此最大值，就终止变异操作算子的运行。在这种情况下，这个最大值可作为 GP 算法进行突变和重组等遗传操作行为的附加参数。此外，研究学者也提出了一些其他的先进方法，截至目前，唯一被广泛接受的指标是吝啬压力。通常，通过在适应度公式中引入惩罚项，降低超长染色体的适应度[228,406]或使用多目标技术[115]就会产生吝啬压力。

6.5　学习分类器系统

学习分类器系统（LCS）通过基于规则集方式而非解析树方式对知识进行表征，进而构建模型的另外一种进化方法[270,269]。LCS 主要用于解决应用问题，其目标是通过以某种形式最大化来自环境的未来回报得到能够响应环境当前状态（即系统的输入）的演化系统。

简言之，LCS 是由分类器系统和学习算法两个部分构成的，其典型组成部分是一组将特定输入映射到特定动作的操作规则。LCS 通过涵盖输入空间的全部操作规则集实现学习模型的构建，并且模型的每个输入都定义了相应的操作行为。LCS 的学习算法组件采用 EA 算法予以实现，其种群个体或者代表单个规则或者代表完整的规则集，进而相应地分别被称为密歇根方法和匹兹堡方法。多种不同的学习形式可用于改进进化过程的适应度值，通常采用的都是有监督方式，即：在每个阶段，LCS 都接收从环境反馈得到的训练信号或奖励信号。此处，主要强调密歇根方法和匹兹堡方法之间的区别：在前者，数据是逐个输入给 LCS，并且依据输入相应的预测性能对不同规则进行奖励；相反，在后者，由于每个种群个体都表征一个完整的模型，因此，采用整个数据集的平均预测精度表征 LCS 的适应度。

1976 年，Holland 首次将密歇根式 LCS 描述为：研究学习条件/行动规则系统的算法框架，并采用 GA 算法作为发现新规则和强化成功规则的主要手段[219]。针对该 LCS 的典型做法是，将种群中的每个成员都视为能够表征部分模型的单规则，即：只覆盖决策空间的某个区域。因此，整个种群能够完整地表征将要学习得到的模型。每个规则都是含有三个元素的元组：{条件：操作：回报}。条件用于指定应用规则的输入空间区域。规则的条件部分也可能包含针对某些变量的通配符或"任意"字符，或者描述给定变量可能被赋予的一组值，例如，某些连续变量的取值范围。规则可通过其包含的通配符的数量进行区分：若一个规则所包含的通配符较少，或者某些变量的取值范围较小（换句话说，其覆盖输入空间的区域较小），则称该规则比另一个规则更为具体。考虑到灵活性规则的条件部分通常会互相重叠，这使得某个给定的输入能够与许多条规则相匹配。在 LCS 的术语中，条件与环境输入相匹配的规则子集称为匹配集。这些规则可规定不同的动作行为，其中也包含选择动作。通常，动作指定 LCS 将要采取的操作行为（例如，控制机器人或在线交易代理）或给出的预测（例如，给出类的标签或一个数值）。相应地，支持被选动作行为匹配集的子集称为动作集。Holland 所提出的最初框架中，保留了 LCS 中已使用规则的列表；当在环境中获得奖励时，一部分信息被传递给最近使用的规则，进而为选择机制提供信息。上述行为所带来的预期效果是：规则所累积的奖励信息能够预测系统执行某个动作将会获得的报酬的价值。但是，上述框架已经被证明比较笨拙，通常难以在实践中有效运行。

在 20 世纪 90 年代中期，关于 LCS 的研究被学者 Wilson 重新激活，其所提出的最简 ZCS 的特点是：删除了原来 LCS 中有关记忆的概念，并去掉了除基本组件外的其他所有组件[464]。与此同时，也有几位研究学者注意到 LCS 和强化学习算法间具有概念上的相似性，这些算法都试图在输入状态的学习操作行为与预期回报间构建某种精确的映射关系。文献[465]提出了 XCS 算法，其通过将规则元组扩展为{条件：操作：回报，准确度}强化上述映射关系，进而使得预测精度值能够反映预测奖赏与收到回报间匹配程度的系统经验。与 ZCS 不同，EA 算法在每个进化周期循环中都会受到限制——最初是匹配集，后来是动作集，从而增加了为每个动作行为匹配一般规则条件的压力。对于 ZCS，信用分配机制是通过从环境中获得的奖励而进行触发的，从而更新前一个动作集所对应规则的预测的奖赏。两者之间的主要区别在于，这种信任分配机制并未直接用于驱动进化过程中的选择操作行为。相反，选择操作行为是基于预测精度进行的，这使得算法在原理上能够演化从输入空间到动作行为的完整映射。

表 6.5 简单概述了基于二进制输入和输出空间问题的密歇根式分类器的主要特点。该算法的主要工作流程如下所示：

（1）从环境中获得一组输入。

（2）从规则库中查找能够匹配该输入的规则集：若匹配集为空，触发"覆盖算子"，并基于随机动作生成一个或多个新的匹配规则。

（3）针对匹配集中的规则，根据其动作行为进行分组。

（4）针对每个新分组，计算规则的平均精度。

（5）选择一个动作行为，并将其所在的组标记为动作集：

● 如果系统处于"开发"循环中，则选择具有最高平均精度的动作行为；

● 如果系统处于"探索"循环中，则随机选择或通过适应度比例机制确定动作行为。

（6）执行所选择的动作行为并从环境中获得奖励。

（7）根据收到的奖励和预测回报，采用 Widrow-Hoff 风格的更新机制，更新当前和之前动作集中规则的估计精度和预测奖励。

（8）若系统处于"探索"循环中，则在动作集内运行 EA 算法，创建新规则（包括父代的奖励和精度集）并删除其他规则。

表 6.5　基于二进制输入和动作空间的密歇根式 LCS 算法的概略描述

问题表示	元组：{条件：操作：回报，准确度} 使用条件：{0，1，#}，字母表
重组操作	基于条件/动作的单点交叉
突变操作	适用于操作/条件的二元/三元复位
父代选择	环境小生境内的共享适应度比例机制
生存选择	随机，与覆盖相同环境小生境的规则数量成反比
适应度	在相关操作集中，通过强化学习，基于收到的奖励对规则的预测奖赏和精度进行更新

匹兹堡风格 LCS 与广为人知的 GP 算法相类似：EA 算法种群的每个成员，均能够表征输入空间到输出空间的完整映射模型。通常，种群个体中的每个基因都代表着一个规则，新的输入可能与规则库中的多个规则相匹配，在此种情况下主要选择第一个匹配规则。这意味着，上述这种表示方式在本质上就是一个顺序列表，两个包含着相同规则但在基因中却具有不同顺序的个体，在实际上所代表的就是两个不同的模型。通常，适当复杂模型的学习是采用变长度的表示方式实现的，这样能够在任何阶段都可以添加新的规则。该方法具有若干个概念上的优势，最为特别的是：由于对适应度的奖赏是对应于完整的规则集，模型可用于学习更为复杂的多步骤问题。匹兹堡风格 LCS 的灵活性所带来的缺点也与 GP 算法相类似，即：种群在进化过程中会出现膨胀现象，进而使得待搜索的问题空间变为潜在的无限大的空间。但是，具有足够的计算资源和有效的节俭策略时能够对上述膨胀现象予以抵消，匹兹堡风格的 LCS 在多个机器学习领域都具有最先进的性能，尤其是在生物信息学和医学等领域中，主要原因在于：这些领域对进化模型可解释性的需求至关重要，而且存在大量的可用数据集能够对 LCS 进行离线进化，从而实现预测误差的最小化。例如，最近两个在性能上优于人类领域专家而

获得 Humies 奖的例子，就是将 LCS 用于前列腺癌检测[272]和蛋白质结构预测[16]。

6.6　差　分　进　化

本节描述了 EA 算法家族中提出较晚，但性能却是颇为强大的成员——差分进化（DE）算法。学者 Storn 和 Price 在其 1995 年发表的技术报告"最小化可能非线性和不可区分连续空间函数的新启发式方法"中，提出了 DE 算法的主要概念[419]。该算法最为显著的特征是：对 EC 算法中常见的复制操作算子进行了"扭曲"，即得到所谓的差分突变。针对给定 IR^n 空间中的候选解向量种群，通过在现有解向量上添加扰动向量，得到如下所示的新突变向量 $\bar{x}'$：

$$\bar{x}' = \bar{x} + \bar{p}$$

其中，$\bar{p}$ 代表扰动向量，是另外两个在种群中随机选择的种群个体间的比例向量差，即

$$\bar{p} = F \cdot (\bar{y} - \bar{z}) \tag{6.1}$$

其中，比例因子 $F > 0$，是用于控制种群进化速度的实数。另外一个较为常用的复制操作算子是均匀交叉操作算子，其会受到交叉概率 $Cr \in [0,1]$ 的影响；其中，参数 Cr 定义了针对当前正在执行交叉操作的父代中任何基因位的机会，即：第 1 个父代的等位基因值传递给新子代的机会。注意：GA 算法中的交叉速率 $p_c \in [0,1]$ 是针对种群中个体间的任意配对进行定义的，其代表着实际执行交叉操作行为的可能性。DE 算法对交叉操作算子进行了轻微"扭曲"：在某个随机选择的位置上，新子代的等位基因是从第 1 个父代继承而并非随机选择。这样可确保所创建的新子代不是简单地复制第 2 个父代。

在 DE 算法的运行过程中，种群的表现形式是列表而不是单个或多个集合，其允许通过列表中的位置 $i \in [1, \cdots, \mu]$ 对第 i 个种群个体进行引用。此外，种群 $P = \langle \bar{x}_1, \cdots, \bar{x}_i, \cdots, \bar{x}_\mu \rangle$ 中的个体的排列顺序与其适应度值的大小也是无关的。DE 算法的一个完整的进化周期可描述如下：首先，创建突变操作的向量种群 $M = \langle \bar{\upsilon}_1, \cdots, \bar{\upsilon}_i, \cdots, \bar{\upsilon}_\mu \rangle$；接着，针对新的突变种群个体 υ_i，从 P 中随机选择 3 个向量，将其中一个向量作为将要进行突变操作的种群个体的基向量，另外两个向量则用于定义扰动向量；然后，在获得突变向量种群后，创建实验向量种群，并记为 $T = \langle \bar{u}_1, \cdots, \bar{u}_i, \cdots, \bar{u}_\mu \rangle$，其中 $\bar{u}_i$ 是在 $\bar{\upsilon}_i$ 和 $\bar{x}_i$ 之间执行交叉操作的结果（注意，该方式能够保证向量 $\bar{u}_i$ 不是简单地复制向量 $\bar{x}_i$）；最后，将确定性的选择操作机制作用于每对 $\bar{x}_i$ 和 $\bar{u}_i$，并进行如下的判断和操作：若 $f(\bar{u}_i) \leqslant f(\bar{x}_i)$，下代种群中的第 i 个个体被选为 $\bar{u}_i$；否则被选为 $\bar{x}_i$。

DE 算法的概略描述如表 6.6 所示。

表 6.6   DE 算法的概略描述

问题表示	实值向量
重组操作	均匀交叉
突变操作	差分突变
父代选择	3 个必需向量的均匀随机选择机制
生存选择	确定性的精英替代（父代与子代）机制

一般来说，DE 算法包含 3 个参数：比例因子 F、种群规模 μ（在 DE 算法的文献中其通常采用 NP 表示）和交叉概率 Cr。值得注意的是，尽管在 DE 算法中采用了交叉操作算子，但参数 Cr 在本质上也可以作为突变率，即：其表征的是等位基因从突变操作行为中能够遗传的近似概率[343]。DE 算法的研究团体还强调了均匀交叉操作的另一方面，突变等位基因的遗传数量应该遵循二项式分布，其原因在于：等位基因的源是由数量有限且具有恒定概率结果的独立实验所确定的。

多年来，研究学者已提出了许多 DE 算法的变种，其中一个改进版的关注点是：构建突变群体 M 时，如何进行基向量的选择。通常，可为每个突变向量 v_i 随机选择基向量，但上述方法是在固定的种群中选择适应度最佳的向量作为基向量，并且在进化过程中只是改变扰动向量的大小。另外一个 DE 算法的扩展版，通过采用多个差分向量对突变操作中的扰动向量进行定义。例如，若采用 2 个差分向量，式（6.1）则相应地变为

$$\overline{p} = F \cdot (\overline{y} - \overline{z} + \overline{y}' - \overline{z}') \qquad (6.2)$$

其中，$\overline{y}$，$\overline{z}$，$\overline{y}'$ 和 $\overline{z}'$ 是随机选择的 4 个种群个体。

为对不同类型 DE 算法的变种进行分类，已有文献中引入了符号“DE/a/b/c”对这些变种算法进行区别表示，其中：符号“a”是指所采用的基向量，例如“rand”或“best”；符号“b”是指用于定义扰动向量的差分向量的数量；符号“c”是指所采用的交叉操作策略，例如，“bin”表示所采用的是均匀交叉算子（因为其所产生的供体等位基因符合固有的二项式分布）。通过采用上述这些符号，上文所描述的 DE 算法的基本版可表示为“DE/rand/1/bin”。

6.7   粒子群优化

本书此处所描述的算法与其他 EA 算法的差异主要在于，该算法是受到鸟类聚集或鱼类群游等社会群体行为的激励而发明的，其名称和技术术语源于物理粒子领域[340,248]。从原理上讲，粒子群所执行的优化操作似乎并不存在本书前文所述的进化行为，但从算法视角而言，其也符合通用的 EA 算法框架。1995 年，

Kennedy 和 Eberhart 发表了关于"利用粒子群方法优化非线性函数的概念"的开创性论文，表征了粒子群优化（PSO）算法的诞生[247]。与 DE 算法相类似，PSO 算法的固有特征也是对 EC 中的复制操作算子进行"扭曲"操作，具体表现在：不采用交叉操作算子，采用通过向量加法进行定义的突变操作算子。但 PSO 算法与 DE 算法及其他 EC 类型的区别在于，其每个候选解 $\overline{x} \in \mathrm{IR}^n$ 均包含着其自身的扰动向量 $\overline{p} \in \mathrm{IR}^n$。从技术视角看，这使得 PSO 算法与在扰动向量中采用突变步长的进化策略（ES）算法非常相似，详见本书 4.4.2 节和 6.2 节。但是，PSO 算法的灵感和术语是源于具有位置和速度属性的粒子在空间中的隐喻，而不是源于具有基因型和突变属性的种群个体在生物学中的隐喻。

为简化解释和强调 PSO 算法与其他 EA 算法的相似性，此处分两步进行介绍。首先，采用扰动向量 $\overline{p}$ 的概念对系统的本质进行描述。其次，依据文献所描述的 PSO 算法对速度 $\overline{v}$ 和个体最佳 $\overline{b}$ 向量的技术细节进行表述。

从概念层面上讲，PSO 算法的种群成员可被视为成对向量 $\langle \overline{x}, \overline{p} \rangle$，其中 $\overline{x} \in \mathrm{IR}^n$ 表示的是候选解向量，$\overline{p} \in \mathrm{IR}^n$ 表示的是如何改变候选解向量并产生新的候选解向量的扰动向量。简而言之，PSO 算法的主要思想是：计算新的扰动向量 $\overline{p}'$（基于 $\overline{p}$ 和附加信息）并将其加到 $\overline{x}$ 上，进而由向量 $\langle \overline{x}, \overline{p} \rangle$ 创建向量 $\langle \overline{x}', \overline{p}' \rangle$。该过程可表示为

$$\overline{x}' = \overline{x} + \overline{p}'$$

PSO 算法的核心是将种群成员看作在空间中具有一定位置和速度的点，并基于速度确定该粒子在空间中将要拥有的新的位置和速度。进一步，由 PSO 算法的框架可知，扰动向量是速度向量 $\overline{v}$，新的速度向量 $\overline{v}'$ 是 3 个分量（$\overline{v}$ 和两个向量的差）的加权和。对于后者，第一个点是从当前位置 $\overline{x}$ 到给定种群成员历史上所拥有的最佳位置 $\overline{y}$；第二个点是从当前位置 $\overline{x}$ 到整个种群历史上所拥有的最佳位置 $\overline{z}$。新的速度向量的计算如下式所示：

$$\overline{v}' = w \cdot \overline{v} + \phi_1 U_1 \cdot (\overline{y} - \overline{x}) + \phi_2 U_2 \cdot (\overline{z} - \overline{x})$$

其中，w 表示惯性权重，ϕ_1 表示个人影响学习率，ϕ_2 表示社会影响学习率，U_1 和 U_2 是用于与 $\overline{y} - \overline{x}$ 和 $\overline{z} - \overline{x}$ 相乘的基于均匀分布的随机矩阵。

值得注意的是，上述 PSO 算法在运行过程中需要保存一些种群信息。特别需要在计算机内存中进行存储的是个人最佳 $\overline{y}$ 和全局最佳 $\overline{z}$。这要求为每个种群成员分配唯一的标识符，进而能够保存给定种群个体"身份"并允许为其在计算机中分配单独的内存。因此，PSO 算法的种群是以列表形式而非单个或多个集合的形式存在的，并且允许运行过程中对第 i 个种群个体进行引用。与 DE 算法相类似的是，PSO 算法中的种群个体顺序与其适应度值的大小无关。此外，如同在上文中采用符号 $\langle \overline{x}, \overline{p} \rangle$ 所隐含表示的寓意，针对任何给定 $\overline{x}_i \in \mathrm{IR}^n$ 的扰动向量 $\overline{p}_i \in \mathrm{IR}^n$，其并不需要在计算机中进行直接存储，而是间接地通过第 i 个种

群个体的速度向量 $\overline{v}_i$ 和个体最佳 $\overline{b}_i$ 进行表示。因此，从技术上讲，第 i 个个体是通过三元向量 $\langle \overline{x}_i, \overline{v}_i, \overline{b}_i \rangle$ 进行表征的，其中：$\overline{x}_i$ 表示解向量（粒子的空间位置），$\overline{v}$ 表示解向量的速度向量，$\overline{b}$ 表示解向量中的个体最佳。在每个进化周期中，每个三元向量 $\langle \overline{x}_i, \overline{v}_i, \overline{b}_i \rangle$ 都是被突变操作后的新三元向量 $\langle \overline{x}_i', \overline{v}_i', \overline{b}_i' \rangle$ 所替代，其公式如下所示：

$$\overline{x}_i' = \overline{x} + \overline{v}_i'$$

$$\overline{v}_i' = w \cdot \overline{v}_i + \phi_1 U_1 \cdot (\overline{b}_i - \overline{x}_i) + \phi_2 U_2 \cdot (\overline{c} - \overline{x}_i)$$

其中，$\overline{c}$ 表示种群中的全局最佳。同时，存在如下公式：

$$\overline{b}_i' = \begin{cases} \overline{x}_i' & f(\overline{x}_i') < f(\overline{b}_i) \\ \overline{b}_i & \text{其他} \end{cases}$$

基本 PSO 算法的其他遗传操作行为在实现上比较简单，主要原因在于父代选择和生存选择操作都是不重要的。PSO 算法的概略描述如表 6.7 所示。

表 6.7   PSO 算法的概略描述

问题表示	实值向量
重组操作	无
突变操作	增加速度向量
父代选择	确定性（每个父代通过突变操作创建一个子代）
生存选择	世代方式（子代取代父代）

6.8   分布估计算法

分布估计算法（EDA）的基本理念是：通过 3 步过程采用"标准"变异（重组和变异）操作替代新子代创建。首先，依据对候选解进行描述的决策变量（基因）间的相关性，选择"图模型"表征搜索的当前状态；接着，依据当前种群对图模型的参数进行估计，获得决策变量的条件概率分布；最后，通过采样上述条件概率分布创建得到新子代。

自 20 世纪 80 年代初以来，概率图形模型（PGM）一直广泛应用于人工智能系统领域的不确定性模型。该方法将模型采用图 $G = (V, E)$ 进行表示，其中：每个顶点 $v \in V$ 表示一个输入变量，每个有向边 $e \in E$ 表示两个输入变量间的依赖关系。例如，有向边 $e \in \{i, j\}$ 表示获得变量 j 的特定值的概率依赖于变量 i 的值。通常，为避免无限循环可能导致的困难，图通常被限制为非循环形式。

图 6.2 中的伪代码给出了通过模型选择、模型拟合和模型采样过程创建新子代的方法。

```
BEGIN
   INITIALISE population P⁰ with μ random candidate solutions;
   set t = 0;
   REPEAT UNTIL ( TERMINATION CONDITION is satisfied ) DO
      EVALUATE each candidate in Pᵗ;
      SELECT subpopulation Pₛᵗ to be used in the modeling steps;
      MODEL SELECTION creates graph G by dependencies in Pₛᵗ;
      MODEL FITTING creates Bayesian Network BN with G and Pₛᵗ;
      MODEL SAMPLING produces a set Sample(BN) of μ candidates;
      set t = t + 1;
      Pᵗ = Sample(BN);
   OD
END
```

图 6.2   分布估计算法的通用伪代码

虽然在原则上采用任何标准的选择策略均可用于选择 P_s^t，但实践中的通常做法是基于截断选择策略，并将当前种群中适应度最好的子集作为后续建模过程的基础。EDA 算法中的生存选择模型通常采用世代模型，即：采用所创建的新子代完全替代旧种群。

模型选择是采用 PGM 方法构建数据模型的关键因素（此处针对 EDA 算法中的种群进行建模）。在本质上，模型选择等价于采用适当的结构表征变量之间的条件依赖性。在遗传学和进化计算所研究的背景中，求解上述过程等价于"联接学习"问题。从历史上看，该领域的研究模式是通过增加结构依赖类型的复杂性而不断取得进展的。最早的单变量算法假设变量间是相互独立运行的[35]，第二代 EDA 算法（如 Mimic[59]和 BMDA[337]）是从成对交互的变量中进行结构选择，而当前方法（如 BOA[336]）是从预先指定的最大规模的所有树集合中进行结构选择。由于多个变量间存在的可能组合的数量会随程序的运行时间而快速增长，这意味着需要采用某种形式的搜索算法对具有良好结构的模型进行识别。一般而言，如下的两种方法可予以采用：第一种方法是直接估计模型的结构，但因其所具有的高复杂性而难以在实际中进行实施；第二种是已经获得广泛应用的"评分+搜索"的方法，主要实现方式是在可能的图模型空间中进行有效的启发式搜索。后者在很大程度上依赖于，采用何种能够有效反映模型优劣程度的度量指标，这使得贝叶斯网络常被用于获取数据的底层结构。已发表的文献所提出的多种度量方法，主要基于与熵密切相关的 Kullback-Liebler 散度度量。对这些度量指标的完整描述已经超出本书的范围，请读者参考相关文献。

模型拟合过程可根据图 6.3 所给出的伪代码进行描述，其中符号 $P(x,i,c)$ 表示在给定条件 c 的情况下获得变量 x 的等位基因值 i 的概率。对于无任何给定条件的情况，采用 $P(x,i,-)$ 进行表示。需注意的是，此伪代码主要进行一般概念的说明，基于该代码能够开发获得更加有效的模型拟合实现方式。通常，针对离散数据，

108

基于上述这些参数可以搭建贝叶斯网络；而针对连续数据，则可使用高斯混合模型。上述两个建模过程的实现都相对简单。

```
BEGIN
  /* Let P(x,i,c) denote the probability of generating */
  /* allele value i for variable x given conditions c */
  /* Let D denote the set of selected parents */
  /* Let G denote the model selected */

  FOR EACH unconnected subgraph g ⊂ G DO
    FOR EACH node x ∈ g with no parents DO
      FOR EACH possible allele value i for variable x DO
        set P(x,i,-) = Frequency_In_Subpop(x,i,D);
      OD
    OD
    FOR EACH child node x ∈ g DO
      Partition D according to allele values in x's parents;
      FOR EACH partition c DO
        set P(c) = Sizeof(c)/Sizeof(D);
        FOR EACH possible allele value i for variable x DO
          set P(x,i,c) = Frequency_In_Subpop(x,i,c)/P(c);
        OD
      OD
    OD
  OD
END
```

图 6.3   通用模型拟合方法的伪代码

模型抽样过程也遵循与前述过程相类似的模式，此处对其进行简短描述：首先，在每个子图中抽取随机变量，选择父代节点的等位基因；然后，采用基于适当分布的概率，为其他节点选择等位基因值。

在上述讨论中，所针对的问题主要是假设的离散组合问题，所拟合的模型主要是贝叶斯网络。对于连续变量问题，需要采用略有差异的度量方式和描述概率，其通常基于正态（高斯）分布进行。目前，在这方面也已经有了一些研究成果，如迭代密度估计算法[64]，以及 EDA 算法的连续决策变量版本。依据所允许使用的模型的复杂性的不同，其结果呈现为单变量或多变量的正态分布。通常，这些方法与 ES 算法中的相关矩阵非常相似，这些相关方法的比较，请参见文献[206]。

（关于本章的练习和推荐阅读，请访问 www.evolutionarycomputation.org.）

第二部分　进化计算方法论问题

第7章 参数和参数调整

本书在第 3 章提出了构成所有进化算法（EA）共同基础的通用框架。采用 EA 算法进行问题求解的决策意味着，算法开发者需要遵循该通用框架所包含的主要设计规则。因此，EA 算法的设置需要自动遵循基于候选解种群策略的选择、重组和突变等遗传操作。在该通用框架内，为了开发具体的、可执行的 EA 算法，开发者只需要指定某些特定的细节即可。本章将更深入地描述这些需要设定的进化参数的详细信息。此章讨论 EA 算法参数的概念，并解释为什么设计进化算法的任务可看作寻找合适进化参数值的问题。此外，本章还阐述了调节 EA 算法参数的问题，并对调节 EA 算法的不同方法进行了综述。

7.1 进化算法参数

为了详细讨论 EA 算法参数的相关概念，此处以简单 GA（SGA）算法为例进行讲述。如本书 6.1 节所述，SGA 算法是具有一定自由度的非常成熟的算法，其所涉及的进化参数包括交叉操作算子、交叉率、种群规模以及一些本章不需要讨论的其他进化参数。为了获得能够执行的 SGA 算法，需要对上述进化参数进行赋值，例如，交叉操作算子设置为单点交叉、交叉率设置为 0.5、种群规模设置为 100 等。原则上，进行进化参数设置时，不需要对进化参数的类型进行区分；但直观地讲，确定需要采用的交叉操作算子类型和选择具体的交叉速率值之间，还是存在较大差异的。如果按照进化参数的域进行区分，上述这种差异就能够被形式化。例如，"交叉操作算子"存在于有限域内，并且对距离度量或排序均不敏感，其域可表征为{单点、均匀、平均}；交叉率 $p_c \in [0,1]$ 的域是具有自然结构的实数 IR 的子集。这种差异对于实现 EA 算法的可搜索性非常重要。对具有可采用距离度量或可部分排序等特性的进化参数，可采用启发式搜索方法和优化方法进行最佳值的搜寻。对其他类型的进化参数却不可能采用上述方法，因为其参数域不具备可探索的结构。在此种情况下，只能采用抽样策略予以确定。

进化计算领域的研究学者已认识到上述两种不同类型进化参数间所存在的差异性，研究学者采用了如表 7.1 所示的差异化的命名约定。表 7.2 给出了两类常用进化参数针对 EA 算法的特定说明。本书采用符号参数和数值参数两个术语对上述两种进化参数类型进行表征，并将参数域中的元素称为参数值，通过赋值分配对进化参数进行实例化。

表 7.1　文献中区分两类进化参数（变量）的术语对统计表

无序域参数	有序域参数
定性的	定量的
符号的	数值的
绝对的	数字的
结构的	行为的
组分	参数
象征性的	依次的
明确的	有序的

表 7.2　基于符号参数和数值参数的 3 个 EA 算法实例

	A1	A2	A3
符号参数			
问题表示	位字符串	位字符串	实值
重组操作	单点	单点	平均
突变操作	位翻转	位翻转	高斯 $N(0,\sigma)$
父代选择	锦标赛	锦标赛	均匀随机
生存选择	世代模型	世代	(μ,λ)
数值参数			
p_m	0.01	0.1	0.05
σ	n.a.	n.a.	0.1
p_c	0.5	0.7	0.7
μ	100	100	10
λ	与 μ 相等	与 μ 相等	70
λ	2	4	n.a.

　　符号参数包括：问题表示、重组操作、突变操作、父代选择、生存选择；数值参数包括：突变率（p_m）、突变步长（σ）、交叉率（p_c）、种群规模（μ）、子代规模（λ）和锦标赛尺寸（λ）。A1 和 A2 列的实例是相同 EA 算法的变种；A3 列是具有不同的符号参数值且源于不同 EA 算法的实例。

　　需要注意的是，根据特定的设计选择，面对同一个 EA 算法也可能采用不同数量的进化参数。例如，通过锦标赛机制实例化符号参数"父代选择"时，就意味着需要引入新数值参数"锦标赛尺寸"；但是，若采用轮盘赌机制进行"父代选择"，则不需要引入任何额外的进化参数。该例子还表明，参数之间也可以存在层次结构, 即: 符号参数中可能包含若干个数值参数。

7.2　EA 算法和 EA 算法实例

符号参数和数值参数间的区别也有效支撑着 EA 算法和 EA 实例间的区别。具体来说, 符号参数可视为定义 EA 算法本质的高层级参数, 数值参数则是该 EA 算法特定变种的低层级参数。按照上述的命名约定可知, EA 算法适合第 3 章所介绍的通用框架下的部分特定算法, 但是针对该通用框架, 也只定义了符号参数的实例化值, 并未定义数值参数的值。因此, 若两个 EA 算法的一个或多个符号参数取值存在差异, 则它们属于不同的算法, 例如, 采用不同的突变操作算子。若为所有进化参数 (包括数值参数) 都指定了确定的值, 则所得到的就是进化算法的实例。若只是两个 EA 实例的数值参数 (如突变率和锦标赛尺寸) 的某些取值不同, 则将其视为同一个 EA 算法的两个变种。表 7.2 中给出了属于 2 个 EA 算法的 3 个 EA 实例。

上述这些术语便于实现对 EA 算法的精确表述和不同措辞的有效使用。通过观察可知, EA 算法和 EA 实例间的区别类似于问题和问题实例间的区别。若采用更加严谨的术语进行表述, 更为正确的措辞是 "将 EA 实例应用于问题实例"。实际上, 并不是总需要进行如此严谨的表达, 通常某些正式、不准确但也可理解的短语, 如 "将 EA 算法应用于问题" 也是可接受的, 采用类似表达的前提是: 这样的说法不会在上下文中导致混淆。

7.3　进化算法设计

从广义上讲, 算法设计包括采用指定算法 (实例) 解决给定问题 (实例) 需要进行的所有决策。EA 算法设计者所面临的主要挑战就是设计细节, 即给出进化参数值。这些进化参数的取值对 EA 算法的性能具有非常大的影响。通常, 算法设计, 特别是 EA 算法的设计, 其自身就是一个待求解的优化问题。

为理解上述问题, 此处将算法设计分为如图 7.1 所示的 3 个层次, 即: 应用层、算法层和设计层。可见, 整个设计方案可细分为两个优化问题, 分别是问题求解 (下) 和算法设计 (上), 其中下半部分是由算法层的 EA 实例所组成的, 其目标是为处于应用层的给定问题实例寻优最佳解; 上半部分包含具体的设计方法, 即: 领域专家的直觉和启发式方法或是自动化的设计策略, 其目标是在算法层寻优给定 EA 算法的最佳参数值。给定进化参数向量的质量是通过采用这些优化值的 EA 实例的算法性能进行评价。

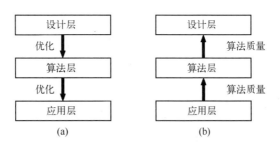

图 7.1　控制流（a）和信息流（b）与算法设计 3 个层次之间的关系。（a）给定层的实体优化下
　　　　层实体；（b）给定层的实体向上层实体提供信息。

　　为了避免混淆，此处采用不同的术语区别上述这些优化问题的质量函数。为
了能够与通常采用的 EC 领域的术语保持一致，本书在应用层所使用的术语为"适
应度"，在算法层所使用的术语为"效用性"。基于同样的思路，采用术语"评估"
与适应度进行关联，即"适应度评估"；采用"测试"与效用性进行关联，即"效
用性测试"。采用上述命名法后，算法设计者需要解决的问题可看作给定效用函数
情况下，进化参数向量空间中的优化问题。因此，EA 算法设计问题的最优解就是
具有最大效用性的 EA 算法的进化参数向量。上述术语的汇总详见表 7.3。

表 7.3　问题求解和算法设计术语表

	问题求解	算法设计
采用方法	进化算法	设计步骤
搜索空间	解向量	参数向量
质量	适应度	效用性
判定	评估	测试

　　综合上述定义，此处将效用性曲面定义为一个抽象曲面，其中曲面的位置坐
标代表着 EA 算法的进化参数向量，曲面高度坐标代表着进化参数向量的效用性。
显然，在 EC 中常用的适应度曲面与此处所定义的效用性曲面存在许多相同之处。
两者尽管具有明显的类比性，但也存在需注意的差异性。首先，针对大多数优化
问题而言，适应度通常都是确定性的，但效用性却总是具有随机性，因为后者所
反映的是具有随机搜索特性的 EA 算法的性能。这意味着最大效用性定义必须是
建立在某种统计意义之上。因此，如果不同 EA 算法运行所产生结果数据表现出
较大方差，那么对 EA 算法的进化参数向量进行比较是很困难的。其次，适应度
的概念通常与应用层待求解问题的目标函数密切相关，比较适应度函数之间的差
异性通常都会涉及 EA 算法的内部细节。相比之下，效用性的概念取决于所使用
的性能指标，这些指标反映的是算法使用者的偏好差异和运行 EA 算法的应用背
景。例如，仅解决单个问题实例一次或重复性地解决同类型问题的实例，所表征
的就是针对优化 EA 算法（实例）具有不同蕴含意义的两种具有较大差异的情况。

针对这一问题的详细论述请参见本书第9章。

7.4 调 节 问 题

概括而言，生成可执行的 EA 算法实例需要对进化参数进行赋值。这些值决定了该 EA 算法实例是否能够寻优到最佳解，以及其是否能够高效地进行进化搜索。进化参数调节是一种常用的算法设计方法，特点是进化参数值在 EA 算法运行之前获得并且在运行期间保持不变。

解决调节问题的常见方法是基于约定（如"突变率应该设置为较低值"）、基于特殊选择（"为什么群体规模不采用 100"）和基于不同进化参数值的有限次实验（例如，考虑 4 个进化参数及每个进化参数取 5 个值）等方法。前两种方法的缺点是显而易见的，最后一种基于实验的方法也存在一些常见问题，其汇总如下：

（1）进化参数间存在交互效应（例如，多样性可通过重组操作或突变操作产生），这使得这些进化参数不能逐个进行优化。

（2）系统地尝试进化参数的所有不同组合的计算消耗通常是非常巨大的。例如，若对 4 个进化参数的 5 个不同取值进行测试，所需要进行的进化参数组合的设置为 5^4=625 个。若针对所设置每组进化参数都独立执行 EA 算法 100 次，则意味着在算法开始"实际"运行之前就需要运行 62500 次用于进化参数的调节。

（3）针对数值型参数，最佳进化参数取值有可能不在进行算法测试时所选择的参数值之中，其原因在于最佳参数值可能位于进行测试的网格点所对应的参数值中间。虽然通过增加网格点的数量可提高进化参数取值的分辨率，但 EA 算法的运行次数也同样会呈现出指数级的增加。

通常，如果期望经过较好的调节设置就使得 EA 算法能够在系列待求解问题上都表现得很好，那么整个进化参数调节过程将会令人非常沮丧。在 EA 算法的发展历程中，在寻优针对不同测试问题都有效的进化参数值的研究方向上，研究学者耗费了相当大的精力。最为著名的早期研究是 De Jong 博士的论文[102]，针对目前 De Jong 测试 5 函数，给出了单点交叉操作和位突变操作概率值的推荐设置值。但是，EA 算法领域的当代研究观点认为，特定问题（实例）需要采用特定的 EA 算法设置才能获得较为满意的性能[26]。因此，这导致"最优"参数的设置范围必然很窄，因为其范围与待求解问题所涉及领域的先验知识是相关的。目前该方向的理论研究论点认为，对全部待求解问题都存在良好进化参数设置的任何要求都是先验缺失的，即：不存在针对任何问题都会产生良好优化性能的进化参数值，具体请参见本书第 16 章中关于"无免费午餐理论"部分的讨论[467]。

在进化计算发展历史的最初几十年中，研究学者们在很大程度上都忽略了参数调节问题。在科研论文及专著等出版物中，也未对其所选进化参数的取值原因提供任何依据，也未描述为获得这些进化参数值所花费的努力。因此，无法判断这些出版物所给出的 EA 算法性能是优秀的（需要通过较为密集的调节过程予以体现）还是实验性的（算法性能仅是通过对进化参数值的稍微调节获得）。同时，有关如何开发较好的进化参数调节程序的研究也较少。文献[202]在 1986 年提出广泛采用元-GA 算法优化 GA 算法参数的理念，但长期以来用于进化参数调节的方法一直未受到足够的重视。上述情况在 2005 年前后才发生改变，主要是研究学者相继提出了一系列性能较佳的优化算法，如 SPO 算法[42,41,43]、迭代式 F-race 算法[55,33]和 REVAC 算法[313,314]，同时 20 年前所提出的元-GA 算法也重新得到重视[471]。近十年来，进化参数调节策略已达到了成熟阶段：最重要的进化参数调节问题已被业界很好地理解，并且已开发出多种可用的调节算法[145,125]，其中针对某些调节方法还进行了较为详实的实验比较[378]。但是，大量 EC 研究学者和实践应用人员，仍未大规模地采用上述进化参数调节方法。

现代进化参数调节方法的基础是将进化算法设计问题作为搜索问题进行求解，即将调节方法作为搜索算法。从这一点上可知，搜索算法所生成的大量数据是非常重要的，其涉及不同的进化参数向量及其效用性值。若使用者只是需要获得最优 EA 算法的配置，则上述参数调节所产生的大量数据就是不相关的，因为其目标只是找到一个较好的参数向量。但是，这些数据能够揭示给定 EA 算法的鲁棒性、灵敏度和候选解的质量的分布性等信息。因此，采用 Hooker 在文献[221]中所提出的术语，参数调节能够同时用于科学测试和参数选择，具体体现在：

（1）通过选择能够优化 EA 算法性能的进化参数值进行算法配置；

（2）通过研究 EA 算法的性能依赖于其进化参数值和/或所应用的特定问题，从而分析 EA 算法。

在上述两种情况下，调节问题的解与待求解的问题特性、所使用的 EA 算法以及所定义的度量算法质量的效用性函数等因素相关。在上述描述中加入调节器，可得到如图 7.2 所示的进化参数调节一般方案。

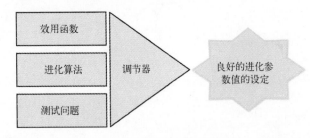

图 7.2　进化参数调节一般方案表明，进化参数值的优劣取决于 4 个因素：待求解的问题实例、所使用的 EA 算法、所定义的效用函数和所采用的调节器本身。

116

7.5 算法质量：性能和鲁棒性

一般而言，度量 EA 算法性能的两个基本指标是解的质量和算法的运行速度。目前 EC 领域所使用的多数指标都是基于上述两个指标的变种和组合。解的质量指标通常采用适应度函数进行表征。算法的速度指标需要通过测量 EA 算法的运行时间或搜索过程的计算消耗予以表征，例如，可采用适应度的评估次数、CPU 的运行时间、钟表的计时时间等指标。文献[124]和本书第 9 章，对各种采用时间度量算法和速度指标的优缺点进行了详细探讨。本书此处不讨论基于时间度量方式的算法速度指标的选择问题，仅是假设选择了其中的某种度量方法。因此，共有 3 种基本的解的质量和计算时间的组合方法用于定义单次运行情况下 EA 算法的性能：固定运行时间后测量解的质量、固定解的质量后测量运行时间、同时固定两者后再进行测量，例如：

（1）给定最大运行时间（计算消耗），性能指标被定义为：EA 算法终止时所获得的最佳适应度值；

（2）给定最小适应度值的层级，性能指标被定义为：EA 算法达到该适应度值时所需要的运行时间（计算消耗）；

（3）给定最大运行时间（计算消耗）和最小适合度值层级，性能指标通过成功寓意下的布尔概念予以定义：在给定时间内获得给定适应度值，则认为 EA 算法运行成功。

由于 EA 算法在本质上具有一定的随机性，较好的性能评估指标需要采用下述步骤予以完成：首先，针对相同的问题，采用相同的进化参数值多次运行 EA 算法；然后，对单次运行所定义的度量指标进行统计意义下的汇总；进一步，针对上文所提的 3 个度量指标进行统计处理，即可得到进化计算领域常用的性能度量指标。这些常用指标如下所示：

（1）MBF（平均最佳适应度）；

（2）AES（解评估的平均数量）；

（3）SR（成功率）。

本书第 9 章将更详细地讨论 EA 算法的性能度量问题。本节的讨论使得 EA 算法的使用者认识到：性能指标的选择决定着效用曲面的布局，进而确定着哪个进化参数向量在该度量指标下是最佳的。最近的研究成果表明，针对不同性能指标进行调整，可获得不同数量级的进化参数值[376]。上述结论表明，在没有指定性能度量指标的情况下，任何关于获得良好进化参数值的结论，其可信度都是应该被质疑的。

关于算法的鲁棒性，不同的文献对该概念的解释也具有差异性。现有（非正式的）定义认同鲁棒性与 EA 算法在某些维度上的性能差异是相关的，但在鲁棒性与哪些维度相关等认知上，研究学者间仍然存在争议。关于维度的确定，也的确是存在着多个选项，其中的主要原因在于 EA 算法（实例）的性能取决于以下多个因素：①所求解的问题实例；②所使用的进化参数向量；③随机数生成器的效果。因此，性能差异可考虑进化参数值、问题实例和随机种子等至少 3 个不同的维度，这进一步会导致 3 种不同类型的鲁棒性评价准则。

采用第 1 类鲁棒性的情况：针对由许多问题实例或测试函数构成的测试条件调节 EA 算法。调节过程的结果是期望进化参数向量 $\overline{p}$ 和相应的 EA 实例 $A(\overline{p})$ 在整个测试条件中表现出良好性能，但需要注意的是：这种情况下的鲁棒性是针对 EA 算法的实例所定义的，而不是针对 EA 算法所定义的。在 EA 算法的经典著作中，Goldberg 在文献[189]的第 6 页、Michalewicz 在文献[296]的第 292 页，都在针对系列问题的测试中提到了此处所言的鲁棒性。

针对算法鲁棒性的第 2 种流行解释是：其与不同进化参数值所导致的性能变化相关。此时的鲁棒性概念是面向 EA 算法定义的。虽然此处也是采用 EA 实例 $A(\overline{p})$ 的性能指标对基本度量指标予以表征，但却是综合了多个进化参数向量的度量指标。通过上述定义，由符号型进化参数的特定配置所指定的 EA 算法，可基于其鲁棒性结果进行比较。在此意义下，寻优鲁棒的 EA 算法需要基于符号型进化参数进行搜索。

图 7.3 给出了基于所有可能的 EA 算法进化参数和问题实例进行组合后的效用性曲面图。为了形象化地表示该图，此处仅考虑一个进化参数，因此所展示的是三维曲面图。在该图中，x 轴所代表的是进化参数值，y 轴表征的是问题实例（通常，在具有 n 个进化参数的效用性曲面中总共有 $n+1$ 个轴）。第 3 个维度 z 代表着给定进化参数向量的 EA 实例在给定问题实例上所表现出的性能。需要注意的是，对于类似 EA 算法的随机算法，如果同时考虑不同的随机种子的重复性，效用性曲面图将会模糊不清，难以有效地用于算法的鲁棒性评估。也就是说，此种情况下的曲面图将不再是一对 $\langle x,y \rangle$ 值对应一个 z 值，而是每次运行都对应着一个 z 值。显然，重复运行多次后所得到的曲面图呈现为"阴影"。

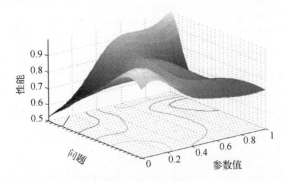

图 7.3 效用性曲面图：基于给定进化参数向量（x）面向给定问题实例（y）的 EA 算法实例的性能（z）；注意：重复运行的"阴影"未进行显示。

尽管上述 3 维曲面图能够表征面向 EA 算法性能和鲁棒性的最佳全局视图，但低维的超平面图也是非常有益处的，甚至更具启发性。图 7.4（a）显示了与特定进化参数向量（即 EA 实例）相对应的二维切片图。该切片显示了 EA 实例的性能如何随着问题实例范围的变化而变化，给出了关于问题范围变化的鲁棒性信息。在文献中，通常以表格形式给出这些数据，其包含着 EA 算法实例在预先定义测试条件上的实验结果，例如 5 个 DeJong 函数、CEC 2005 竞赛的 25 个函数[420] 和 GECCO 2010 测试条件[13]。

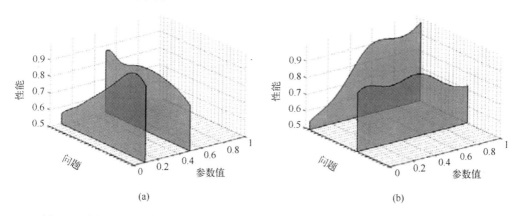

(a)　　　　　　　　　　　　　(b)

图 7.4　由图 7.3 所示的三维效用性曲面图所得到的参数切片（a）和问题切片（b）

图 7.4（b）表示的是针对特定问题实例的二维切片。每个切片表示了给定 EA 算法的性能对进化参数值的依赖性，即其对进化参数值变化的鲁棒性。在进化计算中，这种数据鲜有文献进行报道。这是当前基于实践经验调节 EA 算法的直接结果，其中进化参数值通过约定、特殊选择和非常有限的实验结果等方法比较后再予以确定。换言之，通常这些表征鲁棒性的数据根本就不会生成，自然也不存在数据的存储与展现等问题。随着越来越多地采用进化参数调节算法，这种基于实践经验的方式会有所改变，关于 EA 算法参数化的知识也将能够被获取和广泛传播。

7.6　调　参　方　法

本质上，全部进化参数的调节算法都是通过"生成测试"原理进行运作的，即：通过生成和测试进化参数向量进而获得它们的效用性度量。若考虑到进化参数向量的"生成"步骤，调节器可分为非迭代和迭代两大类。非迭代调节器在初始化期间仅执行一次"生成"步骤，即仅创建获得一组固定的参数向量。接着，在"测试"阶段对每个参数向量进行测试，进而在给定集合中寻优得到最佳的进化参数向量。因此，非迭代调节器遵循的是"初始化测试"模板。初始化可通过随机抽样、在参数空间生成系统网格或在空间填充向量集等方式实现。这些方法的例子有拉丁方 Citemyers2001 经验模型和 Taguchi 正交数组[424]。该类别中最为著名的方法是经常使用的参数"优化"方法，其通过对进化参数值的组合的系统比较等方式予以实现，如采用 4 个突变率值、4 个交叉率值、2 个锦标赛尺寸值和 4 个种群规模值。相反，迭代调节器在初始化期间不固定进化参数向量集，而是从小的初始参数向量集开始，并在算法执行期间迭代地创建新的参数向量集。这些方法的常见例子是元-EA 算法和迭代采样方法。

考虑在"测试"步骤的差异性，可将调节器可分为单阶段和多阶段过程两种类型。在这两种情况下，调节器都会执行系列测试（EA 算法基于给定的进化参数值运行）进而对算法效用性进行可靠的评估。因 EA 算法所固有的随机性，上述步骤是非常必要的。这两种类型的区别在于：单阶段过程针对每个给定进化参数向量执行相同数量的测试，而多阶段过程则采用更为复杂的策略。一般来说，后者主要通过添加"选择"步骤的方式来增加"测试"步骤，而且在"测试"步骤中只选择有希望提升 EA 算法性能的进化参数向量进行下一步的测试，即故意忽略那些性能较低的进化参数向量。在这点上，众所周知的方法就是竞赛法[283]。

通过参数调节所采用的效用性曲面图的元模型，能够对调节器类型更进一步地分类。从这个视角出发，可将调节器分为无模型的方法和基于模型的方法两大类[226]，其中，元-EA 算法、Paramils 方法[227]和 F-Race 方法[56]都属于第一类。该分类方法"简单"地优化给定的效用性曲面，并努力寻找能够最大化待调节 EA 算法性能的进化参数向量。SPO、REVAC 和 Bonesa 方法[377]对上述方法所进行的扩展主要是：在调节过程中创建模型，并利用该模型估计任何给定进化参数向量针对 EA 算法的性能。换句话说，第二类调节方法采用了具有如下两个优点的元模型或替代模型[153,235]：一是，采用具有较快的计算速度的元模型替代某些实际测试中所进行的估计，进而减少了计算消耗巨大的效用性测试数量；二是，元模型能够捕捉进化参数信息及用于算法分析的效用性。

总之，性能好的调节器能够为 EA 算法寻找良好的进化参数向量值，并且原则上可以用于调节任何需要参数调整的启发式搜索算法。这些调节器在效率（调节所需时间）、解的质量（待优化 EA 算法的性能）和易用性（如调节器自带参数的数量）等方面存在差异性。但是，截至 2013 年，针对不同调节器进行可靠实验比较的研究还未见报道。有关进化参数调节方面的更详细信息，请参阅近期发表的综述文章[145,125]。

（关于本章的练习和推荐阅读，请访问 www.evolutionarycomputation.org.）

第8章 参 数 控 制

本书上一章讨论了在运行 EA 算法前对进化参数值进行设置的问题。本章将讨论如何在 EA 算法的运行过程中进行进化参数设置。换言之，本章将详细地介绍如何动态地进行 EA 算法的进化参数控制。在求解问题时，参数控制策略具有针对待求解问题的特性调整 EA 算法参数的潜力。此处，基于许多互补特性对不同的进化参数控制方法进行分类，并且针对每个主要的 EA 算法组件给出了进化参数控制机制的具体示例。因此，本章的目的有两个：既阐明本书作者希望提出的观点，也让读者感受到实现进化参数控制的多种可能的可行方法。

8.1 引 言

前一章的表述说明，通过进化参数调节可有效提高 EA 算法的性能。但是参数调节方法存在着固有的缺点，即：进化参数值是在 EA 算法运行之前指定的，并且这些值在 EA 算法的运行期间保持不变。但 EA 算法的运行，在本质上是一个动态的自适应过程。因此，采用固定不变的刚性进化参数值是与 EA 算法的本质特性相对立的。此外，在直觉上的感觉也是如此，并且更多的实践经验和理论研究都表明，在进化过程的不同阶段所需要采用的进化参数最优值是具有差异性的。例如，较大的突变步长在 EA 算法早期可能有助于探索搜索空间，但在 EA 算法后期却可能需要较小的突变步长以便对候选解进行微调。上述这些分析意味着，采用静态的进化参数会导致 EA 算法性能的下降。

克服静态进化参数限制的直接方法是采用函数 $p(t)$ 替换参数 p，其中 t 是遗传代数计数器（或是其他的表征逝去时间的度量方式）。但是，如本书第 7 章所探讨，为特定问题寻优最佳静态进化参数的问题已是很难解决的问题，设计如何求解最佳的动态进化参数（即函数 $p(t)$）可能会更为困难。该方法的另一个缺点是：随着时间 t 的消逝，进化参数值 $p(t)$ 的变化是基于"盲目"的确定性规则所得到的，并未结合 EA 算法搜索过程的当前状态。具有上述问题的最广为人知的例子是模拟退火算法（详见 8.4.5 节），即：在执行算法之前不得不制定冷却计划。

在 EC 的研究历史上，采用"通知"方式在 EA 算法运行期间对进化参数值进行修改的机制已存在很久。例如，在进化策略（ES）算法中基于成功突变比率信息，采用 Rehenberg 所提出的 1/5 成功法则[352]在 ES 算法运行过程中动态更改突变参数。Davis 基于部分交叉操作的过程信息进行了动态改变 GA 算法交叉率的实验[97]。上述两种方法的共同特点是：利用 EA 算法搜索过程的实际信息，通过人为设计的反馈机制动态地确定新的进化参数值。

第 3 种方法是基于为研究学者所观测到的结论进行的，即：为 EA 算法寻优良好的进化参数值所要面对的问题，主要是一类结构不良且定义不清的复杂问题。针对这类问题的求解，通常认为 EA 算法会比其他求解方法具有更佳的性能。因此，采用 EA 算法将某个 EA 算法调整为更适用于特定问题的算法是较为自然的想法。这可通过采用元-EA 或只使用单个 EA 算法予以实现，后者在求解问题时将其自身调节为适应所给定的待求解问题的算法。在进化策略（ES）算法中，进行突变参数的自我—自适应调整机制就属于这种方法。在下一节中，将通过示例详细讨论动态更改进化参数的不同方法。

8.2　参数变化实例

考虑一个最小化的数值优化问题，如下：

$$f(\overline{x}) = f(x_1, \cdots, x_n)$$

其受到如下的不等式和等式约束：

$$g_i(\overline{x}) \leqslant 0, i = 1, \cdots, q$$

和

$$h_j(\overline{x}) = 0, j = q+1, \cdots, m$$

其中，变量域由其下界和上界给出，即：对于 $1 \leqslant i \leqslant n$ 存在 $l_i \leqslant x_i \leqslant u_i$。

对于上述问题，设计基于浮点表示方式的 EA 算法，其中，种群个体 $\overline{x}$ 采用浮点向量 $\overline{x} = \langle x_1, \cdots, x_n \rangle$ 进行表征。

8.2.1　突变步长大小的变化

假设新的子代是采用算术交叉操作算子首先创建得到，接着再进行高斯突变，通过下式产生的 x_i' 用于替代向量 $\overline{x}$ 的组分 x_i：

$$x_i' = x_i + N(0, \sigma)$$

首先，为了能够随时间动态地调整参数 σ，此处基于启发式规则和对给定时间 t 的度量，进行时变函数 $\sigma(t)$ 的定义。例如，突变步长大小可通过当前已运行代数 t 进行定义，如下所示：

$$\sigma(t) = 1 - 0.9 \cdot \frac{t}{T}$$

其中，t 的变化范围是从 0 到最大遗传代数 T。此处，突变步长大小 $\sigma(t)$ 适用于种群中的所有向量以及每个向量所包含的全部变量。随着遗传代数从 t 接近 T，

122

突变步长大小从 EA 算法开始运行时的 1（$t=0$）缓慢下降到 0.1。显然，这种递减有助于实现 EA 算法的微调功能。在该方法中，给定进化参数值是依据完全确定性的策略进行变化的。因此，算法使用者能够完全地控制进化参数，并且在 t 时刻的进化参数值是完全确定的和可预测的。

其次，可将进化参数的控制与 EA 算法搜索过程中的反馈信息相结合。此处，仍然对种群中的全部向量和每个向量所包含的全部变量采用相同的参数 σ。例如，Rehenberg 提出的 1/5 成功法则[352]规定，成功突变与所有突变的比率应为 1/5。因此，若比率大于 1/5，则应增大步长大小；若比率小于 1/5，则应减小步长大小。该规则基于周期性的间隔进行执行，例如，在进行 k 次迭代后，σ 值通过下式进行重置：

$$\sigma' = \begin{cases} \sigma/c, & p_s > 1/5 \\ \sigma \cdot c, & p_s < 1/5 \\ \sigma, & p_s = 1/5 \end{cases}$$

其中，p_s 是通过多次试验所测定的实现成功突变的相对频率，参数 c 的取值范围依据文献[372]确定为 $0.817 \leqslant c \leqslant 1$。采用上述机制后，进化参数值会基于 EA 算法搜索过程的反馈信息进行变化。显然，此时算法使用者对进化参数控制的直接影响，要远远弱于上文中所采用的确定性策略。当然，体现搜索过程和进化参数值间相互联系的机制仍然是启发式的规则，该规则决定着如何对参数进行动态变化，$\sigma(t)$ 的值不再是确定性不变的。

第三，可为每个候选解指定单独的突变步长大小，并使其与被编码的候选解共同经历 EA 算法的演化过程。为此，需要将种群个体的表示长度扩展到 $n+1$，即 $\bar{x} = \langle x_1, \cdots, x_n, \sigma \rangle$；也需要将突变操作（例如，高斯突变和算术交叉操作算子）同时作用于种群个体中的 x_i 值和 σ 值。采用上述方式，候选解向量的值（x_i）和种群个体的突变步长尺寸同时经历 EA 算法的进化过程。这也是在本书 4.4.2 节所介绍的解决方案，即

$$\sigma' = \sigma \cdot \mathrm{e}^{\tau \cdot N(0,1)} \tag{8.1}$$

$$x_i' = x_i + \sigma' \cdot N_i(0,1) \tag{8.2}$$

由上可知，在这种自我—自适应策略中，重置进化参数值的启发式特征被消除了，并且单个特定的 σ 值已经作用于每个种群个体中的所有变量。

最后一种策略，是为每个 x_i 都采用一个单独的 σ_i 值。此时，种群个体的表示方式可扩展为

$$\langle x_1, \cdots, x_n, \sigma_1, \cdots, \sigma_n \rangle$$

仍然采用式（4.4）所给出的突变机制。此处所得到的系统与前一个系统的差别仅在于突变参数的控制粒度是不同的，即：在 EA 算法中进行共同演化的进化参数数量是 n 个，而不再是 1 个。

8.2.2　惩罚参数的变化

本节主要说明评估函数（以及相应的适应度函数）是能够被参数化并且能够随时间动态变化。与动态地调节突变操作算子相比，虽然该方法应用得较少，但也为提升 EA 算法的性能提供了一种比较有用的机制。

在处理约束优化问题时，经常会使用惩罚函数，相关的更多详细信息请参阅本书第 13 章。第 1 种处理技术是由文献[302]所提出的静态惩罚方法，其要求评估函数中的惩罚参数的表达形式如下所示：

$$eval(\overline{x}) = f(\overline{x}) + W \cdot penalty(\overline{x})$$

式中，f 是目标函数；若未违反约束，则 $penalty(\overline{x})$ 项置为零，否则取正值 1[①]；W 是由算法使用者自定义的权重系数，用于描述违反约束的程度。例如，可采用一组函数 $f_j (1 \leqslant j \leqslant m)$ 构造惩罚，函数 f_j 用于度量第 j 个约束的违反程度：

$$f_j(\overline{x}) = \begin{cases} \max\{0, g_j(\overline{x})\}, \ 1 \leqslant j \leqslant q \\ |h_j(\overline{x})|, \ q+1 \leqslant j \leqslant m \end{cases} \tag{8.3}$$

为了能够随着进化时间的变化对评估函数动态地调整，此处采用函数 $W(t)$ 替换静态参数 W。例如，文献[237]中引入了 $W(t)$ 函数，其表达式如下，

$$W(t) = (C \cdot t)^{\alpha}$$

其中，C 和 α 是常数。注意，在 $1 \leqslant C$ 和 $1 \leqslant \alpha$ 的条件下，惩罚压力随着进化时间的增加而递逐渐增。

第 2 种处理技术是利用 EA 算法搜索过程中所提供的反馈信息。在某个示例中，若过去 k 代中，所有最好种群个体所表征的候选解均为可行解，降低第 $t+1$ 代的惩罚项 $W(t+1)$；反之，若过去 k 代中所有最好的种群个体所表征的候选解都是不可行解，增加惩罚值；若过去 k 代中最好种群个体所表征的候选解中同时存在可行解和不可行解，则惩罚项 $W(t+1)$ 保持不变，详细描述请参见文献[45]。从技术角度而言，$W(t)$ 在每个遗传代 t 中，依据如下方式进行更新：

$$W(t+1) = \begin{cases} (1/\beta_1) \cdot W(t) & \text{对于 } t-k+1 \leqslant i \leqslant t, \ 若 b^{-i} \in F \\ \beta_2 \cdot W(t) & \text{对于 } t-k+1 \leqslant i \leqslant t, \ 若 b^{-i} \in S-F \\ W(t) & \text{其他} \end{cases}$$

在该公式中，S 是全部搜索点（解）的集合，$F \subseteq S$ 是全部可行解的集合，$\overline{b}^i$ 表示在 i 代中基于函数评估所得到的最佳种群个体，$\beta_1, \beta_2 > 1$ 且 $\beta_1 \neq \beta_2$（避免循环）。

第 3 种处理技术是采用权重参数自适应策略，类似于上一节所描述的突变步

---

① 这是对应于最小化问题。

长大小的自适应过程。例如，将种群个体的表示方式扩展为$\langle x_1,\cdots,x_n,W\rangle$，其中$W$是权重系数，其与种群个体中的其他任意变量$x_i$一样，需要共同进行突变和重组等遗传操作。进一步，可参考式（8.3），为每个约束都引入单独的惩罚系数。因此，这将获得一个权重向量。此时，种群个体的表示方式可被进一步的扩展表示为$\langle x_1,\cdots,x_n,w_1,\cdots,w_n\rangle$。然后，定义下式

$$eval(\overline{x}) = f(\overline{x}) + \sum_{j=1}^{m} w_j f_j(\overline{x})$$

作为需要最小化的函数。此时，变异操作算子能够可同时作用于这些染色体中的$\overline{x}$和$\overline{w}$部分，进而实现了惩罚项和适应度函数的自我—自适应功能。

本书此处需要特别提醒的重要事项是，要注意到自我—自适应突变步长大小和约束权重系数之间的关键区别。即使突变步长大小已经在染色体中进行了编码，对染色体所进行的评估也是独立于实际的σ值的，即存在以下的等式

$$eval\big(\langle \overline{x},\overline{\sigma}\rangle\big) = f(\overline{x})$$

对于任何染色体$\langle \overline{x},\overline{\sigma}\rangle$都是成立的。相反，若约束权重在染色体中进行了编码，那么也存在以下的等式

$$eval\big(\langle \overline{x},\overline{w}\rangle\big) = f_{\overline{w}}(\overline{x})$$

对于任何染色体$\langle \overline{x},\overline{w}\rangle$都是成立的。但是，这样的结果会使得进化过程存在"欺骗"，即：EA算法性能的提升有可能是通过最小化权重，而不是通过优化f和满足约束条件达到的。Eiben等人在文献[134]中的研究表明，通过采用特定的锦标赛选择机制可巧妙地解决上述问题，并使得EA算法能够有效地解决约束问题。

8.3　参数控制技术的分类

EA算法的进化参数控制技术的分类可以考虑许多方面的问题。例如：

（1）改变什么（如表示方式、评价函数、操作算子、选择过程、突变率、种群规模等）；

（2）如何进行改变（如确定性启发式、基于反馈的启发式、自我—自适应方式）；

（3）进行哪些改变的证据是什么（如监视遗传操作算子性能、种群多样性变化等）；

（4）改变的范围/层级（如种群层级、个体层级等）。

下文将对上述这些项目进行更为详细的讨论。

8.3.1　改变什么？

为了从"哪些EA算法的组分或进化参数进行了改变"的视角对进化参数控

制技术进行分类，有必要确定 EA 算法所有主要组分的列表，这个问题自身也是个较困难的任务。为此，此处假设 EA 算法的以下组件可以在演化过程中进行改变：

- 个体表示方式；
- 评估函数；
- 变异操作算子及其概率；
- 选择操作算子（父代选择或配对选择）；
- 替代操作算子（生存选择或环境选择）；
- 种群（规模、拓扑结构等）。

特别需要提出的是，上述每个组件都能够被参数化，并且进化参数的数量并未给予明确的定义。尽管上面所给出的组件列表和针对每个组件的参数列表有些过于武断，但是可将"哪些方面"作为对参数控制技术分类的主要特征之一，原因在于该方式能够定位采用特定机制后的效果是在哪个 EA 算法组件处产生的。

8.3.2 怎么改变?

正如本书在 8.2 节所描述的，对 EA 算法的进化参数值进行更改的方法可分为如下所示的三类。

（1）确定性参数控制。在该方法中，进化参数值可通过预先定义（即：用户指定）的确定性规则进行改变，并且不采用任何来自 EA 算法搜索过程的反馈信息。通常所采用的都是时变策略，即：确定性规则在指定的时间间隔内被激活。

（2）自适应参数控制。在该方法中，EA 算法搜索过程中的某种反馈信息作为进化参数值动态改变机制的输入。更新进化参数值也涉及信任分配，该分配比例是基于不同操作算子/参数所探索到的候选解的质量所确定的，这是更新机制能够与竞争策略进行区分的优点。特别重要的需要注意的一点是：用于控制进化参数的更新机制是由外部条件所支撑的，而不是由进化循环中的某个部分所驱动的。

（3）自我—自适应参数控制。在该方法中，采用进化的进化策略实现进化参数的自我—自适应调整[257]。此处，将要进行自适应的进化参数在染色体中进行编码，并与种群个体同时进行突变和重组等遗传操作。采用较好的进化参数值，会寻优得到适应度更佳的种群个体，这些种群个体越优秀，在相应的在遗传过程中生存下来的可能性也就越大，进而也能够更有效地繁殖子代，从而也会将对应的较好的进化参数值遗传至新的子代。可见，自适应和自我—自适应策略间的重要区别在于：后者的信任分配和策略参数更新机制都是以完全隐式的方式进行的，即：在进化周期内，通过对自身的选择和变异等遗传操作方式完成的。

依据上述术语可知，EA 算法进化参数设置的分类如图 8.1 所示。

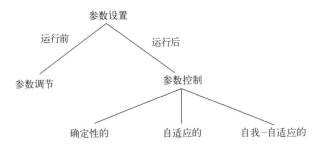

图 8.1　EA 算法进化参数设置的全局分类示意图

其他研究学者也针对进化参数的控制技术提出了一些不同的术语,详见文献
[8]或[410]。在文献[133]出版之后,如图 8.1 所示的术语已被学术界广泛认可。然
而,本书作者认为这些术语并不完美。例如,术语"确定性"控制可能并不是最
合适的,因为最重要的不是确定性,而是进化参数的改变机制"未被通知"的事
实,即:未将进化参数的改变与 EA 算法搜索过程中的进度等信息作为输入。例
如,在进化过程中,每 100 代随机改变一次突变概率,这显然不是确定性的过程。
此外,术语"自适应"和"自我—自适应"可采用具有相同含义的术语,如"显
式自适应"和"隐式自适应"予以替代。本书选择"自适应"和"自我—自适应"
术语的原因是,考虑到这些术语已被 EC 领域的研究学者广泛接受。

8.3.3　哪些证据通知这些改变?

第 3 个参数控制技术的分类标准是基于用于确定进化参数值发生改变的证
据[382,397]。最为常见的证据获取方法是:通过观察遗传操作算子的性能、群体的
多样性等指标,监视 EA 算法搜索的进度,并将所收集的信息反馈给进化参数调整
机制。从上述这个视角,用于改变进化参数值的证据可进一步分为以下两种情况:

(1)绝对证据。预先定义的事件发生或需要采用改变进化参数值的规则时,
需要使用绝对证据。例如,当种群多样性下降到某个给定值以下时需要提高突变
率,或者根据种群模式的适应度和方差的估计值需要调整种群规模等情况下。与
确定性参数控制(规则由确定性触发器触发,如消逝时间)不同,此处采用的是
EA 算法搜索过程所给出的反馈信息。这种机制要求算法使用者能够在预先指定的
情况下(例如,确定触发规则的激活阈值),凭直觉感知给定进化参数的变化趋势。
这种直觉所依赖的隐含假设是:适合某个问题某次运行的参数控制技术,针对这
个问题的这次运行是可以借鉴和应用的。

(2)相对证据。在使用相对证据时,根据进化过程所产生的正/负效应,对相
同运行中的进化参数值进行比较,并对取得较好效应值的示例进行奖赏。进化参
数变化的方向和/或幅度不是被确定地指定为某个数值,而是采用与其他值的相对
值,即:在任何给定的时间内,都需要存在一个以上的进化参数值。例如,考虑
采用交叉率的累积和为 1.0 的多交叉点的 EA 算法,需要比较基于不交叉操作参数

所创建的新子代的质量，进而确定适合的交叉率。

8.3.4　变化的范围是什么？

如前文所述，EA 算法中的任何组分的任何变化均会影响基因（进化参数）、整个染色体（种群个体）、整个种群、另外组分（如选择操作），甚至评估功能。文献[8, 214, 397]主要基于自适应的层级或范围的视角，对进化参数的变化范围进行了阐述。但需要注意的是，层级或范围并不是独立的维度，其通常依赖于产生这种改变的 EA 算法的组件。例如，突变步长大小的变化就可能会影响到基因、染色体或整个种群等，同时还与所采用的具体的突变策略有关，但惩罚系数的变化通常会影响到整个种群。从这个角度上看，进化参数变化的范围是次要的，其通常取决于进行改变的组件及其实现方式。

8.3.5　小结

综上所述，在 EA 算法运行期间，对改变进化参数值策略进行分类的主要准则是：

（1）哪些组件/参数发生了改变？

（2）改变是怎样进行的？

（3）哪些证据用于产生这种改变？

因此，本节对进化参数控制技术的分类从三个维度进行，其中：组分维所包括的 6 个类别是问题表示、评价函数、变异操作（突变和重组）、选择操作、替换操作和种群；其他维度分别有 3 个类别（确定性、自适应性、自我—自适应性）和 2 个类别（绝对证据、相对证据）。这些类别之间存在的可能组合方式如表 8.1 所示。基于相对证据的确定性参数控制和基于绝对证据的自我—自适应参数控制都是难以实现的。自适应方案中的两个组合都是可实现的，并且也的确是目前 EA 算法实践中所存在的进化参数控制算法。

表 8.1　EA 算法中进化参数设置的精细分类：基于类型和证据维度的参数控制类型；"–" 项表示的是无意义（不存在）的组合

	确定性	自适应性	自我—自适应性
绝对证据	+	+	–
相对证据	–	+	+

8.4　进化算法参数变化的实例

本节主要讨论面向主要 EA 算法组件进行进化参数控制的一些示例。为了更深入地理解本节，读者可以参考 1999 年出版的经典综述[133]及其最近发表的版本[241]。

8.4.1　表示方式

本小节采用 Mathias 和 Whitley 在文献[461]中所描述的 Delta 编码算法阐述决策变量表示方式，其对函数参数的编码进行了有效的改进。该算法背后的动机是，如何在快速搜索和多样性维持间实现良好的均衡。基于本书所提出的进化参数分类方法，Delta 编码算法属于基于绝对证据面向表示组分的自适应调整方法。GA 算法采用的是多次重新运行方式，其中：第 1 次运行的目的是获取"临时解"，后续运行的目的是将基因解码为与最后"临时解"间的距离（Delta 值）。采用上述方式，每次重新运行 GA 算法，均会形成新的超立方体，其中"临时解"位于超立方体的原点。Delta 值的分辨率在重新运行时会被更改，进而能够有效地对搜索空间进行扩展或收缩。当种群多样性（采用当前种群中最佳和最差个体字符串间的汉明距离进行度量）不大于 1 时，会触发 GA 算法的重新运行。图 8.2 给出了 Delta 编码算法的主要思想。注：若发现相同解的"INTERIM"，则可以增加 δ 的位数。

```
BEGIN
  /* given a starting population and genotype-phenotype encoding */
  WHILE ( HD > 1 ) DO
    RUN_GA with k bits per object variable;
  OD
  REPEAT UNTIL ( global termination is satisfied ) DO
    save best solution as INTERIM;
    reinitialise population with new coding;
    /* k-1 bits as the distance δ to the object value in  */
    /* INTERIM and one sign bit */
    WHILE ( HD > 1 ) DO
      RUN_GA with this encoding;
    OD
  OD
END
```

图 8.2　Delta 编码算法概述

8.4.2　评估函数

一般情况下，EA 算法的评估函数是保持不变的，其主要原因在于：评估函数通常是待求解问题的一部分而不是问题求解算法的组成部分。事实上，评估函数是待求解问题和求解算法之间的桥梁，所以上述观点仅部分正确。在许多 EA 算法中，评估函数是依据其所面对的优化问题而获得的，并且通常只需要对目标函数进行简单的变换即可得到。然而，对于某类约束满足问题，在问题定义时是不存在目标函数的（参见第 13 章），那么相应的解决方法就是需要借助惩罚函数。假设，存在 m 个约束 $c_i(i \in \{1,\cdots,m\})$ 和 n 个变量 $v_j(j \in \{1,\cdots,n\})$ 都具有相同的域 S，那么与其相对应的惩罚函数的定义如下：

$$f(\overline{s}) = \sum_{i=1}^{m} w_i \times \chi(\overline{s}, c_i)$$

其中，w_i 是与违反约束 c_i 相关联的权重，存在以下公式，

$$\chi(\overline{s}, c_i) = \begin{cases} 1 & \text{若 } \overline{s} \notin c_i \\ 0 & \text{其他} \end{cases}$$

显然，上述关联权重的设置对 EA 算法的性能影响很大。在理想情况下，w_i 能够反映满足约束 c_i 的难易程度。此处存在的问题是：只有在对给定的问题实例进行非常深入的了解之后，才有可能寻优获得比较适当的权重。因此，这导致上述方案有可能是不可行的。

Eiben 和 Van der Hauw 在文献[149]中提出了权重逐步自适应（SAW）机制，该策略为如何有效地设置这些权重提供了简单且有效的方法。SAW 机制的基本理念是：在运行一定数量的步骤（或适应度评估）后，仍然得不到满足的约束必然是较难满足的约束，相应的应该给予这类约束赋予较高的权重以进行惩罚。通过定期检查种群中的最佳种群个体，并增大该种群个体所违反约束的权重值，使得 SAW 能够自适应改变 EA 算法中的评估函数，之后基于新的评估函数继续地连续执行上述进化过程。SAW 机制所具有的较好的特性是，算法使用者无须寻找良好的权重并进行设置，从而消除了一个可能的人为的错误来源。此外，所选择的权重值反映了给定算法在给定搜索阶段对给定问题实例的约束难度[151]。这一特性的价值体现在，不同的权重值适用于不同的 EA 算法。

8.4.3 突变操作

基于自适应或自我—自适应机制的 EA 算法进化参数控制工作涉及以下的变异操作：突变操作和重组（交叉）操作。前文所讨论的 Rechenberg 的 1/5 规则是 ES 算法进行自适应突变步长控制的经典范例。此外，对突变步长进行自适应控制，也是 ES 算法的传统[257]。

8.4.4 交叉操作

在 GA 算法中实现自适应交叉比率控制的经典例子是 Davis 所提出的自适应操作适应度策略。该方法通过奖励那些成功创建更好的新子代的种群个体，实现交叉操作比率的自适应控制。这种奖励递减传播至若干代之前的操作算子，这些操作算子的行为支撑了奖励机制。此外，研究表明，该奖励是以其他操作算子为代价进而以概率形式逐渐增长的[98]。采用该策略的 GA 算法在同一个遗传代中同时采用了多个不同的交叉操作算子，并且每个交叉算子均具有独立的交叉率 $p_c(op_i)$。此外，每个交叉操作算子均具有表征其强度值的局部 Delta 值 d_i，操作算子的强度是通过由新创建的子代相对于种群中最佳的个体所具有的优势予以度

量的。因此，每次交叉操作算子 i 运行后，都会对局部 Delta 值 d_i 进行更新。自适应机制会周期性地重新计算交叉率，重新分配概率的 15%会受到操作算子累加强度（局部 Delta 值 d_i）的影响。为此，需要对这些 d_i 值进行标准化处理并使得总和为 15，从而能够为每个交叉操作算子 i 都分配 d_i^{norm}。最终，每个交叉操作算子的交叉率 $p_c(op_i)$ 的更新值是其未更新值的 85%与标准化后的强度值之和，即

$$p_c(op_i) = 0.85 \cdot p_c(op_i) + d_i^{norm}$$

显然，该方法是基于相对证据的自适应方法。

8.4.5　选择操作

目前已有的选择压力改变机制主要基于 Boltzmann 选择机制，即：根据预先确定的冷却计划，在演化过程中改变选择压力[279]。该名字源于凝聚态物理学中的 Boltzmann 试验，其通过状态转换寻找最小的能量层级。这种状态 i 接受状态 j 的概率，可用以下公式进行表示：

$$P[\text{accept } j] = \begin{cases} 1, & E_i \geqslant E_j \\ \exp\left(\dfrac{E_i - E_j}{K_b \cdot T}\right), & E_i < E_j \end{cases}$$

其中，E_i 和 E_j 表征的是能级，K_b 表示玻耳兹曼常数，T 表示温度。上述规则也被称为 Metropolis 准则。

此处以模拟退火（SA）算法为例，说明在生存选择（替换）操作阶段的变量选择压力。SA 算法是一种基于物理学而非生物学模拟的"产生—测试"搜索技术[2,250]。从形式上看，SA 算法可视为种群规模为 1、未定义（取决于待求解问题）表示方式和突变操作、具有特定生存选择机制的进化过程。在 Boltzmann 类型算法的运行过程中，SA 算法选择压力进行动态变化。SA 算法的主体循环如图 8.3 所示。

```
BEGIN
  /* given a current solution i ∈ S */
  /* given a function to generate the set of neighbours Nᵢ of i */
  generate j ∈ Nᵢ;
  IF (f(i) < f(j)) THEN
    set i = j;
    ELSE
      IF ( exp ( (f(i)-f(j))/cₖ ) > random[0,1)) THEN
        set i = j;
      FI
    ESLE
  FI
END
```

图 8.3　模拟退火算法概述

在上述机制中，表征温度的参数 c_k 是运行时间的函数，其依据预先定义的策略随 SA 算法运行时间的增加而逐渐降低。在面对最小化的优化问题时，其接受劣质解的概率也将随着运行时间的增加而降低。从进化的视角而言，其本质是选择压力随算法运行时间的增加而逐渐增加的（1+1）EA 算法。

8.4.6　种群

Arabas 等人在文献[11,295]中提出了一种基于 GA 算法进行种群规模控制的新方法，并将其称之为可变种群规模 GA 算法（GAVaPS）。事实上，种群规模参数在 GAVaPS 算法中是被删除了，而不是进行了动态调整。一般 EA 算法中的种群规模都是固定的，GAVaPS 算法将种群规模作为派生变量，而不是可控制的进化参数。该算法的主要创新点是：创建每个种群个体时为其指定单独的生存期，之后在每个连续进化代中，将其剩余的生存期逐渐缩短；当某个种群个体的剩余生存期为零时，将该个体从种群中删除。此处存在两个必须需要注意的事项：首先，分配给新种群个体的生存周期会受到适应度值的影响，适应度值较高的种群个体通常具有更长的生存时间；第二，种群个体所期望的后代数量与种群个体存活的代数成正比。因此，GAVaPS 算法更利于种群中优良基因的延续与传播。

将 GAVaPS 算法归类于本书之前所提出的分类策略是非常难的，主要是因为该算法不具备设置种群规模参数值的显式机制。但是，隐式地确定多少个种群个体能够生存的过程是通过反馈搜索状态信息后再以自适应的方式实现的。特别是，新种群个体的适应度值是与当前遗传代的适应度值相关的，其生存周期也相应地被分配为不同的长度值。这显然等同于采用相对证据策略进行进化参数的控制。

8.4.7　同时变化多个进化参数

Back 等学者提出了对突变操作、交叉操作和种群规模等进化参数同时进行动态控制的"无参数" GA 算法[25]。该方法基于文献[17]所提出的自我—自适应突变操作算子（8.4.3 节），提出采用自我—自适应技术调整个体交叉率，并借鉴 GAVaPS 算法中的寿命周期概念（8.4.6 节）对稳态 GA 算法模型进行调整。其中，对自我—自适应交叉率的控制采用了与突变率动态调整相类似的方式，即：将交叉率在染色体中进行编码。如果选择某对个体进行繁殖操作，首先比较种群交叉率 P_c 与随机数 $r \in [0,1]$，若 $P_c > r$，则认为该种群个体已准备好进行配对操作，此时存在以下 3 种可能性：

（1）若两个种群个体都已准备好进行配对操作，则两者首先进行均匀交叉操作，再对所创建的新子代进行变异操作；

（2）若两者都未准备好进行配对操作，则通过突变操作创建新子代；

（3）若其中某个种群个体已准备好配对操作，对未准备好的种群个体通过突变操作（通过稳态替换立即插入种群）创建子代；对未准备好的种群个体则不进行任何遗传操作，在进行下轮的父代选择操作时再与其他父代进行配对操作。

该方法与之前所发表的研究成果的差别在于：显式地比较了仅采用某种（自我）自适应机制的 GA 算法与采用全部机制的完全（自我）自适应 GA 算法在性能上所具有的差异。实验结果表明：完全（自我）自适应 GA 算法的性能是最优的，其次是采用自适应种群规模控制的 GA 算法，同时采用自我—自适应变异和交叉操作的 GA 算法具有最差的性能。

8.5 讨　　论

此处对本章进行总结，给出需要注意的相关事项。

首先，EA 算法中进行动态进化参数控制的动机有两个。第一个动机是：参数控制技术能够为正在使用的 EA 算法寻优到良好的进化参数值。进化参数控制所带来的益处与进化参数调节相同，不同点在于前者是以在线方式进行的。从这个视角出发，进化参数的调节和控制是解决同一问题的两种不同方法。其中一种是否比另一种更好，截至目前还是个在争论中的开放问题，几乎没有任何经验证据支撑上述任何一种选择。因方法论问题，系统调查特别难以进行。这些问题的本质在于，通常很难对额外的计算消耗（学习开销）和性能收益的公平比较进行定义。动态进化控制参数的另一个动机是假设给定参数在不同阶段具有不同的"最优"值。若该假设成立，就不会存在最佳的静态参数值。为获得良好的 EA 算法性能，必须动态地改变进化参数值。从这个视角出发，进化参数的调节和控制技术就是不相同的，后者能够提供前者无法获得的益处。

其次，需注意的事项是，某个进化参数的（自我）自适应并不表示减少了 EA 算法需要设置的参数数量。例如，在 GAVaPS 算法中，是以引入两个新的进化参数（新生种群个体的最短和最长寿命周期）为代价实现种群规模参数的自适应。若 EA 算法的性能对这些新引入的进化参数更加敏感，那么可能导致该算法的性能变差。此外，进化参数的自适应问题也可能会发生在另一个层级。例如，在 GAVaPS 算法分配生命周期参数的过程中所涉及的自适应交叉率概率的再分配机制（8.4.4 节）或在 ES 算法中指定如何突变 σ 值的函数（式（4.4））也是（元）进化参数。这实际上隐含着另外一个正向的假设：智能设计及其效果对 EA 算法性能的影响均是积极的。但在许多情况下存在更多的可能性，算法研究人员是能够设计得到可能良好运行的程序。对这些可能性进行比较，意味着实验（或理论）研究与在经典设置中对不同进化参数值进行比较的方法是非常类似的。此处再次说明，若算法性能对某个（元）参数细节不太敏感，那么就完全地证明了该方法的正确性。

再者，需要注意的关键点是，上述章节的示例虽能够很好地说明进化参数控制的各个方面，但其并不能代表 2014 年的最新技术水平。在过去十年中，研究学者对参数控制进行了大量研究，其成果已成功应用于元启发式算法的各个领域，包括进化策略[257]、遗传算法[162,291]、差分进化[349, 280]和粒子群优化[473]等。此外，进化参数控制的背后所采用的技术也具有几个非常值得肯定的贡献，范围从需要进一步深入阐述的创造性想法（如采用自组织准则[266]、种群层次进化参数的自我一自适应（如人口规模）[144]或将控制调节适用于特定问题实例[242]等）到通常的适用机制（操作算子分配自适应跟踪策略[429]、指南针法[286]或 ACROMUSE 法[291]等）均有涉及。

这些以及其他对 EC 领域有价值的文献，提供了越来越多的可能有益的证据，也积累了较多的成功进行进化参数控制的知识。尽管进化参数控制领域仍在发展进程中，但可以确定未来的一些发展趋势和挑战。研究团体在该方面所聚焦的观点认为：成功的进化参数控制技术必须考虑 EA 算法搜索过程所产生的适应度值和种群多样性等数据信息。然而，已存在多种方法能够准确地定义上述这些信息的类型，如有多种不同方法用于定义种群的多样性。McGinley 等学者最近提出了一种非常有前景的方法，即：考虑种群中具有最佳适应度的部分种群（"最佳"个体）的多样性，而不考虑整个种群的多样性[291]。研究团体在概念层面上所达成的另外一个共识是：若种群的探索和开发能力能够取得适当的均衡，那么进化参数控制机制也能够获得成功。但目前对这些事项还不存在能够被众多研究学者所广泛接受的定义，这表明在这些方向上还需要进行更为深入和持久的研究[142,91]。阻碍现有进化参数控制技术能够广泛应用的最大障碍之一是"拼凑问题"，即：缺乏控制 EA 算法进化参数的通用性适用方法。控制突变操作和重组操作的方法很多，调整种群规模的方法也存在若干种，也存在动态改变选择压力的某些方法。要构建所有进化参数都受控的 EA 算法，需要为每个进化参数选择一些方法，进而创建得到某种拼凑组合，但没有任何坚实证据能够表明，采用这种拼凑组合后，进化参数还能够协同的工作。

最后，本节从更为宽广的视角看待 EA 算法中的参数设置问题[273]。近十年来，EC 团体从相信 EA 算法的性能在很大程度上独立于给定问题的观点逐渐转变为不再认同这一观点。换句话说，当前所公认的观点是：EA 算法或多或少地都需要针对特定问题和问题实例进行微调。理想情况下，上述工作应该是自动完成的，高级（搜索）算法应该能够自动地确定最佳 EA 算法的进化参数设置，而不是依据约定和算法使用者的直觉。针对在 EA 算法运行之前就需要确定最佳进化参数设置的情况，在过去的十年中，研究人员已经开发了若干种强大的算法，详见本书第 7.6 节和文献[145]。从乐观的视角看，参数调节问题现在已经得到了解决，EA 算法的研究和实践人员已经能够将进化参数调节作为 EA 算法开发常规工作流程的一部分。针对进化参数的控制问题，其研究现状却是完全不同。综上所述，进化参数控制领域的研究目前还处于初级阶段，仍然需要对 EA 算法中的最基本的概念（如多样性、探索等）进行较为基础的研究，需要关注具有良好控制策略的 EA 算法的开发以及某些待统一的开放问题（拼凑集成问题的候选解）等方面。为此，本书推荐 Karafotias 等学者在文献[241]中所撰写的最近发表的综述文章，其确定了当前 EA 算法的研究趋势，并为某些重要的研究方向提供了良好的建议。

（关于本章的练习和推荐阅读，请访问 www.evolutionarycomputation.org.）

第9章　进化算法的运用

本章讨论 EA 算法的实际运用问题。通常，需要通过实验对不同版本 EA 算法的性能进行比较。本章讨论了 EA 算法的性能度量、统计特性和基准测试套件等问题。示例应用程序（9.4 节）也依据上述论题进行了调整，此处主要关注和说明不同实验在实践过程中的应用而不是 EA 算法设计。

9.1　想要 EA 算法做什么？

到本章为止，本书从未考虑过的问题是：你想要 EA 算法做什么？本书之前未提出该问题的原因是已经存在以下的假定答案：想让 EA 算法帮助我们解决问题。本章所讨论的许多主题都涉及针对这一答案的具体解释和改进。针对这一问题，越来越明晰的现状是：不同的求解目标暗示着设计和使用 EA 算法的方式存在着差异性。

熟悉待求解问题的背景是能够成功应用 EA 算法的首要步骤。通常，我们所面对的待求解问题可大致分为以下的两种：

（1）设计（一次性）问题；

（2）重复性问题，包括特殊情况下的在线控制问题。

针对设计问题的例子，本书以为满足新的要求而需要针对现有城市路网进行扩建的优化问题为例。可以确定的是，该问题是具有很多约束条件的高度复杂的多目标优化问题。面向该问题，需要计算机提供至少能够获得一个非常优秀解的算法。在这种情况下，解的质量是至关重要的，而算法在其他方面的性能则是次要的。例如，由于整个城市路网改建项目的时间尺度是以年为单位的，故对算法运行速度的要求就非常低。如果能够有助于获得具有非常卓越的质量的解，算法的运行时间可以是数个月，也可以是重复运行多次却只保留最佳解。同时，这个待求解的问题也不要求该算法具有普遍的适用性。显然，当前待求解问题所包含的非常特定的具体事项，将阻碍所开发的 EA 算法在其他问题中的应用。此外，类似的问题也可能作为类似项目的某个组成部分而出现，即：允许利用足够的时间，针对该特定问题开发良好的 EA 算法。

重复性问题的需求与上述设计问题却形成了鲜明的对比。以某个国内运输公司为例，其每天早上均有几十辆卡车和司机需要按照调度时间表进行日常的运输工作。通常，该时间表包含若干个提货和交货计划，以及针对每辆卡车和司机的运输路线的相应说明。针对每辆卡车和司机而言，在本质上所面对的就是单个 TSP 问题（也可能存在时间窗口上的约束）；但是，这些问题的优化准则和约束也必须要考虑到整个运输公司，这使得待求解的实际问题变得非常复杂。此外，依据业务类型的不同，针对某天调度计划的有价值数据和要求也许在数周或数天后才能得到，但也可能在调度计划制定的数小时前，卡车司机能够获得这些信息。但是，无论在何种情况下，公司的调度员必须在每天早上为每个在岗的驾驶员提供可行的调度时间表。针对这种现状，对 EA 算法的要求是：必须能够非常快速地找到较佳的优良解，并且针对该调度问题的不同实例（即：卡车司机每天所面对的不同地运输数据及其需求）重复地执行上述求解过程。显然，针对重复问题的 EA 算法，其所蕴含的潜在要求与设计问题是截然不同的。当需要在求解速度与候选解的质量之间进行平衡时，重复问题的重点是在 EA 算法的计算速度上。此时，所求得的解必须是良好解（要优于人工解）却不一定是最佳解，但求解速度却是至关重要的。例如，对 EA 算法的时间要求可以是：将运输数据输入系统和获得调度计划之间的等待时间不能超过 30 分钟。与该问题密切相关的另一重要事项是，算法所求解的稳定性也必须要满足要求。由于 EA 算法在本质上是随机性的算法，因此，其运行多次所获得的多个最终解之间必然会存在方差。针对设计问题，通常拥有足够的时间运行求解算法并可运行多次，进而从多个最终解中选择最佳解。因此，若某些运行次数所获得的最终解的质量很差，而另外一些运行却能够获得非常优秀的解，那么对这样类型的待求解问题而言，其结果是可以接受的。但是针对重复性问题而言，算法可能只有运行一次的时间。为了减少出现非常差的可行解的可能性，需要 EA 算法的运行结果具有较好的一致性，并且所获得的最终解的方差还要尽可能地小。最后，对于重复性问题，考虑到所开发的系统将会在各种情况下使用，相应的对 EA 算法的普适性要求也较高。换言之，该算法必须能够针对不同的问题实例上良好运行。

此外，在线控制问题也可看作具有非常严格时间约束的重复性问题。为了保持良好的交通环境，通常需要对交通灯进行在线的优化控制。此处考虑以优化控制器的设计任务为例，即：在具有四个交叉路口的环境下，对单个交叉路口的绿灯时间进行合理设置的问题。假设每个交叉路口均安装了嵌入路面的各种传感器，用于连续监控接近该路口的交通状况①。这些传感器的信息被实时传输给红绿灯控制器，后者是运行在交叉路口特殊硬件装置上的软件。该控制器的任务是通过计算每个路口的绿灯时间进而实现对车辆通行的控制，其目标是使得通过交叉路口的车辆数量达到最大化。此处特别提出的是，EA 算法可采用两种完全不同的方式求解上述问题。第一种方法是基于 EA 算法开发基于仿真的控制器，然后将其部

---

① 类似的交通监视系统在许多国家均有安装，其在荷兰更是标准配备系统。

署在需要进行交通流量控制的交叉路口。这类应用方法在本书 6.4 节关于遗传规划（GP）算法的部分进行了介绍。另外一种方法是将 EA 算法作为控制器，这是本节所介绍的方法。在此种方式下，对 EA 算法的最重要的要求必然是求解速度。控制器通常都是在线运行的，即需要处理传感器所传递的流式信息，又需要对交通信号灯进行实时的控制。EA 算法的运算速度需要基于控制器的时钟时间给出。通常，信号灯完整周期[①]的时间长度是几分钟，在该时间段内，EA 算法必须要计算出下个周期的绿灯时间长度，这是第一个要求。这对于 EA 算法而言是非常苛刻的，原因在于：算法是基于全部候选解运行的，其需要通过若干个遗传代的进化过程，才能得到良好的可行解。幸运的是，道路交通流的变化速度并不是非常快，也同时存在着许多其他的待解决的控制问题。上述实际存在的现状表明，交通流量是连续的，该问题的许多实例间彼此是非常相似的，据此可以推测：交通控制问题实例相对应的近似最优解也应该是相似的。因此，上述这种交通流的固有现象给予了 EA 算法部分的灵感，即：保留当前时间之前的多个控制周期运行过程中的最佳解，并在新运行周期的求解中适当地采用这些解。可见，对 EA 算法的第二个要求与对重复性问题的普遍要求相类似，即：最终优良解的质量之间的变化要小。第三个要求是控制器（EA 算法）必须具有很强的容错性和鲁棒性，该要求意味着数据噪声（传感器的测量误差）或数据丢失（传感器的故障）不能对最终解的质量产生致命的影响。因此，交通控制系统和代表控制器的 EA 算法，在给定环境下需要保持连续的工作模式并尽可能地提供最佳解。

最后提到的是关于 EA 算法的学术研究。这点和前文的描述不同，但对 EA 算法的后续工作而言是非常重要的。本节前面的描述主要是以应用为导向的 EA 算法研究情况，可以说，进行良好的应用研究是整个 EC 领域的主要目标之一。然而，通过对 EC 领域相关文献的调查研究表明，在科学期刊、会议记录或专著上的绝大多数论文都忽略了类似的与具体应用相关的待求解问题。对 EA 算法进行理论研究的领域具有其自身的动力、目标、方法和惯例，其部分原因归于以下的事实：EA 算法在本质上表现出很有价值的复杂行为和突发现象。开展坚实的理论研究，会更加有助于洞察真正的生物进化过程。因此，若不包含在学术环境下所进行的有关 EA 算法的理论研究成果，本章就是不完整的。

许多基于实验研究出版的论著，其目的是以显式或隐式的方式证明某些 EA 算法要比其他 EA 算法或与其竞争的算法具有更好的性能，或者至少表明在针对某些"有趣的"问题时，其具有更优良的性能。通常，这个目的并未放置在能够实际应用的某个具体环境中。因此，对 EA 算法的要求并不是从使用者期望的待求解问题的实际背景中推断得到的。相反，上述这些要求是基于约定或基于某些特殊的选择而获得的。通常，针对 EA 算法进行学术实验的典型目标如下：

---

① 一个完整周期是指一个交通灯连续两次变为绿灯时刻之间的时间。

138

（1）针对给定问题找到最佳解，如挑战组合优化问题；

（2）表明 EC 可应用于待求解的（可能是新的）问题领域；

（3）表明具有新发明特性的 EA 算法在性能上优于某些基准 EA 算法；

（4）表明 EA 算法在求解某些相关问题时的性能优于传统的求解方法；

（5）找到了给定 EA 算法的最佳设置参数，尤其得到了某些 EA 算法的组件（如种群规模）动态变化时对 EA 算法性能产生影响的相关数据；

（6）对 EA 算法行为的深入认知，如选择操作和变异操作之间的交互作用；

（7）观察 EA 算法如何依据待求解问题的规模进行扩展；

（8）观察待求解问题的参数和所采用 EA 算法是如何影响算法的求解性能的。

可见，上述多个目标彼此之间是各不相同的，这也表明学术实验研究的目的与以应用为导向的问题求解的目的具有明显的差异性。因此，上述事项都是普遍存在的有待深入研究的问题。总之，所有学术实验工作中，最突出的目的是对算法性能进行评估。

9.2 性 能 度 量

通常，对 EA 算法的性能进行评估意味着，需要在给定 EA 算法和其他进化或传统算法间进行实验比较。即使展示某些 EA 算法的优越性并不是性能评估的主要目标，但在比较不同 EA 算法变种时，为获得良好的算法性能也需要对进化参数进行调节，此时仍然需要进行相关的实验工作。

通常，算法间的比较需要假设所需要采用的某些性能度量指标，并且算法的排名应是基于相对性能指标，而不是算法代码的长度或可读性等指标。由于 EA 算法都具有一定的随机性，用于度量的性能指标在本质上都是统计值，这也意味着需进行大量的实验才能获得足够的用于统计分析的结果数据，如本书 7.5 节所述。下文对以下 3 个最基本的性能指标进行讨论：

（1）成功率；

（2）有效性（解的质量）；

（3）效率（速度）。

此外，本节还讨论了进化搜索的进度曲线，即：算法行为与进化时间之间的关系图。

9.2.1 不同的性能度量准则

多数情况下，实验研究所关注的问题主要分为两类：在学术界，主要是最优解的识别问题；在多数实际应用中，主要是解的质量评价准则问题。在这种情况下，算法成功准则通常采用成功率（SR）进行度量，其定义为：获得期望质量解的算法运行次数与全部运行次数的比值。针对目标函数的最优值未知或不存在可用下限/上限的待求解问题，其最优解是不能识别的。在这种情况下，从理论视角而言是不能够采用 SR 度量准则的。但是，即使在这些情况下，也能够给出具有实际意义的成功准则。例如，本书前面章节所描述的大学课程的时间表设计问题。虽然任意给定年份的理论最优值肯定是未知的，但可将上一学年所使用的时间表或者人工制定的时间表作为基准表，若某次采用新算法求解得到的时间表超过基准表的 10%，则可以认定该次运行是成功的。此外，实际上的成功准则也可以在理论上的最优解已知的情况下采用，但算法使用者通常都是不需要该最优解的。例如，若可行解的误差小于某个给定的阈值 $\varepsilon > 0$，则认为该可行解就能够满足待求解问题的需求。

平均最佳适应度（MBF）度量指标可用于评估 EA 算法所能求解的任何问题，其至少能够完全地适用于采用显式的适应度值进行度量的任何一种 EA 算法，但不包括 14.1 节所描述的交互式演化应用算法。针对给定的 EA 算法，需要在每次算法运行终止时记录最佳种群个体的适应度值，再对所有运行次数的上述最佳适应度值进行平均化处理，即可得到 MBF 值。

虽然 SR 指标和 MBF 指标是相关的，但它们并不相同，并且截至目前，研究人员也未给出应该采用哪个指标对 EA 算法进行性能比较的建议。其实，这两个度量指标之间的区别还是比较明显的，如 SR 指标不能应用于某些问题，而 MBF 指标却能够对任何问题进行有效的度量。此外，SR 和 MBF 指标取值的低或高而产生的全部 4 种评价组合，在度量待求解问题时都是可能存在的。例如，低 SR 值和高 MBF 值的组合是存在的，其表征的是一类以"总是接近但却很少真正地接近最优解"为特征的较好的优化算法，这一结果有可能会导致 EA 算法运行时间的进一步增长，主要原因在于：算法使用者总是期望着能够成功地完成对最优解的搜索过程。此外，高 SR 值和低 MBF 值的组合的存在，所表征的则是"墨菲算法"，即：若某个解出错了，该解则会错得非常多。也就是说，极少数没有搜索得到最优解却以灾难解结束运行的 EA 算法，这些极少数非常差的适应度值使得该算法具有极其恶化的 MBF 值。显然，偏好第一类还是第二类 EA 算法的行为，主要取决于待求解问题的需求。如上文所述，针对大学课程时间表的问题，统计 SR 指标的意义是非常有限的，但具有较高 MBF 指标值的解却是非常有益的。为了清晰表述另外一种情况，可考虑以"不满意条款的数量"作为适应度进行求解 3-SAT 问题。在这种情况下，通常需要获得较高的 SR 值，虽然 MBF 指标在形式上也是正确的，但在实际上却是毫无用处，原因在于：不满意条款的数量并不能说明，EA 算法所求取的解接近最优解的程度。但是，需要注意的是，源于原始待求解问题情景环境的某些特定应用目标，往往需要有针对性地对上述性能指标进行细微调整。例如，若待求解的 3-SAT 问题是实际问题，并且允许所获得的最终解具有一定范围的偏差，那么采用 MBF 指标进行度量并获得较好的 MBF 值也是非常合适的。

除了通过多次运行 EA 算法进而能够计算得到平均最佳适应度值之外，在特定情况下，算法开发者也可能认为：EA 算法运行中所产生的最佳或最差适应度值更为重要。如上文所述，针对设计问题，最佳适应度值比 MBF 指标更为重要，因为该类问题只需要获得最优秀的解。但对于重复性问题，最差适应度值也可能是很有用的，因为研究最差解有助于保证统计意义下的最终解的质量，进而能够确保最终解的稳定性。

特别需要注意的是，SR 指标和 MBF 指标都是在假设的预先指定的计算消耗的限制下测量获得的。也就是说，SR 指标和 MBF 指标反映的是在固定计算消耗情况下的 EA 算法性能。若改变计算消耗的最大值，不同 EA 算法性能的排名也有可能会发生改变。这种情况如图 9.1 所示，其显示了"龟兔赛跑"的情况，即：算法 A（兔子）的寻优速度较快，在有限时间内其性能优于算法 B（乌龟）；反过来，当允许算法具有更长的运行时间后，算法 B 的性能就会明显地强于算法 A。综上所述，SR 和 MBF 是度量 EA 算法有效性的性能指标，其表征的是：在给定计算消耗内，EA 算法所能够达到的程度。

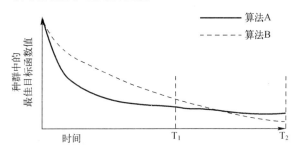

图 9.1　在终止时间 T1 和 T2 后对算法 A 和 B 进行比较（最小化问题）：
算法 A 在第 1 种情况下性能更好，而算法 B 在第 2 种情况下性能更佳。

对 EA 算法的性能指标进行补充评价的一种方式是指：在候选解满足待求解问题要求时，测量获得该层级质量的候选解所需要花费的计算量。换言之，这是与 EA 算法的运行效率或速度相关的问题。通常，速度采用 EA 算法从开始运行到结束运行所经过的计算机时间、CPU 时间或用户时间等指标进行衡量。然而，这些度量指标通常依赖于用于运行算法的具体的硬件、操作系统、编译器、网络负载等，因此其不适合于针对重复性待求解问题的研究。也就是说，虽然都是重复地进行相同的实验，但换个场所进行实验却可能会导致差异性的实验结果。对于生成—测试—样式的算法（如 EA 算法），解决上述问题的最常见方法是计算 EA 算法对搜索空间的访问点数。由于 EA 算法能够即时地对每个新产生的候选解进行评估，因此，该度量指标通常表示为对适合度的评估数量。更为必要的是，考虑到 EA 算法的随机性，通常先是在算法的独立运行过程中进行适合度评估数量的测量，再采用解的平均评价次数（AES）作为指标。需注意的是，此处采用

"平均"替代了"成功运行"。有时也采用终止度量时的平均评估次数替代 AES 进行度量，但前者具有明显的缺点；也就是说，对于未寻到解的 EA 算法，在计算平均值时，将采用指定的最大评估次数。这意味着所计算的值的大小将取决于允许未成功运行的 EA 算法实例的持续运行时间有多长。也就是说，终止度量平均评估次数的度量方式混合了 AES 指标和 SR 指标，进而使得 EA 算法的运行结果难以解释。

通常，采用 AES 指标度量能够公平地比较不同算法的运行速度，但在某些情况下也可能会引起争议，甚至误导，具体的情景如下：

（1）在 EA 算法的突变操作算子中，采用了局部搜索启发式方法等"隐藏劳动"的遗传策略的情况下。虽然，上述附加努力能够提高 EA 算法的性能，但 AES 指标却是难以对其进行准确的度量。

（2）在某些评估指标比其他评估指标耗时更长的情况下。例如，如果应用了修复机制，评估指标时又调用了修复机制，这将会消耗更长的时间。某个拥有良好变异操作的 EA 算法可能会基于染色体进行遗传行为，进而不需要进行修复操作，而另一个 EA 算法却可能需要大量的修复时间。但是，两者进行评估的 AES 指标值却可能非常接近。显然，后一个 EA 算法的运行速度要慢很多，这是开发者所不想看到的现象。

（3）与正在执行的 EA 算法周期中的其他步骤相比，在评估工作能够非常快速地完成的情况下[①]。此时，AES 指标并不能真正地反映算法的速度，主要由于 EA 算法的其他组件对运行速度具有相对较大的影响。

AES 指标所存在的另一个问题是：以相同方式对 EA 算法与不在相同搜索空间中的其他搜索算法进行比较，这是非常困难的事情。在 EA 算法采用迭代方式改进了候选解覆盖范围的情况下，每个基本搜索步骤都由 2 个部分组成，即：对新的候选解进行创建和测试。但是，构造性的搜索算法是在局部解空间（包括完整的 EA 算法搜索空间）中运行的，因此，每个基本的搜索步骤中都包括了对当前解的扩展搜索。一般而言，对基本搜索步骤的数量进行度量是具有误导性的，除非这些搜索步骤的性质都是相同的。对待上述问题的解决方法同时也是解决"隐藏劳动"问题的方法，简而言之，就是对算法的放大行为进行比较。这种方法要求待求解问题具有可扩展性，即：问题规模是可变的。通常，决策变量的数量是对待求解问题规模进行度量的最为自然的标度参数。通过绘制求解算法的速度度量指标与问题规模之间的曲线，可对两种不同类型的方法进行定性的比较。尽管每条曲线所采用的度量方法不同，但坡度信息是对不同算法进行公平比较的基础，即：具有高增长速率的曲线代表的是性能较差的优化算法（图 9.2）。这种基于曲线的坡度指标进行算法性能比较的最大优点是：不仅能够用于抽象地对搜索步骤

---

① 通常情况并不是这样，大约 70%～90%的 EA 算法运行时间都消耗在适应度的评估等方面。

数量的度量，还可以用于对绝对运行时间（如 CPU 时间）的度量。如上所述，还需要强调的一个重要观点是：反对采用运行时间自身进行比较。但是，运行时间的比例放大曲线，既不存在上述的这些缺点，又能够给出相对公平的比较。

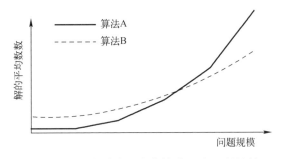

图 9.2　基于比例放大行为的算法 A 和 B 的比较：
算法 B 更优的原因在于其具有比较平滑的比例放大曲线

　　成功百分比和算法运行时长也可合并为寓意更佳的单个指标，可用于表征的含义是：基于给定概率求解问题时所需要的处理量[252]。这个指标在世代 EA 算法中进行了定义，在 GP 算法中常被采用，其大小依赖于种群规模和数量都可调的世代数量。首先，在指定数量的 EA 算法运行次数完成后，通过观测统计，在种群规模为 μ 的 EA 算法中，在某次运行至遗传代数 i 时，对第 1 次寻优获得优良解的概率 $Y(\mu,i)$ 进行估计。接着，对上述估计值进行累计，并计算运行给定代 i 后，在 $j \leqslant i$ 代中所包含优良解的概率 $P(\mu,i)$。最后，计算 R 次运行中，在 i 代中至少找到一次优良解的概率 $1-(1-P(\mu,i))^R$。进一步可知，以概率 z 通过 i 代遗传操作获得优良解的独立运行次数，可用以下公式计算：

$$R(\mu,i,z) = \left\lceil \frac{\log(1-z)}{\log(1-P(\mu,i))} \right\rceil \qquad (9.1)$$

其中，$\lceil\ \rceil$ 表示的是向上取整函数。显然，此处所描述的指标是种群规模的函数，其可用于指导如何设置 μ 值。例如，在收集整理足够的具有不同设置的运行数据后，种群规模为 μ 的第 i 代以概率 z 搜索优良解的总处理量，即：适应度的评估数量计算公式为 $I(\mu,i,z) = \mu \cdot i \cdot R(\mu,i,z)$。注意，上述计算需要依赖于 μ 进行，这并不是此处的关键问题。事实上，任何算法参数 p 都可采用类似方式对 $R(\mu,i,z)$ 进行估计。

　　AES 指标的另一种替代方式是，采用 EA 算法速度的进度予以表征，其特别适用于不能提前指定待求解问题的满意解的情况。此处，将连续种群的最佳（或者最差，或者平均）适合度值绘制在时间轴上——最为典型的就是遗传代数或适合度评估曲线（图 9.1）。显然，采用该方式所提供的有用信息量要远高于 AES 指标。通常，若待求解问题具有清晰、明确的成功准则，可优先采用这种度量方式。该方式的优点是：能够通过一个进度图，排序两个在 AES 指标上得分相同的算法。

例如，进度曲线可能会显示，算法 A 在搜索进程进行到过半时就取得了算法使用者所期望的优良解的质量。然后，进行评估的最大数量可能会降低，算法间的竞争也会重新开始。算法 A 以较低的代价保持了较好性能（如 MBF 指标）的可能性很高，算法 B 却难以保持这样的性能。因此，依据上述结果可制定动机偏好。两种算法的进度曲线间的另一个差异是，接近搜索进程结束时的曲线坡度具有差异。例如，在算法运行的前半段，曲线 A 已经变得很平坦，但曲线 B 却是相反，由此可判断，可以考虑适当延长算法的运行时间。显然，曲线 B 在增加运行时间后，其性能得以提升的机会较高，但对曲线 A 而言，却不存在这样的机会。因此，可以将上述两种算法的异同点再次地区分。

采用上文所述的搜索进度图作为度量指标时，所存在的问题是很难采用统计方式进行处理。对于运行 100 次的算法数据，经平滑处理后，绘制基于平均值的进度图能够对杂乱无趣的图形予以屏蔽。另外一种方式是不进行屏蔽而绘制全部图形，其存在的明显缺点是：绘制的图形具有很多杂乱的线条，难以对搜索进度的总体结构进行有效的识别。一种较为实用的解决方案是绘制搜索进化过程中的典型曲线，即：绘制能够代表所有其他曲线的单点图。这种表示方法虽然缺少可靠的统计基础作为支撑，但若细心使用，也能够获得最多的有价值信息。

9.2.2　峰值性能与平均性能

对于某些（而不是全部）EA 算法的性能度量指标而言，所存在的另外一个附加问题是：面对全部实验结果，算法使用者或研究学者更感兴趣的是峰值性能还是平均性能。在 EC 领域，如果算法 A 的平均性能优于算法 B，则通常认为算法 A 更好。但在许多实际的应用程序中，人们往往对 EA 算法在 X 次或 Y 小时/天/周的运行后，对所有的峰值性能中的最佳解会更感兴趣，而平均性能相对而言却不重要。例如，本书 9.1 节所讨论的设计问题，就是这种情况的典型代表。一般来说，如果针对待求解问题存在充足的时间，那么可以允许 EA 算法运行更多次，并从多次运行的优良解中进行选择，进而得到最终解。此种情况下，EA 算法的峰值性能就会比其平均性能更受关注。

如果待求解问题的时间只允许搜索算法运行一次并且必须提供一个优良解，那么所面对的情况就是完全不同。出现该种情况的场景可能是：需要采用计算代价昂贵的模拟过程对适合度值进行计算，或者待求解的是类似重复性问题和在线控制问题等实时的应用程序。在这种情况下，具有较高平均性能和较小标准偏差的搜索算法才是最佳选择，原因在于：此类型的算法具有避免错失唯一机会的最低风险。

通常学术实验性的 EC 研究都属于第一类，即：存在足够的时间，对任何待求解问题都具有更多的测试机会。在这种情况下，目前存在的令人费解的现象是，大量的 EC 实验研究所关注和比较的是算法的平均性能。这可能是由于研究学者未考虑待求解的设计问题和重复性问题之间所存在的差异性，也未意识到针对特定问题的求解算法所蕴含的差异化含义。相反，这些研究学者似乎都假设 EA 算法仅在重复模式中予以使用。

接下来，本书通过具体的实例说明，对平均值和标准差的图形解释是如何依赖于特定的应用目标的。在 EC 领域中，研究学者通常都会偏好具有更佳的性能指标平均值的 EA 算法，如具有较高 MBF 值或较低 AES 值，尤其是在该算法同时具有较好的平均值与较低的标准偏差的情况下。已有研究从未探讨过这种偏好的优劣性，但实际上这种偏好并非是非常正确的。以课程时间表问题为例，假设两个算法均是基于 50 次独立运行的结果进行比较，其 MBF 值如图 9.3 所示。考虑到上述结果，此处所得出的结论可能是算法 B 的性能更佳，因为其具有稍高的 MBF 值和更为一致的行为（搜索进程终止时的最佳适应度值的变化较小）。若求解的是重复型的应用问题，那么上述结论的确是合理的。例如，医院的员工团队每天必须依据实际情况（也就是约束）进行医护人员的调度安排。但是，算法 A 的 6 次单独运行终止后，其最优解的质量是算法 B 未能获得的最佳解。因此，针对设计应用问题，应该偏好的算法是 A，因为其拥有获得更佳的时间表的机会。显然，制定大学的课程时间表属于该类问题，因为其每年只需要制定一次时间表，并且所需要的相关数据是在该时间表制定前的几周或者几个月得到的。以上针对 EA 算法的性能度量所进行的讨论并不是非常翔实，但这些结果可得到的结论是：为对 EA 算法进行合理的比较，非常有必要根据待求解问题的应用背景指定算法目标，并基于这些目标选择用于算法性能比较的度量指标。

（译者添加注释：结合图 9.3，译者此处对原文中算法 A 和算法 B 的适用情况进行了互换以使得上述解释合理。）

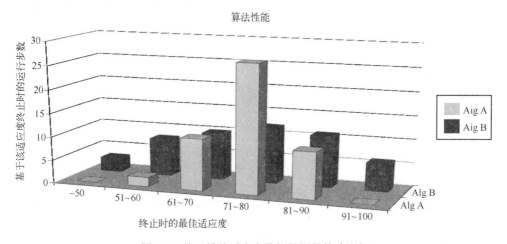

图 9.3　基于最佳适应度值柱状图的算法比较

最后，此处关注的是针对 EA 算法运行数据的统计分析。根据 EA 算法所固有的随机性，只有对其算法行为进行统计处理才是可行的。通常，平均值和标准差能够对 EA 算法（相对）性能的评价提供非常必要的依据。在某些情况下，虽然采用上述指标能够满足对 EA 算法的评估需求，但在原理上，也存在两个（或更多个）EA 算法系列的运行结果在统计准则下难以进行区分的情况，即：难以区分的算法可能源自相同的分布，并且可能是由于随机效应造成算法间的差异性。这意味着，这两个统计数据系列及支撑产生该数据的两个 EA 算法的行为在统计准则下是相同的。也就是说，此时认定某个算法更好的结论将是毫无依据的。对读者非常重要并且需要牢记的观点是：任何给定观测数据的平均值和标准偏差只是两个值而已。但是，众多的研究学者，却试图基于这两个统计值对全部的观测数据进行描述。因此，仅考虑观测数据的标准差通常都不能消除的一种可能性是，任何观测差异只是 EA 算法所固有随机性的结果。

因此，良好的实验实践要求，采用特定测试以确定所观测到的性能差异是否具有真正的统计学意义。目前较为流行的方法是双尾 t-检验，其能够给出被检验值源于相同基础分布的可能性。该测试的可应用性也需要满足某些条件，如通常要求被测试数据符合正态分布。在实践中，该方法具有较好的鲁棒性，并且总是在未验证是否满足正态分布条件下而直接使用。但是，当对两种以上的 EA 算法进行比较时，通常的建议是，首先对测数据进行方差分析（ANOVA）检验。该检验应在对 EA 算法进行比较之前进行，主要是基于所有数据计算由于随机效应所导致观测差异的概率值。更为复杂的变异检验也是存在的。例如，若研究两个参数的相互影响（以群体规模和突变率为例）就需要进行双向 ANOVA 检验，即：同时分析每个参数的影响及其之间相互作用的影响。

如果待检验分析的数据量有限或者数据不服从正态分布，采用 t-检验和 ANOVA 检验对 EA 算法的性能进行分析显然是不合适的。例如，针对多个 EA 算法的 MBF 值，其中某些（非全部）算法的 SR<1，那么肯定这些数据几乎不服从正态分布，这是因为：基于待求解问题最优值定义的 MBF 值是存在固定上限值的。在这种情况下，可以采用基于等价秩的非参数检验方法；但需要注意的是，非参数检验该方法对数据性质的假设较少，通常较难显示数据间的差异性。

令人遗憾的是，目前 EC 领域进行实验性研究的实践者还未意识到统计学的重要性。目前已有的可用统计学软件包均能够完成上述这些检验任务。显然，对 EA 算法不执行适当统计分析的理由是不存在的。因此，这是个非常容易解决的问题。此外，统计领域已有的能够解决上述问题的优秀专著大多面向实验科学、商业和管理等课程，详见文献[290,472]所述。这些研究方向被广泛地称为假设测试和实验设计。此外，通过任何一种互联网搜索引擎，输入上述术语均可获得丰富的相关信息及在线课程资料。

9.3 实验比较的测试问题

除了 EA 算法的性能度量问题外，在算法之间进行实验比较时，还需要选择合适的基准问题和问题实例。此处给出 3 种可区分的不同方法：

（1）采用学术基准库中的问题实例；

（2）采用由问题实例生成器创建的问题实例；

（3）采用实际的问题实例。

9.3.1 使用预定义的问题实例

第一种选择是采用已准备好的问题实例，其可从基于 Web 的存储库、专著或其他出版文献中免费获得。在 EC 领域的历史上，某些目标函数曾对实验研究产生过很大的影响。例如，由 5 个函数组成的 De Jong 测试套件就一直非常流行[102]，该精心设计的套件涵盖了多种不同的适应度曲面。自 20 世纪 70 年代以来，运行 EA 算法的硬件计算能力和研究学者对 EA 算法的理解力都有了长足的进步。因此，在当前研究中，若只是显式地获得针对上述测试函数的运行结果和提出某些一般性观点，这样的研究在方法论上显然不具备创新性。在过去数十年的研究中，其他测试函数也已逐渐添加到用于算法测试的"强制"列表中并已被广泛接受，如目前较为流行的 Ackley、Griewank 和 Rastrigin 函数。显然，这些新的测试函数对 EA 算法也提出了新的挑战，但目前的改进也多限于所采用测试函数的数量上。简单地说，基于 10 个测试函数的运行结果要比仅基于 5 个 De Jong 测试函数的运行结果强多少呢？当然，针对该问题的较为简单的解决方法是：对 EA 算法性能指标的比较范围进行限制，并将其限制为仅采用比较实验中的函数。从形式上，这种方式是合理的，但在实践中，上述细微的改进很难引起众多文献阅读者的关注。此外，使用相同测试套件的大量 EC 团体的研究成果，可能会导致新的 EA 算法对这些测试函数过度拟合。换言之，随着时间的逝去，研究团体将不能开发越来越好的 EA 算法，而只有越来越好地采用 EA 算法求解上述测试问题！

采用特定目标函数或适应度曲面时，当前 EA 算法在实践中所存在的另一个问题是：这些函数并不会形成系统的可搜索集合。也就是说，采用 15 个测试函数所提供的知识是 15 个难以结构化的独立数据点。不幸的是，虽然目前对导致 EA 算法难以求解问题的各种特性存在着一些想法，但却还未开发出能够将这些功能划分为更具有明确寓意的类别的工具。因此，目前还难以得到有关问题特性（目标函数）和 EA 算法行为之间的复杂映射关系的结论。Eiben 和 Back 在该方向的尝试研究也未获得成功[130]，原因在于：EA 算法行为与测试函数类别的边界是不一致的。换言之，EA 算法会在同类别的测试函数上显示出不同的行为，也会在不

147

同类别的测试函数上表现出相似的行为。这些例子表明，对目标函数或测试适应度曲面进行有意义的分类是非常重要的。目前描述和区分测试函数的术语似乎并不适合定义较为清晰的类别，针对这些问题的较好综述请参见文献[239]。目前，上述问题仍然是具有挑战性的研究难点[135]。

以 EC 团体多年积累的经验为基础（如 Whitley 等人的经验[454]，Back 和 Michalewicz 在文献[29]中给出的构建用于 EC 研究的测试套件的一些规则），下文给出研究学者所建议的若干关键点。也就是说，测试套件应包含以下几点：

（1）用于比较收敛速度（效率）的单峰函数，如 AES 度量指标。

（2）存在大量局部最优点的多模态函数（如局部最优点的数量随搜索空间维数 n 的增加而呈现指数级的增长）。采用这些函数的目的是为了能够表征真实世界待求解问题的典型特征，以便能够从大量的局部最优中搜寻得到全局最优解。

（3）存在随机扰动目标函数值的测试函数，其能够模拟许多真实世界的典型特征，并能够辅助验证 EA 算法对噪声的鲁棒性。

（4）约束问题。真实世界的待求解问题通常都是受到某些约束的，约束处理也是目前 EC 领域比较活跃的顶级研究热点。

（5）高维目标函数。该类函数是真实世界的待求解问题的代表。此外，低维函数（如 $n=2$）并不适合表征能够采用 EA 算法予以解决的应用问题，这些低维优化问题可采用传统方法进行优化求解。可用性较好的测试函数应该能够相对于维数 n 进行自由地伸缩，即其可用于表征任何维度。

9.3.2 使用问题实例生成器

测试适应度曲面环境的一种替代方案是采用某些（更大）类的问题实例，如运筹学（OR）问题、约束问题或机器学习问题。相关的研究团体已经在其各自网站整理了大量的相关资源，如 OR 图书馆 http://www.ms.ic.ac.uk/info.html、约束档案 http://www.cs.unh.edu/ccc/archive 或 UCI 机器学习库 http://www.ics.uci.edu/~mlearn/mlrepository.html 等。采用这些已收集资源的优势在于：这些问题实例已被许多研究学者进行了详细的调查和评估。此外，这些归档文件中也包含了其他相关技术的性能报告，能够帮助直接反馈这些研究人员的研究成果。

在过去的几年里，研究学者采用问题实例生成器的兴趣越来越大。采用类似的生成器或者存档数据进行研究，意味着待求解的问题实例是基于实际现场生成的。生成器通常都会拥有针对特定问题的参数（如 3-SAT 问题中的句法和变量数量，或者针对 NK 适应度曲面的变量数量及其交互程度[244]等），并且能够为每个参数值生成随机实例。这种方法的优点是，问题实例的特性可通过调整生成器的参数予以更改。此处特别需要提出的是，针对许多组合问题，存在大量的有关真实问题实例的信息，并且与问题的给定参数有关[80, 183, 344]。实例生成器使得在最难参数范围内及其周围进行系统地研究成为可能，进而能够产生与问题特性和算法性能都相关的研究结果，如图 9.4 所示。"两种算法中哪种更好"的问题进而被调整为"哪种算法在哪些问题实例上更好"的问题。针对图 9.4 所示的"中间范围"参数值（其显然也是最难的实例）上，算法 B 优于算法 A。针对属于"较低范围"和"较高范围"参数值的简单实例，却是算法 B 弱于算法 A。

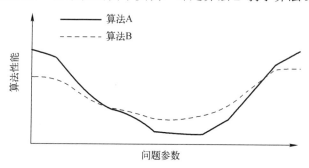

图 9.4 基于可伸缩参数问题实例的算法比较

9.3.3 使用真实世界问题

采用真实数据进行测试的优点是可从应用领域的视角得到相关性很好的测试结果，但也存在实际问题可能会被过度复杂化的缺点。此外，可用的真实数据集很少，而且这些数据可能具有一定的商业敏感性。因此，难以对外公布，也不允许其他研究者进行比较。最后一点，真实世界的待求解问题可能会涉及许多应用程序的某些特定方面，进而导致其最终的结果很难概括。尽管具有上述这些缺点，EA 算法仍然与如何处理真实世界的问题高度相关，因为最重要的是实践而不是空谈。

9.4 应 用 例 子

本节此处并不是为读者给出具有详细的实现过程的示例，而是主要描述良好和较差的应用例子所应该具有的特点，同时给出本书作者所认可的一些观点。

9.4.1 较差的实践例子

本小节给出了一个与假设实验研究相关的示例,此处所采用的模板在许多 EC 领域的文献中均有详细的介绍[1]。在这个虚构的示例中，研究人员提出了面向 EA 算法的遗传操作新特性（如"技巧突变"），具体评估过程是：首先，从文献中选择 10 个目标函数；接着，针对每个目标函数独立运行标准 GA 算法和"技巧 GA"

---

① 本书作者承认其自己团队成员所发表的某些论文也遵循了这一模板。

算法各 20 次；最后，依据统计运行结果对所提出的新特性进行评估。实验结果表明，"技巧 GA" 算法的性能在 7 个目标函数上是优于标准 GA 算法，在 1 个目标函数上两者的性能是等价的，在 2 个目标函数上具有较差的 SR 指标。依据上述评估结果，该研究示例所得到的结论是：该研究所提出的新特性的确是有价值的。

此处所提出的主要问题是：EC 研究团体从上述示例中学到了什么？该示例的确是学习了新特性（技巧突变）并获得了某些暗示，即：针对 GA 算法而言，该新提出的特性很可能是一种很有前景的思路。采用发表论文的方式对该新特性进行报道是合适的，但仍然存在未能学习到的很多方面，包括：

（1）这些结果的相关性如何？例如，测试函数具有真实世界问题的典型特征吗？还是从学术角度而言这些结果很重要？

（2）如果采用其他的性能指标，或者如果提前或延迟 EA 算法的结束运行，会产生什么样的结果呢？

（3）关于所提出的 "技巧 GA" 算法的优越性，其所针对的范围是如何界定的？

（4）在性能度量上，表现较好的 7 个测试函数和表现较差的 2 个的测试函数间具有哪些区别呢？

（5）上述这些结果是否具有通用性呢？或者，"技巧 GA" 算法的某些特性是否使其能够适用于其他的特定问题呢？如果能够适用，又会是哪些问题呢？

（6）这些结果对算法参数变化的敏感程度如何？

（7）此处所测量的算法性能差异是否具有统计学意义？或者这些结果只是由算法所固有的随机效应所引起的假象？

本书下一小节所给出的例子明确地解决了上述疑问中的某些问题，从而形成了一个虽不完善但显然更好的实践例子。

9.4.2　良好的实践例子

关于如何评估新算法行为的更好实例，需要考虑以下问题：

（1）我想解决什么类型的问题？

（2）对于待解决类型的问题，对新算法的期望特性是什么？例如：寻到良好解的速度，找到良好解的可靠性，或者偶尔寻到非常优秀的解。

（3）针对待解决类型的问题，当前已存在的是哪些方法？为什么我要尝试创建新的方法，即：现有方法在什么时候性能会表现得不好？

考虑了上述这些问题之后，可选择某个特定的问题类型，设计一组完整的实验，并收集辨别算法性能所必需的数据。

典型的算法研究过程可能会沿着以下路线进行：

（1）发明新的 EA 算法（xEA）是为了用于解决待求解问题 X；

（2）在文献中选择另外 3 种 EA 算法和针对待求解问题 X 的传统基准启发式算法；

（3）质询自己什么时候以及为什么 xEA 算法会比其他 4 种已有算法更好；

（4）获取针对待求解问题 X，并具有 2 个参数 n（问题规模）和 k（特定问题的指示因子）的问题实例生成器；

（5）为参数 k 和参数 n 分别选择 5 个数值；

（6）为 2 个参数的全部 25 种组合生成 100 个随机的问题实例；

（7）针对每个问题实例执行全部 5 种类型的优化算法各 100 次（基准启发式算法也具有随机性）；

（8）记录 AES、SR 和 MBF 指标值及其标准偏差（SR 指标除外）；

（9）根据上述数据进行适当测试并评估这些结果的统计显著性；

（10）将程序代码和实例放到 Web 网站上。

此模板与上节示例所给出的模板相比，其优点体现在以下几点：

（1）运行结果能够在 3D 空间中表示。也就是说，建立在 (n,k) 平面上的适应度曲面能够表征问题规模参数 n 对算法性能的影响。

（2）能够确定 xEA 的小生境，如类型 1 的 (n,k) 组合与其他算法相比较差，类型 2 的 (n,k) 组合与其他算法相比较强，以及其他比较等。因此，这样的结果回答了前文所提出的"什么时候"的问题。

（3）分析每种算法的特定特征和小生境，能够揭示前文所提出的"为什么"的问题的内在原因。

（4）收集得到大量关于待求解问题 X 及其求解器的知识。

（5）取得了通用性的成果，或者至少可以表明基于固定数据具有较好的应用范围。

（6）有助于结果的复现及其他方面的进一步研究。

（关于本章的练习和推荐阅读，请访问 www.evolutionarycomputation.org.）

第三部分　进化算法高级技术

第 10 章　混合其他技术：模因（文化基因）算法

本书前面章节描述了 EA 算法的主要类型，以及这些算法如何适用于不同应用问题的示例。本章主要描述的不是单一独立的 EA 算法，而是混合 EA 算法，即：将现有 EA 算法合并到更大的系统，或者是在单一 EA 算法中包含其他的方法或数据结构。这类混合 EA 算法在实践中已经获得了极大的成功，目前已经成为一个迅速发展并且拥有巨大潜力的研究领域。与该研究领域及其主题相关的算法被称为文化基因或模因算法（MA）。本章将介绍 MA 算法背后的基本原理，概述将 EA 算法与其他技术进行结合的多种可能性，并为如何成功设计混合算法提供相关的指导准则。

10.1　混合 EA 算法的动机

促使进化算法与其他技术进行混合的因素众多，本节主要讨论其中最为显著的原因。现实中的很多复杂问题都可以被分解为许多子问题，对于这些子问题可采用已有的精确求解方法或非常好的启发式方法予以解决。因此，将适合于求解不同子问题的最佳方法进行组合后，对求解复杂问题是非常有意义的。

总体而言，对所有优化问题均有效的求解算法是不存在的。目前已有的日益增多的经验证据和如"无免费午餐定理（NFL）[①]"这样的理论研究成果，都已经有效地验证了这一观点。从进化计算（EC）领域的发展视角看，EA 算法的性能与 20 世纪 80 年代的研究所给的建议并不相同，具体参见本书 3.8 节中的图 3.5。关于这个问题的另一种学术观点，如图 10.1 所示。

该图表明，通过结合面向特定问题的启发式方法和 EA 算法获得高性能混合算法的可能性。进一步，本书假设，针对特定问题的领域知识的量是可变和可调整的。依据混合算法中所包含的面向特定问题的领域知识的量，混合算法的全局性能曲线将从仅采用 EA 算法所取得的较小值逐渐增大为面向特定问题算法所取

---

① NFL 理论将在本书的第 16 章进行详细的论述，并对该理论进行讨论。在此处，可将 NLF 理论解释为：在求解全部离散优化问题时，不同的随机优化算法具有相同的性能。

得的较大窄峰值。

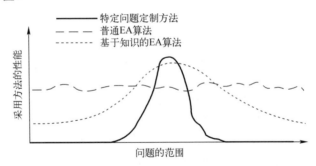

图 10.1 20 世纪 90 年代在 Michalewicz 之后提出的问题
范围与 EA 性能关系的示意图[295]

在实践中，EA 算法常应用于求解具有相当数量、难以获得用户经验和领域知识的优化问题。在这些情况下，通过利用以专业操作经验或良好解决方案等形式存在的领域知识，且保证算法搜索过程产生的新候选解不太多偏离已知的领域知识太远，则 EA 算法的优化性能可以得到较大的提升。在上述案例中，通常认为，组合 EA 算法和启发式优化方法的混合 EA 算法，能够获得比单独的"父"算法更好的性能。需要注意的是，图 10.1 并未表明这种影响，其显然具有一定的误导性。

另外一种学术观点认为，EA 算法的优点在于其具有较好的探索能力，能够快速识别待搜索空间的良好区域；缺点在于其较弱的开发能力，在微调最终解方面的性能较弱，部分原因在于：EA 算法所采用的变异操作算子具有随机性。以采用 GA 解决"One-Max"问题①为例进行说明：算法能够快速地接近最优解，但在通过基因突变操作算子寻找最后几个需要突变的基因位的过程却非常缓慢，其原因就在于选择哪些基因位进行突变具有较大的随机性。显然，更为有效的解决方案是在进化周期中添加局部搜索进行改进，如采用"位翻转"爬山算法，进而能够在优良解的附近进行更为系统的搜索。

截至目前，作为 EC 领域人员研究动机的一个概念是，Dawkins 所提出的模因思想[100]。如同基因被视为生物传播的基本单元一样，模因可被视为文化传播的基本单元。模因依据被感知的效用值或流行程度被社会所选择，再通过人与人之间的交流实现复制和传输。

模因的例子包括音乐、思想、流行用语、服装时尚、手工制作或建筑构建风格等。如同基因库中的基因是通过精子或卵子在身体间进行传播一样，模因库中的模因通过广义上被称为模仿的过程在大脑间进行传播，详见文献[100]第 192 页的描述。

---

① 二进制编码中的最大化问题，其适应度值是基因中编码为 1 的基因位的数量之和。

自 Dawkins 首次提出模因这一概念以来，已有多位学者对其进行了扩展研究[57,70]。从自适应系统和优化技术研究的视角，模因基于代理的理念被用于直接转换有价值的候选解。本书将学习阶段融入进化周期被看作模因—基因交互的一种形式，其中问题表示（基因型）可认为是"可塑的"，学习机制（模因）的影响可被认为是发展过程。

自 2000 年以来，研究人员的关注点越来越集中于这样的概念：模因并非固定的学习策略，而是会依据其所感知的有用性具有选择行为和自适应行为。上述理念促进了自适应模因算法这一新研究领域的诞生[264,326,328]。本书的 10.4 节将更详细地描述了这一新领域的研究进展。

将上述局部搜索与 EC 进行混合的观点进行进一步扩展后，Ong 等学者将"模因计算"视为一种更为通用的范式，并将其描述为：模因概念是为了进行问题求解而进行计算表示的信息编码单位[327]。研究学者所认可的较为普遍的观点认为，模因可以采用"决策树、人工神经网络、模糊系统、图"等多种形式进行表征，并且没有必要与任何 EA 算法的组件进行耦合，只需采用简单的信任分配方式即可实现。上述这种极具吸引力的观点保证了模因能够捕捉有用的结构模式和行为模式，并如文献[431]中所讨论的结果一样，模因能够在同一问题的多个实例之间予以实现。

本节对混合算法的研究动机进行了简短描述，给出为什么研究者和实践者对 EA 算法与其他技术的混合非常感兴趣的各种不同的原因。基于其他技术和知识增强 EA 算法的研究成果在已发表的论著中采用了许多不同的名称，如混合 GA 算法、Baldwinia EA 算法、Lamarckian EA 算法、遗传局部搜索算法等。学者 Moscato 提出采用模因算法（MA）这一术语，涵盖上文所提到的较宽范围的系列技术[308]，并总结其特点为：通过添加一个或多个局部搜索阶段或使用面向特定问题的信息增强进化搜索过程。该领域现在已经相当成熟和独立，已拥有多种期刊、年度研讨会和部分主要期刊的专刊。

10.2　局部搜索的简短介绍

在本书的 3.7 节，局部搜索被简单的描述为：先检查当前解附近的系列解，再采用更佳的邻近解替代当前解的迭代过程。本节将简要介绍 MA 算法中所采用的局部搜索技术。文献[3]等面向优化算法的书籍对局部搜索算法进行了更为详细的介绍。局部搜索算法的伪代码如图 10.2 所示。

如图 10.2 所示，影响局部搜索算法运行的主要组成部分有 3 个。

第一个主要组成部分是选择旋转法则，包括最陡上升和贪婪上升（也称第一次上升）两种情况：针对第一种，终止局部搜索循环的条件是需要完成对整个邻域 $n(i)$ 的搜索，即存在 $count = |n(i)|$；针对第二种，终止局部搜索循环的条件是

$((count = |n(i)|)$ or $(best \neq i))$，即：在搜索过程中，只要发现解的性能得到改进，就停止算法的局部寻优。在实践中，若待搜索的邻域过大，多采用随机抽取 $N \ll n(i)$ 个邻近点进行局部寻优的策略。

```
BEGIN
  /* given a starting solution i and a neighbourhood function n */
  set best = i;
  set iterations = 0;
  REPEAT UNTIL ( depth condition is satisfied ) DO
    set count = 0;
    REPEAT UNTIL ( pivot rule is satisfied ) DO
      generate the next neighbour j ∈ n(i);
      set count = count + 1;
      IF (f(j) is better than f(best)) THEN
        set best = j;
      FI
    OD
    set i = best;
    set iterations = iterations + 1;
  OD
END
```

图 10.2   局部搜索算法的伪代码

第二个主要组成部分是确定局部搜索深度，即外部循环的终止条件。搜索是个连续过程，在执行单步能够改进寻优性能的搜索步骤（迭代次数=1）后，需要继续进行搜索直到满足局部最优条件，即：$((count = |n(i)|)$ 和 $(best = i))$。文献[211]研究了改变局部搜索深度参数对 MA 算法的影响，结果表明，该参数对局部搜索算法的运行时间和最终解的质量均有一定程度的影响。

第三个主要组成部分是影响局部搜索算法性能的最重要因素，即：邻域生成函数的选择。在实践中，通常 $n(i)$ 是通过操作算子进行定义的，也就是说，在点 i 附近通过使用某个移动操作算子，进而获得一组邻近点。与上述描述相等价的表示方式是采用图 $G = (v, e)$，其中：图的顶点集合 v 表示搜索空间中的点，图的边 e 与所采用的移动操作算子有关，即存在：$e_{ij} \in G \Leftrightarrow j \in n(i)$。在局部搜索空间内定义标量适应度值 f，这意味着，可将基于不同移动操作算子所获得的图，看作适应度曲面[238]。Merz 和 Freisleben 在文献[293]中描述了系列能够对适应度曲面进行度量的统计指标，这些指标能够潜在地度量待优化问题的难度。Merz 和 Freisleben 的研究表明，移动操作算子的选择对局部搜索算法的效率、有效性以及 MA 算法的性能等方面均具有显著的影响。

在某些情况下，特定领域知识辅助进行局部搜索算法邻域结构的选择。最近研究成果表明，最佳移动操作算子的选择不仅与特定问题的实例相关（详见文献[293]的第 254～258 页），而且还决定着 EA 算法搜索的状态[264]。除了这些局部最优点就是全局最优点的情况外，上述研究结果是非常合理的，原因在于：某个邻

156

域结构的局部最优点，不能保证是另外一个邻域结构的局部最优点。因此，若一组点已经收敛到当前邻域结构的局部最优状态，那么除采用重组操作和变异操作算子外，还可以通过采用改变邻域操作算子的方式促进搜索过程以更优化的方式运行。该策略已经被应用于其他的优化领域，并成为可变邻域搜索算法[208]和超启发式算法[89,246,72,71]等方法的核心思想。

10.3　拉马克学说与鲍德温效应

由本书的前文概述可知，局部搜索算法的框架构建在这样的假设之上，即：当前时刻的候选解总能够被更为优秀的邻近解所替代。在 MA 算法中，局部搜索阶段可视为进化周期中的某个改进或发展的学习阶段。基于源自生物学的线索，需进一步考虑的问题是：获得新特点的种群个体所产生的变化，是否应该将其基因型予以保留；或者在获得适应度能力提升后，是否应该奖赏预先进行局部搜索的原始种群个体。

生物个体后天获得的新特点是否应该由该生物个体的子代进行继承，一直是19 世纪的一个重大议题。拉马克认为这个新特点应该由后代通过遗传获得。相比之下，鲍德温效应在文献[34]中提出了这样的一种机制：即使生物个体的适应度不发生变化，生物进化过程也将会被导向对其自身更为有利的自适应阶段，其个体适应度将在学习或发展过程中得到提升，并且也会体现在已经发生改变的遗传特征中。现代遗传学理论非常认同后面一种观点。实事求是地讲，由 2.3.2 节的描述可知，DNA 到蛋白质的映射关系具有高度的复杂性和非线性，因此具有成熟表现型的生物进化过程的复杂性是非常难以表征的。基于上述观点，由表现型所获得新特点进行反向编码，进而确定其所影响的基因型的过程可视为反向工程，显然要完成反向工程是非常难以置信的。

幸运的是，在计算机上进行 EA 算法的研究并不受自然界生物约束的制约。因此，上述这两种方案通常都可以在 MA 算法中予以实现。通常，若采用局部搜索结果取代种群个体，则所研究的 MA 算法就属于拉马克学派；反之，若保留种群个体，但其适应度值却采用局部搜索结果，则所研究的 MA 算法就属于鲍德温学派。在一项较为经典的早期研究中，Hinton 和 Nowlan 在文献[215]中指出，鲍德温效应能够用于提升人工神经网络的进化性能。此外，许多研究人员对鲍德温与拉马克算法的相对优势也进行了大量研究[224,287,435,458,459]。在实际应用过程中，最近的研究成果倾向于：或者采用纯粹的拉马克方法，或者将两种方法基于概率方式进行组合。基于后者的策略，可在进化过程中采用提升的适应度值，也可以基于给定的概率采用适应度提升的个体替代原始个体。

10.4 文化基因算法的结构

如图 10.3 所示，EA 算法能够通过多种方式（或多个阶段）与其他遗传操作算子或特定领域的知识进行混合，进而获得更优的性能。更为详细的完整分类请参见文献[265]。

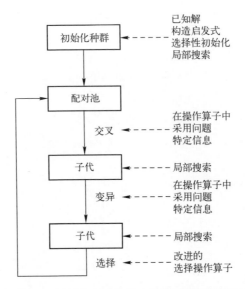

图 10.3 进化周期中与领域知识或其他遗传操作算子进行混合的可能阶段

10.4.1 启发式或智能初始化

将与待优化问题结构相关的已有领域知识或潜在解，与 EA 算法进行结合的最明显的方式是在种群初始化阶段。本书在 3.5 节讨论这一问题时，曾经指出了该项工作为什么不值得进行的原因，详见图 3.6。但是，基于已知的可行解对 EA 算法进行初始化，明显能够获得至少 3 点益处：

（1）通过使用已知解可有效避免重复工作，即：能够防止计算消耗的浪费，提升 EA 算法的运行效率（速度）；

（2）非随机初始化的种群能够将搜索方向导向至包含较佳解的搜索空间所在的特定区域，即：有偏向的搜索能够提高解的有效性（最终解的质量）；

（3）总而言之，在启发式初始化时分配较大数量的计算消耗后，在后续的进化搜索阶段得到的收获可能比"纯"进化搜索或等效多阶段启发式搜索过程的收获更多。

对初始化函数可采用多种方式对简单的随机初始化过程予以改进。例如：

（1）在种群中植入一种或多种由其他技术产生的预先已知的优良解。这些技术的涵盖范围通常较广，可以是基于经验的试凑法，也可以是基于特定实例信息的高度专业化的贪婪构造性启发式方法。针对后者的例子包括：针对 TSP 类问题的最近邻启发式算法、针对计划调度问题的"最难优先调度"算法，以及运筹学文献中针对不同类型问题的其他技术。

（2）选择性初始化种群。先随机产生大量的候选解，再从这些候选解中选择部分解用作初始化种群。Bramlette 在文献[66]中提出，上述过程可采用 N 个 k-way 的锦标赛选择机制予以实现，但不建议采用在 $k \cdot N$ 解中选择最佳的 N 个解的方式进行初始化。另外一种选择性初始化种群的方法是，基于适应度和多样性指标在候选解中进行子集选择，该方法的目的是最大化搜索空间的覆盖范围。

（3）对初始化种群的每个种群个体执行局部搜索，最终的初始化种群由基于某个移动操作算子的系列局部最优点组成。

（4）首先，采用上述方法中的一种或多种确定一个（或多个）优良解；接着，对这些解进行复制；最后，采用大规模突变率在优良解的邻近产生大量的种群个体，以这些新产生的种群个体作为初始化的种群。

上述这些初始化种群方法在不同的应用领域均有成功应用，并且针对某些特定的优化问题都取得了较佳的性能。然而，在进化过程中，如何保持 EA 算法的多样性是一个值得关注的问题。在文献[421]中，Surry 和 Radcliffe 采用具有不同比例的良好解，实现了 GA 算法的种群初始化，结果表明：在随机初始化的种群中采用较小比例的良好解有助于遗传搜索过程，随着良好解在初始化种群中所占比例的增加，平均性能提升；此外，虽然种群的平均性能得到了提高，但最好解却源自基于随机初始化的 EA 算法。也就是说，随着由启发式算法所得到的良好解在初始化种群中的比例增加，最终解的适应度值的平均值增加了，方差降低了。这意味着，非常糟糕的最终解虽然减少了，但非常好的优秀解也消失了。针对某些类型的问题，特别是第 9 章所讨论的优化设计问题，这样的最终解显然不符合待求解问题的要求。

10.4.2 变异操作算子混合：智能交叉和变异

许多研究学者提出了结合特定问题或实例知识的智能变异操作算子，其中最为简单的方式是在遗传操作算子中引入偏差机制。此处给出一个较为简单的例子。如果某个基于二进制编码的 GA 算法要为某个分类算法选择输入特征，最为常用的解决方法是：为使得搜索结果偏向于获得更为紧凑的特征集，等位基因值从"使用"突变为"不使用"的概率值较大，而进行相反方向的操作时则需要采用较小的突变概率值。相类似的方法也见于文献[392]，其采用基因编码微处理器指令集，具有相似效果的指令集很自然地被分配至相同的组中。由于突变操作倾向于基于领域专家知识进行，这使得突变行为在相同集合内的指令集间比不同集合的指令集间更容易发生。

文献[436]采用改进的单点交叉操作算子进行蛋白质结构的预测，其采用基于特定问题的知识而非特定实例的知识。在该研究中，通过重组进行结合的可遗传特征是三维结构的褶皱或碎片，其特点是蛋白质结构在折叠过程中可以自由地围绕肽键进行旋转。通过在交叉点尝试基因中所有可能的等位基因值，进而获得两个基因片段的所有可能的不同方向，基于这一显式的测试结果改进交叉操作算子，进而找到最积极有利的遗传结构。若未找到可行的遗传结构，则选择另外一个不同的交叉点重复上述过程。这是将局部搜索阶段合并到重组操作算子中的简单示例。需要注意的是，此处的方法与文献[238]中所提出的简单"交叉爬山"算法并不同，后者是从所有基于单点交叉的 $l-1$ 子代中选择最佳子代。

考虑到更为复杂的混合情况，利用特定实例知识修改遗传操作算子使其与高度特定的启发式方法相结合。最好的例子是由 Merz 和 Freisleben 所提出的用于 TSP 问题的距离保持交叉（DPX）操作算子[178]。该操作算子源于两个动机：既充分利用特定的实例知识，为防止过早收敛又同时保持种群的多样性。多样性是通过确保子代继承双亲共有的所有边缘信息予以保持的。这些边缘信息不只存在于单个父代中，子代和每个父代的距离以及这些子代间的彼此距离也都相同。可见，该操作算子的智能部分在于采用最近邻的启发式算法对从父代继承的子代进行连接，进而显式地利用了特定实例的边缘长度信息。由上可知，该类型的方案是能够适应其他问题的原因在于：在继承父代双方的相同基因后，通过合适的启发式方法获得部分解。

10.4.3 基于变异操作算子输出的局部搜索

EA 算法中的最常用混合算法以及最符合道金斯所提模因概念的算法，是在进化周期内对种群个体采用一种或多种改进的局部搜索方法，即：对突变操作或重组操作所产生的全部候选解进行局部搜索。如图 10.3 所示，局部搜索可在进化周期的不同阶段进行，如在选择操作行为进行的前或后，或在交叉操作和/或突变操作行为进行之后。典型的局部搜索实施伪代码如图 10.4 所示。

进化与学习、EA 算法与人工神经网络（ANN）间所具有的自然类比特性，促使研究学者进行了大量采用 EA 算法优化 ANN 结构的研究；其中，后者在 20 世纪 80 年代和 90 年代早期，采用反向传播算法或与其类似算法进行 ANN 网络的训练。这些研究对学习角色、拉马克主义和鲍德温效应对进化过程所起作用（如文献[215,224,287,435,458,459]所描述的）等方面给予了较为深刻的洞见，也加强了研究人员近年来所提出的结合局部搜索和基于领域知识的启发式方法等有价值信息的理念。之后，文献[211,259,267,292,309]中所包含的系列博士论文的研究成果奠定了理论分析的基础。总之，上述成果从理论和经验两个方面，确保了研究学者对 MA 算法日益增长的兴趣。

```
BEGIN
  INITIALISE population;
  EVALUATE each candidate;
  REPEAT UNTIL ( TERMINATION CONDITION is satisfied ) DO
    SELECT parents;
    RECOMBINE to produce offspring;
    MUTATE offspring;
    EVALUATE offspring;
    [optional] CHOOSE Local Search method to apply;
    IMPROVE offspring via Local Search;
    [optional] Assign Credit to Local Search methods;
    (according to fitness improvements they cause);
    SELECT individuals for next generation;
    REWARD currently successful Local Search methods;
    (by increasing probability that they are used);
  OD
END
```

图 10.4　基于多模因选择的简单 MA 算法伪代码

Krasnogor 的最新研究成果也引起了研究学者的关注，其在文献[259]中给出的结果表明：为缩短 EA 算法在最坏情况下的运行时间，需要采用一种不同于重组操作和突变操作算子的移动操作算子作用于局部搜索算法。上述研究所形成的直观观点是：在 MA 算法的重组操作中尤其是在其突变操作中，移动操作算子与局部搜索操作相关，其在产生不同吸引邻域的搜索区域的点方面也具有非常重要的作用。多样性的获得通常具有两种方式：一是通过积极的突变率；二是通过具有差异化邻域结构的变异操作算子。

10.4.4　基于基因型和表现型映射的混合

另外一种已被广泛应用的 MA 算法与其他启发式算法进行混合的阶段是在基因型—表现型映射过程中且在适应度评估之前。非常具有代表性的例子是本书 3.4.2 节所描述的解码器或修复函数中所使用的特定实例知识。针对背包问题的解码器函数，其可视为一种依据 EA 算法所建议的顺序依次装入被选择物品的打包算法。

在这种方法中，EA 算法负责向控制启发式算法的应用程序提供输入，这种方法经常被用于求解时间表问题和调度问题[210]，以及面向车辆路径问题[428]的"先分组后确定路线"方法。

可以看出，上述这些方法所具有的共同特点是，尽最大可能地利用已有的启发式方法和领域知识。通常，EA 算法的作用是：使启发式算法或问题分解过程在应用时不会出现较大的偏颇。这样，当问题的总体规模妨碍 EA 算法使用时，能够允许使用复杂但却被严重缩放的启发式算法。

10.5　自适应模因算法

在结合局部搜索或启发式改进等方法进行 MA 算法设计时，最为重要的因素是如何选择改进的启发式方法或局部搜索移动操作算子。也就是说，最重要因素是寻找改进解的相邻点集的生成方式。

为此，针对预测问题所存在的难点，文献[239]给出了基于多种适应度曲面统计指标的大量理论和实证分析。Merz 和 Freisleben 在文献[293]给出了基于 MA 算法背景的许多类似的度量指标。研究结果表明，移动操作算子的选择对局部搜索的效率和有效性具有非常显著的影响，从而也会影响 MA 算法的搜索结果。Krasnogor 针对部分局部搜索的复杂性分析结果表明，为降低 MA 算法在最坏情况下的时间复杂度，有必要为进行局部搜索（LS）的移动操作算子定义面向突变操作和交叉操作的适应度曲面。

一般而言，在设计 MA 算法时需仔细考虑如何选择移动操作算子。例如，若如果不结合 4.5.1 节中描述的反转突变操作算子而采用 2-opt 求解 TSP 问题，寻优的结果也可能会更好。在某些情况下，特定领域知识可用于在局部搜索算法指导如何选择邻域结构。

克服上述这些问题的一个简单方法是以串联方式同时使用多个局部搜索操作算子，类似于本书在第 8 章中所使用的多个变异操作算子。Krasnogor 和 Smith 在文献[264]中提出了被称为"多模因"算法的概念：EA 算法与多种局部搜索方法进行耦合，依据不同局部搜索算法在任意给定进化搜索阶段所感知的有用性信息，以确定选择哪种局部搜索机制。在本案例中采用了基于基因编码的自我—自适应机制，即：对每个候选解是否采用某个局部搜索算法而采用基因进行编码。这些基因由父代遗传并受到突变操作的影响，此处的自我—自适应与本书在 4.4.2 节所描述的突变率自我—自适应机制是相类似的。由文献[261]给出的例子可知，文中给出了与特定问题相关的系列移动操作算子，如局部拉伸、旋转和反射等；显然，这些移动操作算子分别对应着蛋白质折叠过程的不同阶段，其最终都是用于解决蛋白质结构的预测问题。

基于连续的问题表示方式，Ong 和 Keane 采用类似上文所描述的思想提出了一种被称为"元拉马克学习"的选择机制[326]。这些不同方法间所具有的共性得到了许多研究学者的认可，特别是文献[328]对"自适应模因算法"领域的研究工作进行了较为翔实的综述。这一领域的研究内容包括：多模因算法[258,259,263,264,261]、协同进化模因算法（COMA）框架[384,387,388,389,381]、元拉马克模因算法[326]、超启发式[89,246,72,71]和自生成模因算法等[260,262]。

从本质上讲，上述这些方法中均包含由自适应 MA 算法调用的局部搜索操作算子池，并且在决策点对需要采用的局部搜索操作算子进行选择。学者 Ong 对自适应 MA 算法的分类方式，采用其他领域提出的术语描述 EA 算法中进化参数和操作算子的自适应行为（详见本书第 8 章）。该学者提出的核心理念是，依据做出决策的方式对自适应 MA 算法进行分类，其中："静态"决策方式是基于固定策略；"自适应"决策方式是基于反馈策略。对具有最佳改进性能的移动操作算子，依据领域知识的性质将"自适应"决策方式进一步细分为"外部"、"局部"(搜索空间的局部区域)和"全局"(整个种群)共 3 种。最终,研究人员意识到局部搜索操作算子可能与候选解相关联,需要采用自我—自适应机制。如同对进化参数调整和控制领域所进行的研究,大量的研究已开始关注如何识别有价值的局部搜索机制(也称为信用分配机制[381,391])、通过增加被选择概率奖赏有用模因以及自适应局部搜索机制的定义等方面。

基于上述成果,Meuth 等人在文献[294]中对不同年代所提出的 MA 算法进行区分:

第 1 代 MA 算法:其定义为"与局部搜索相对应的全局搜索";

第 2 代 MA 算法:其定义为"采用多个局部优化器进行全局搜索,将模因信息(所选择的优化器)传递给子代(拉马克进化)";

第 3 代 MA 算法:其定义为"采用多个局部优化器进行全局搜索。将模因信息(所选择的优化器)传递给子代(拉马克进化)。对进化轨迹与局部优化器选择间的映射进行学习"。

Meuth 等人指出,自动生成 MA 算法和 COMA 算法是属于第 3 代 MA 算法的唯一算法,其继续提出(但未完成)第 4 代 MA 算法的特征在于:利用了识别、泛化、优化和记忆机制。可以说,在 COMA 算法中采用基于模式的模因可归于此类算法。此外,文献[82]所提出的框架也更接近第 4 代 MA 算法。

后续研究论文针对上述主题进行了扩展。Barkat Ullah 等人在文献[40]中提出了一种基于代理的方法,用于优化求解一类定义在连续空间上的约束问题。每个代理在本质上都是一套保存本地记录的局部搜索算法,其所保存的记录是范围在 $\{-1,1\}$ 间的标量值,这些值依据模因对候选解可行性的影响以及上一代候选解对适应度提升的程度进行调整。Nguyen 等人在文献[319]中提出了基于细胞 MA 算法的静态自适应方法,其依据适应度的多样性将种群分组,并对每组中的种群个体采用全局搜索算法,然后将未在局部搜索中获得适应度提升的种群个体列入黑名单。可见,这种基于黑名单的策略能够基于局部历史证据对全局/局部搜索间的均衡进行偏置,该策略虽然非常有效但却只适用于固定的模因。文献[320]提出了更为通用的概率模因框架,能够对全局/局部搜索间的均衡进行自适应。依据基于连续适应度曲面上有价值区域生成点的可能性,提出利用局部搜索和全局搜索动态估计适应度获得提升的概率值,进而相应地调整局部搜索的迭代次数。因此,这种方法基于局部搜索轨迹和历史点数据库成功地实现了概率模因框架的实例化。

上述高级算法中最值得关注的点是:尽管避免了因单一固定模因所导致的鲁棒性问题,但也重点突出了实现 MA 算法时所面临的常见设计问题。本书在下节将介绍这一问题。

10.6　文化基因算法的设计问题

到此节为止，本书主要讨论在 EA 算法中结合特定问题知识或启发式方法的基本原理，以及一些可以实现的方法。然而，需要接受这样的事实：与其他任何技术相同，MA 算法并不能为待求解的优化问题提供"魔术解"，在其实现过程中也会遇到一些问题。下面的章节将简要地讨论，从经验和理论推理视角所给出的设计 MA 算法所要面对的一些事项。

1. 多样性保持

在 EA 算法中存在种群聚集于次优点附近的早熟收敛问题。在 MA 算法中，因采用局部搜索算法，上述现象不但依然存在并且其影响会更甚。在 MA 算法中，若局部搜索阶段一直持续到每一点都移动到当前局部最优点才停止搜索，那么这将不可避免地导致种群多样性的损失[①]。目前已存在用于解决这一问题的几种方法如下：

（1）仅采用已知良好种群个体中相对较小的一部分进行种群初始化；

（2）采用能够保持种群多样性的组合操作算子；

（3）改进选择操作算子以防止重复复制；

（4）改进选择操作算子或局部搜索接受准则，并采用 Boltzmann 方法保持多样性。

上述的最后一种方法，类似于模拟退火算法[2,250]。通常，模拟退火算法能够以接受非零概率的较差移动操作算子的方式辅助远离局部最优，详见本书 8.4.5 节。文献[263]提出了一种解决多样性问题的较好方法：在局部搜索阶段中，适应度较弱的个体被接受的概率随着种群适应度值范围的缩小会呈现指数级的增加，即

$$P(\text{accept}) = \begin{cases} 1, & \Delta E > 0 \\ e^{\frac{k\Delta E}{F_{\max} - F_{\text{avg}}}}, & \Delta E \leqslant 0 \end{cases}$$

其中，k 是标准化的常数，$\Delta E = F_{\text{neighbour}} - F_{\text{original}}$。

最近，基于不同局部搜索机制行为认知的洞见，上述问题在自适应 MA 算法的视角下得到了再次关注。Neri 和 Caponio 在文献[77]中提出了一种"快速自适应 MA 算法"，根据对全局适应度多样性的度量结果，同时自适应地调整全局搜索和局部搜索的特征。全局搜索通过调整 EA 算法的种群规模和突变操作算子的"攻击性"实现多样性的保持。两个具有差异性的局部搜索操作算子的应用概率由静

---

① 除特殊情况外，种群中的每个个体均处于不同的局部最优区域内。

164

态的外部规则所决定，该规则的制定依据是：累计遗传代数，以及当前适应度多样性值与所观测适应度多样性极值的比率。上述理念在文献[316, 317]中进行了更为深入的论述。

2．知识使用

设计 MA 算法需要考虑的最后一个要点是：使用和重用在搜索优化过程中所获得的知识。在某种程度上，该过程是基于非显式机制在重组操作中自动完成的。

一种显式地利用搜索的邻近点知识，进而指导搜索优化过程的混合方法是禁忌搜索算法[185]。在该算法中，需要保存访问点的"禁忌"列表，并且禁止搜索算法返回该列表。该方法为保持种群的多样性提供了支撑。同样，当决定是否接受新解时，基于当前种群基因型的传播信息或者以前种群信息，可扩展 Boltzmann 的接受/选择方案。

10.7　应用实例：多阶段模因时间表制定

本节以文献[73]中所描述的考试时间表问题为例，说明 EA 算法与其他技术相结合的具体实现方式。众所周知，考试时间表问题是 NP-完全问题。这个问题被学术研究者所喜爱的主要原因在于其具有的重要性和困难性，其可采用以下语言进行表述：针对一系列考试 E，每个考试都需要在一组时间段 P 内安排一组座位 s_i。为求解该问题，通常定义同生矩阵 C，其组成元素 c_{ij} 用于表示同时参加考试 i 和 j 的学生数量。若可行解存在，那么该问题就是约束满足问题。较为常见的求解策略是采用间接方法，通过惩罚函数将该约束满足问题等价为约束优化问题①。此处，所采用的惩罚函数需要考虑的项目如下：

（1）考试是在具有足够学生座位的教室中进行；

（2）如果 $c_{ij} > 0$，实际上并不希望同时安排两个考试 i 和 j，因为这种情况下需要对这些学生进行隔离直到他们能够参加第 2 次考试；

（3）不希望安排学生在同一天进行 2 次考试；

（4）不允许学生进行连续考试，即使两场考试之间只间隔 1 个晚上。

目前，针对考试时间表问题所进行的研究包括许多种启发式方法，但这些已有研究成果所存在的共同问题是：现有方法的扩展性都较差。Burke 和 Newell 所提出的方法很有价值，且与本章所讲述的内容相关，其所具有的特点如下：

（1）采用了基于分解的方法，也就是说，采用启发式调度程序将考试时间表问题分解成若干个更小的子问题，进而可通过优化技术将这些子问题予以解决；

（2）所采用的优化启发式方法是 EA 算法；

（3）所采用的 EA 算法自身也结合了其他启发式方法，也就是 MA 算法。

---

① 详细描述请参见第 13 章。

采用启发式调度策略将考试集合 E 等分为具有相同大小的若干个较小的子考试集，并对这些子考试集轮流调度。在调度第 n 个子考试集中的元素时，前 $n-1$ 个子考试集中的元素已经确定了并且不能再次进行更改。采用度量准则对考试集合 E 进行划分，估计调度每个考试子集所需要的难度后对这些考试子集进行排序，其中最难调度的考试子集将被优先安排。根据与其他考试子集发生冲突的次数、与以前已调度的考试子集的冲突次数以及考试时间表中剩余考试子集的有效时间段数量，综合考虑三种不同的度量指标。作者还考虑了某些前瞻技术的使用，即：在该技术中考虑了两个考试子集采用相同考试时间表的情况。显然，此处所提的策略能够与嵌入其内部的任何一种技术共同使用，进而能够轮流处理每个考试子集的考试时间表。启发式选择自身就是一种 MA 算法，其参数如表 10.1 所示。

表 10.1　基于多阶段 MA 嵌入的时间表算法

问题表示	一组考试子集列表，每个考试子集编码为一个时段
重组操作	无
突变操作	"轻"或"重"突变率的随机选择
突变概率	100%
父代选择	指数排序
生存选择	100 个子代中选择最好的 50 个
种群大小	50
初始化	随机初始化并进行局部搜索
终止条件	最近 5 代中的最佳适应度不再进一步提升
特殊特征	突变操作后采用局部搜索（搜寻局部最优）

由表 10.1 可知，上述算法具有若干个值得关注的点。初始种群中的个体是以随机生成考试子集排列的方式进行创建的，并依据上述顺序为每个考试子集制定有效的时间段。局部搜索算法运行的终止条件是获得局部最优解，但因采用贪婪上升的搜索机制导致其输出具有某种程度的可变性。该局部搜索策略应用于每个初始解和每个子代。因此，针对目前的操作算子而言，EA 算法的运行过程常采用的就是局部最优解。

该算法的提出者指出，针对考试时间表问题所做的先前研究使得他们放弃了采用重组操作算子解决该问题的思路，所采用的替代策略是：每个子代由 2 个基于问题特定的突变操作算子（"轻"和"重"突变算子）中某个进行创建。其中，"轻"突变算子是加扰突变操作算子的改进版本，对所创建解的可行性进行检查；"重"突变操作算子与特定实例密切相关，观测父代并根据可能导致的惩罚量，计算每个时间段内考试事件被"中断"概率的大小。由于中断概率是依据当前种群中的最佳解进行修改的，所以"重"突变操作算子也充分利用了其他候选解的知识。

该算法在求解速度和解的质量方面都取得了较好的效果，其成功主要归结于以下几点：

（1）启发式排序方法和 EA 算法的结合能够获得比任何单一方法更快更好的寻优结果。

（2）该算法使用的局部搜索策略使得其种群初始化效果远强于随机初始化。

（3）基于很强的选择压力：采用了面向父代选择的指数排序机制与面向生存选择的（50,100）机制。

（4）采用智能变异操作算子：一是基于特定实例信息能够防止算法产生违反最重要约束的解；二是具有很强的问题针对性，能够避免"较差"的时间段。

（5）"重"突变操作算子能够充分利用种群中的其他个体的信息，决定破坏某个时间段的可能性。

（6）局部搜索的深度总是保持最大，即：父代种群只是来源于局部搜索适应度曲面中的局部最优解的集合。

（7）除了具有很强的选择压力和上述所言要点之外，该算法事实上也采用了变异机制，并且该算法中的全部搜索操作算子均具有隐含的移动机制，进而有效地避免了多样性的过早损失。

（8）采用各种编码和算法策略避免对全部解的评估，以及加速对部分解的操纵能力。

（关于本章的练习和推荐阅读，请访问 www.evolutionarycomputation.org.）

第 11 章　非平稳和噪声函数优化

与本书迄今为止所描述的多数示例不同，现实环境中通常包含着多种不确定性。这意味着，若多次测量某个解的适应度值，那么每次所得到的结果都可能是不同的。当然，生物进化就是发生在这样的动态环境中。在评估解发生变化的情况下或存在噪声的环境中，许多 EA 算法也获得了成功的应用。在这些非平稳情况下，必须要有针对性地设计搜索算法，通过监视其性能和改变其行为的某些方面对不可预测的环境变化进行补偿。EA 算法自适应的目标不是搜索单个最佳值而是获得随时间变化的系列值，进而最大化或最小化某些度量指标，如平均值或最差值。本章讨论了不可预测性的各种来源，并描述了基本 EA 算法针对这些不可预测性的主要自适应方式。

11.1　非平稳问题的特性

在这个阶段必须要考虑有关以下过程所涉及的基本事实：从解（基因型）x 的表示到针对当前任务候选解质量的度量 $f(x)$ 的过程。为更清晰地进行说明，此处以简单的家用清扫工具的设计为例，也就是说，设计用于清理地板上各种不同液体溢出物的拖布。假设候选解在本质上描述了拖布所用材料（海绵）的固有结构，即：弹性、孔的大小、接触面积的形状等①。因下文所描述的一种或多种原因，使得所设计拖布的给定解的质量可能具有不可预测性。

基因型与表现型间的映射关系不准确或并非一对一映射：若通过仿真进行适应度度量，设计参数的基因型可采用双精度浮点数进行编码，但仿真所用模型的分辨率却可能与基因编码精度间存在差异。若通过物理效应来测量适应度，则体现最终产品的表现型可能无法完全反映面向基因编码所设计的参数值。因此，针对本节此处的例子而言，不同海绵清洁能力的测量值与设计时的设定值之间可能存在轻微差异。针对待搜索的适应度曲面而言，所测量的适合度值可能是 x 区域中某个点的适合度值：$f_{observed}(x) = f(x + \partial x)$。

测量行为自身易产生误差或不确定性：导致这种现象的原因包括：测量人员的错误、物体分子的振动所引起的物理形状的微小随机波动、通过传感器或电线

---

① 通常，δ_q 表示属性 q 值的某些较小的随机变化。

电缆的电子运动的随机性、复杂组织体（如群众、市场、计算机网络数据包、物理流量）的聚集随机性等。对本节所设计的拖布而言，测量海绵所吸收的液体量时可能存在误差。这意味着需要对适应度曲面所包含的隐喻进行重新的审视：在搜索空间的高度维度上，表征唯一适应度值的单个点被一片表示概率分布的"云"所代替，所进行的适应度测量是在该概率分布范围内进行采样的点，云的"厚度"可能因位于整个搜索空间的不同区域而具有差异性。环境噪声可采用多种不同的模型予以表征，最简单的方法是将质量函数分解为两个部分，即：$f_{\text{observed}}(x) = f_{\text{mean}}(x) + f_{\text{noise}}(x)$；其中，第 1 个项代表多次测量的适应度的平均值；第 2 项代表噪声分量，其通常的表征模型是基于正态分布 $N(0,\sigma)$ 的随机图。

环境随时间变化：产生这种现象的原因或是由于外部环境在本质上所固有的不稳定性，或是由于评估解的行为影响了后续适应度值的计算。例如，在交互式 EA 算法中，每次交互都可能增加用户的疲劳度，进而会改变用户对 EA 算法的期望值（详见 14.1 节）。以此处所设计的拖布为例，若在温度具有明显季节性波动的环境中进行测试时，那么环境就会影响海绵材料的吸水性或测试液体的黏度。这意味着，若基于相同的设计每天进行测量，就能够观察到适应度值的季节性循环变化。在搜索适应度曲面中，上述现象就意味着最优值的位置与当前时间有关，即 $f_{\text{observed}}(x) = f(x,t)$。

在许多实际问题中，上述的影响因素可能是单独的产生，也可能是以多种因素相组合的方式同时发生。因此，算法设计者需要确定将有可能出现哪个影响因素，综合考虑多种影响因素应该采用哪种度量方式，从后续章节所给出的列表中进行相关方法的选择并依据具体问题进行适当的改进。

11.2　多源不确定性的影响

研究学者提出了多种处理不确定性的机制，并基于测试函数和真实世界问题进行了性能评估。通常，通过在固定时间周期内运行算法实例和计算两个基于时间平均的度量指标，对不同类型的算法进行比较，所选择的度量指标是与实际应用问题的类型密切相关的。

第一个指标是在线度量指标[102]，即简单的平均算法运行期间对评估函数的全部调用次数。这一度量指标期望所求解的应用问题能够保持连续良好的解，如在线过程控制[164,444]或金融交易问题。第二个指标考虑的是离线性能，即当前种群中具有最佳性能的种群个体的时间平均值。与在线度量指标不同，离线性能指标不会受到某代种群个体的适应度值偶尔非常差的影响。因此，离线性能指标更适用于种群个体不被惩罚的测试问题（如基于变更设计模型进行参数优化）。

若将具有时间依赖性的适应度函数表示为 $f(x,t)$，并将种群 $P(t)$ 在时间 t 的最佳个体表示为 $bestP(t)$，基于周期 T，可得到以下两个指标的计算公式：

$$online = \frac{1}{T} \times \sum_{t=1}^{T} \frac{1}{|P(t)|} \sum_{x \in P(t)} f(x,t)$$

$$offline = \frac{1}{T} \times \sum_{t=1}^{T} f((best(P(t)),t))$$

最后，需要引起注意的是，在某些情况下，在多目标方法中同时考虑这两个度量指标可能是更合适的，这是因为：优化的平均适合度值是主要期望，但评估时若出现较低适合度值的解，却可能是灾难性的后果。在这种情况下，一种解决方法是采用代理模型将此类潜在的致命错误预先筛选掉。

前节所描述的 3 个不同的不确定性源会以不同的方式影响 EA 算法的性能。针对基因型—表现型映射所引起的误差，可以采用 n 次重复的适应度评估的平均值 $\frac{1}{n} \times \sum_n f(x + \delta x)$ 计算任何给定 x 的适应度值，这意味着需要采用 x 邻域附近 n 个点的样本。通常，相邻解的采样邻域是可以重叠的，即 $x + \delta x$ 可以与 $y + \delta y$ 相重合。因此，适应度曲面上的细粒度特征会被平滑滤掉，但也可能会删除搜索过程中的局部最优点。实际上，这通常都是有益的。从搜索过程的视角，上述平滑策略在适应度曲面中的台阶和高原地形周围创建了渐变的地形；从问题求解的视角，上述平滑策略降低了高质量解被低质量解所围绕的可能性，这对问题的寻优也可能是非常"脆弱"的。

考虑到测量本身所固有噪声，n 次重复测量的均值可表示为 $f(x) + \frac{1}{n} \times \sum_n N(0,\delta)$，其中第 2 项随 n 的增加将会逐渐趋近于零。换言之，当对随机噪声进行重复采样时，测量偏差会相互抵消，从而得到均值的估计值。与前文所讲述的情况不同，此处适应度曲面的特征未被平滑滤波，如图 11.1 所示。图中给出适应度函数 $f(x) = 1/(0.1 + x)^2$ 曲线，以及在存在 2 种不同不确定性情况下的 5 个样本的估计值。可见，这 2 种类型的噪声是在 ±0.4 之间的分布范围内均匀抽取的。更为明显的是：基因型—表现型间映射的错误，降低了估计局部最优值的高度，并使得适应度曲面更为平坦。相比之下，单次测量噪声的影响在采样 5 个样本并进行处理后，其噪声已经降至接近于零。

针对非平稳适应度函数所面对的第 3 种情况，Cobb 在文献[84]中定义了两种分类方法：

（1）转换与连续。这两者均是基于与评估率相关的时间尺度的变化，其中：前者采用的是突变策略，后者采用的是渐进策略。真实世界问题的连续变化可能是周期性的（如与季节性的影响有关），或者可能反映适应度曲面特征的更加均匀的移动（如物理部件随时间逐渐磨损）。

（2）马尔可夫与状态依赖。在前一种情况下，环境的下一时刻的变化是从当前时刻环境中所派生出来的；而针对后一种情况下，其可能会存在更为复杂

170

的动力学现象。

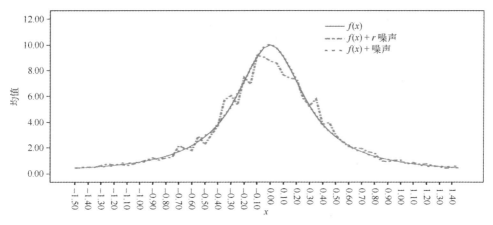

图 11.1　不同类型不确定对适应度值估计的影响：
曲线显示的是对每个 x 值采样 5 个样本后进行估计的平均值。

　　为了说明上述差异，以生活中每天均会遇到的简单例子为例，即：对上下班过程中交通流量的建模和预测。交通流量每天都在渐变中，也就是，在高峰时段逐渐增大之后就逐渐减小。当计划旅行时，能够预测到的情况是：若旅行的最直接路线包含交通繁忙道路，那么旅行时间在一天之中的不同时段就会存在差异性。此外，交通流量也具有切换行为，主要是会受到一次性事件（如公共假日）和不同时段（如在学校假期期间，交通量的变化量和总体水平都要小于日常）的影响。在上述所描述的时段内，旅游路线就可以选择最直接的路线。以 10 分钟为间隔，城市中某天的交通流量变化就可看作由马尔可夫过程所驱动的模型，即：下一阶段的取值只是依赖于当前的交通流量值，而不是之前的交通流量水平。导致相互独立的群众的聚集行为的主要原因是他们需要在工作过程中进行往返。然而，针对空中交通模型，其也具有明显的时变性，但却高度地依赖于状态，主要原因在于：因飞机在错误的位置等原因，某个机场取消了某家航空公司的飞行计划将会造成巨大的连锁反应。

11.3　算 法 方 法

11.3.1　增加鲁棒性或降低噪声

　　无论是在适应度函数评估还是在基因型—表现型映射过程中，降低噪声影响的唯一可行的方法是：多次地反复进行候选解的评估，然后计算平均值。这种方法可以采用显式方式实现，也可以通过父代种群管理过程和生存选择机制等隐式方式予以实现。

采用显式的方式降低噪声影响的方法，所面临的主要问题是如何确定进行适应度度量的抽样次数。需要铭记的是，EA 算法在本质上具有随机性，从进化的视角是能够可靠地区分种群中的较好和较差个体的。因此，一种常见的方法是监视当前种群的变化程度。当变化的程度大于种群适应度值估计的范围时就进行重采样。研究表明，随着种群向高质量候选解方向的收敛，重采样的速率也将随之增加。

当计算采样规模时也同样存在着递减规律：通常，观测值标准偏差随着测量次数平方根的降低而以相同的速率减小。

最后，值得注意的是：对每个候选解独立地进行重新采样的决策是非常合理的，主要原因在于噪声通常不会均匀地分布于整个搜索空间。

11.3.2　针对动态环境的纯进化

遗传搜索所固有的分布特性为探索环境的动态变化提供了非常自然的动力来源。只要种群保持足够的多样性，EA 算法就能够通过重新分配后续探索空间进而应对搜索环境的动态变化。但是，EA 算法的趋势，特别是 GA 算法，快速地收敛速度会导致种群的同质化，进而降低 EA 算法识别搜索空间区域的能力，而这些待搜索区域可能会随着环境的动态变化而成为更具有吸引力的区域（可能包含待求解问题的最优解）。在这种情况下，有必要采用一种对搜索空间具有良好探索性的机制以完善标准的 EA 算法（回顾 4.4.2 节的自我—自适应例子）。

在文献[84]中，作者观察了标准 GA 算法在面对空间中具有最优运动正弦抛物函数时的进化行为。这是基于系列位突变率的遗传操作完成的。研究表明，标准 GA 算法的离线性能随着突变率的增加而降低。随着环境变化率的增加，产生最佳离线性能的位突变率也同时增加。最后，需注意的是：随着问题难度的增加，GA 算法能够跟踪的变化率也逐渐降低。

根据这些发现，研究学者们已经提出了应对不同类型环境变化的方法。

11.3.3　基于存储器切换或循环环境

第一个策略是扩展 EA 算法的存储器，以针对各种环境条件建立快速完备的应对策略。这种策略的主要例子是基于二倍体表示的 GA 算法[194]和结构化的 GA 算法[94]。Goldberg 和 Smith 研究了在振荡环境中，采用二倍体表示方式和优势操作算子策略提升 EA 算法的性能[402]。Dasgupta 和 McGregor 基于具有多层结构的染色体构成的"长期分布记忆"，提出改进的"结构化 GA 算法"。

11.3.4　动态环境中显式地增加多样性

第二种修改策略能够有效地显式地增加种群的多样性，即采用扩展 EA 算法存储机制的方式补偿环境中产生的动态变化。这种操作策略的例子包括：超突变操作 GA 算法[84,85]、随机移民 GA 算法[199]、可变局部搜索（VLS）操作 GA 算法[443,444]和热力学 GA 算法[306]。

当 EA 算法的时间平均最佳性能指标变差时，超突变操作算子暂时将突变率增加至很大，即获得超突变率。Grefenstette 在 1992 年的研究指出，在某些情况下超突变可能永远不会被触发[199]。

随机移民机制是指采用每代随机产生的个体替代标准 GA 算法的部分种群，以保持对搜索空间的持续探索水平。研究表明，采用 30%比率的替代策略，通常具有最佳的离线跟踪性能。若该比率值太高，GA 算法则难以在种群变化期间收敛。此外，算法的离线性能会随着替换比例的增加而逐渐降低。

在一项扩展研究中，Cobb 和 Grefenstette 将超突变操作、随机移民算法和采用高突变率参数的简单 GA 算法进行了比较[85]；研究表明，上述 3 种算法中的突变操作算子在本质上存在着较大差异：

（1）简单 GA 算法（SGA）在种群和时间上均统一；

（2）超突变 GA 算法在种群上统一，但时间上不统一；

（3）随机移民 GA 算法在时间上统一，但在种群上不统一。

上述两位研究学者采用 2 种适应度曲面和以下 3 种类型的变化进行对比研究：在第 1 个问题中采用线性运动（每 2 代或 5 代沿轴向移动 1 步）并且每 20 代随机移动最优值一次，每 2 代或 20 代在 2 个问题之间进行切换。

针对不同类型的算法，所得到的实验结果如下：

（1）SGA 算法：基于 0.1 的高突变概率针对翻译任务的性能相当好，但在线性能非常差，不能跟踪稳定运动的最优点或振荡行为。通常，突变概率的大小需要与环境变化的程度相匹配。

（2）超突变 GA 算法：在性能具有高度的变化性，采用较高的突变率值时，需要针对具体的问题实例进行微调。在跟踪环境突变方面，明显优于 SGA 算法，并且在环境变化率较慢并且允许采用较低突变率的情况下，比 SGA 算法或随机移民算法具有更好的在线性能。

（3）随机移民算法：该策略不擅长跟踪线性运动，但在振荡任务中却具有最好的跟踪效果。两位研究学者猜测产生上述结果的原因是该算法允许保存小生境。该策略在面对静态和缓变的环境问题时，具有较差的性能。

可变局部搜索（VLS）操作算子采用的是与超突变 GA 算法相类似的触发机制，能够在环境变化之前围绕种群个体位置进行局部搜索。该算法的搜索范围是采用逐渐扩展的方式，借助于尝试匹配环境变化程度的启发式算法实现。

热力学 GA 算法主要是通过评估 GA 算法种群的熵和自由能，进而将种群的多样性保持在给定水平。自由能函数可以在创建新种群过程中有效地控制选择压力。

11.3.5　保持多样性和重采样：改变选择和替代策略

文献[441,442]研究了世代 GA（GGA）算法和稳态 GA（SSGA）算法在动态环境中的适用性。结果表明，基于"删除最老"替换策略的 SSGA 算法以降低离线性能特别是在线性能为代价，能够适应环境变化。SSGA 算法具有提升的性能的原因可解释为下述事实：新创建子代立即成为配对池的组成部分，使得算法在搜索进程的相对早期的阶段就能够朝最优解的方向进行移动。目前，研究学者得出的结论是：稳态模型更适合用于非平稳环境，特别是要求算法在线应用的非平稳环境。

在任何类型的 EA 算法中，选择操作都是至关重要的一环。若想开发有效的 EA 算法，就必须了解选择操作所产生的效果的本质原因。目前，针对 GGA 算法的选择操作策略已得到比较充分的研究。已经开发出能够降低随机算法所包含的绝大部分固有噪声的方法，如 SUS 算法[32]。不幸的是，SSGA 算法在本质上阻碍了上述选择操作策略的使用，而其他可用的选择策略自身却含有更多的噪声。

文献[400]采用基于接管概率与时间的马尔可夫链，分析研究了若干种替代策略中的噪声来源。研究表明，算法性能产生变化的原因是丢失了种群中当前最佳个体的唯一副本，这种丢失事件发生的时刻近似为：删除随机个体时间的 50% 和删除最旧个体时间的 10%。针对静态适应度曲面的性能比较结果表明，影响候选解的质量的程度依赖于繁殖操作重新寻回丢失点的能力。文献[78]中给出的其他策略（如指数排序删除），也会丢失种群中的最佳个体。

避免上述最优值丢失问题的常见方法是采用精英主义策略，这种策略通常采用删除最差种群个体的方式予以实现。Chakraborty 在文献[78,79]中指出，选择压力的增加也会导致种群过早收敛和高维度优化问题性能恶化。

文献[399]结合两种不同的精英主义保存策略对若干种替代策略进行了比较研究。第一种策略是本书在 5.3.2 节中所描述的常用方法，精英个体可以保留原始的适应度值，也可以在进行重新评估后保存新的适应度值。第二种策略采用文献[444]中所提出的基于隐式机制的"保守选择"方法。此策略中，每个父代均采用二元锦标赛选择机制，在种群随机选择个体与待被替换个体之间进行选择：若后者是当前种群中的最好个体，那么它将赢得锦标赛，使得重组操作算子失去效用；若不考虑突变操作算子所起的作用，上述策略则最终实现了精英主义保留。文献[400]的研究表明，上述策略被证明能够确保最优类的种群个体将会接管种群，但接管时间比删除—最差或删除—最旧策略要长。实验中，针对 2 个不同的测试问题，评估 10 种选择策略的在线和离线性能。最旧、最差和随机成员的删除策略都是在结合标准和保守锦标赛选择机制的情况下进行的。此外，基于 4 种精英主义的变种算法对删除—最旧策略进行了测试实验，具体如下：

（1）如果是当前最好种群个体中的一个，则保留最旧个体，但需要进行重新评估；

（2）如果是当前最佳种群个体的唯一副本并且被重新评估，则保留最旧的个体；

（3）如情况（1），但未进行重新评估（保留原始适应度值）；

（4）如情况（2），但未进行重新评估（保留原始适应度值）。

这是针对两类不同问题，在采用和未采用超突变操作算子的情况下进行的比较。所得到的结果清晰地表明：尽管并非所有被测试的策略都能额外地创造多样性，但对某些算法通过采用额外的创造多样性的方法（在本例中是通过采用超突变操作算子的方式）的确能够提高算法的跟踪性能。然而，无论是否采用超突变操作算子，上述结果中都突显出了以下两个因素：

● 开发：诸如删除—最旧或随机—删除等策略可能会丢失当前种群最佳个体的唯一副本，进而导致算法性能较差。这与之前的面向静态适应度曲面的理论分析和实验结果相吻合。因此，某些形式的精英主义策略是可取的。

● 重新评估：在潜在的动态环境中，对适应度曲面上各点的适应度进行持续、系统的重新评估是必要的。不进行适应度的重新评估会产生两种影响：首先，种群可能被"拖回"至最初的峰值位置，原因在于附近的候选解是依据历史信息被选择为父代的；第二，其可能会导致难以触发超突变机制。这对于上文所描述的第 3 种和第 4 种精英主义变种策略而言是显而易见的，也适用于更为常见的删除—最差策略。在这种情况下，如果种群在变化之前已收敛到最优值，那么被删除的最差个体可能是唯一被赋予了真正适应度值的个体。系统重新评估的重要性能够在保留删除—最旧和保留删除—随机所造成的性能差异中清晰地得到体现。通常，保留删除—最旧相对于保留删除—随机具有更佳的性能，并且在结合超突变操作算子时会具有非常显著的效果。

在上述所有测试策略中，保留删除—最旧的策略是最适合前文所特别关注的要点，并具有最佳的优化性能。对基于重新评估的精英主义策略进行改进，不仅仅是因为选择压力会降低，更因为是考虑到以下事实：对优秀个体的开发不仅限于保留当前种群中最优秀的个体，而且还将会以递减概率应用于排序第二优、第三优的个体等。由于隐式精英主义策略仍然允许通过突变操作算子对种群进行改变，所以，围绕高适应度种群个体进行局部搜索的概率会更高；而较差种群个体却难以通过锦标赛选择机制被选中，进而会被由重组操作算子所创建的子代替代。结果表明，即使不采用超突变操作算子，该算法也能够跟踪规模适中的动态环境变化。

11.3.6 应用实例：具有时变特性的背包问题

本小节所讨论的问题是文献[306]中所描述问题的变种版本。如本书 3.4.2 节所述，在背包问题中存在许多元素并且每个元素均被赋值（v_i^l）和与之相关的权重或成本值（c_i^l），待求解的问题就是选择满足以下条件的子集：在（时变）总容量 $C(t)$ 的限制条件下，使得该子集所包含元素值具有最大化的总和。

在文献[399]中，Smith 和 Vavak 概述了针对上述背包问题所进行的系列实验，其目的是研究不同的生存选择机制对算法性能的影响。在本书此处待研究的特定案例中，保持每个元素的价值 v_i 和成本 c_i 不变，将容量限制 $C(t)$ 在 C_{sum} 的 50%、30% 和 80% 间进行交替变化，并在每 20000 次适应度评估后按照上述规则循环改变。

采用种群规模为 100 的二进制编码 SSGA 算法求解上述问题。针对父代的选择操作算子，采用二元锦标赛选择机制，这能够保证具有较佳适应度的种群个体经常被选择。在某些情况下，采用保守的锦标赛选择操作算子。采用概率为 1 的均匀交叉操作算子产生新的子代，目的是消除位置偏差（详见本书 16.1 节所示）。为了能够得到较为鲁棒的取值，其余参数的设置值通常都是在初步试验后再予以确定。

此处选择超突变操作算子的原因在于该策略是目前最为常用的跟踪方法，其被触发条件是：当等价于 3 代 GA 算法（本例中是进行 300 次评估）中的最好种群个体的适应度平均值下降超过预设定阈值时。该案例中，设定阈值取为 $TH = 3$，对种群中表现最佳的个体进行 100 次重新评估。当满足触发条件时，在环境变化发生之前，若种群中表现最佳个体的适应度值达到预设定阈值的 80% 时，超突变率值（0.2）就切换至基线突变率值（0.001）。针对上述待求解问题，设定阈值 80% 和超突变率 0.2 的参数设置值具有较好的优化性能。对于大于 80% 的设定阈值，采用长时间的高突变率会对算法的在线性能产生负效应，原因在于：高突变率在种群中引入了多样性，而搜索空间的正确区域已被识别。与前文描述的阈值水平值的选择类似，这 2 个参数的取值均是依据经验确定。

如上所述，最佳的优化结果源于：基于保守锦标赛选择机制的父代选择策略与删除—最旧策略相结合的方法。此处，每个种群个体均有固定的寿命周期，当其将被删除时就触发锦标赛选择机制，并进而成为将替换它的子代的父代。采用上述策略并与超突变操作算子相结合后，能够成功地跟踪切换环境和连续移动最优问题中的全局最优解。

（关于本章的练习和推荐阅读，请访问 www.evolutionarycomputation.org。）

第 12 章　多目标进化算法

本章主要描述进化技术在多目标优化这类特定问题上的应用。首先，介绍这类问题的定义和 Pareto 最优性这一特别重要的术语。然后，研究针对这类问题的某些当前最为先进的多目标 EA（MOEA）算法。最后，研究 MOEA 算法如何利用不同的进化空间和技术等提升和保持种群多样性。

12.1　多目标优化问题

在前面章节所进行的多数讨论中自由地使用了自适应曲面等类比，这些描述都是构建在以下的假设之上：针对待求解优化问题采用 EA 算法的搜索目标是寻优具有最大化适应度值的单个优良解，并且该适应度能够采用单个质量指标予以度量。此外，还讨论了针对 EA 算法进行改进的目标，主要是通过保持种群的多样性实现对系列解的保留，这些解表征的是具有高适应度的小生境，能够保持与自适应曲面间的联系，其中后者是通过为每组可能解都分配单一的质量度量（目标）指标进行定义的。

本章的重点是当前优化研究团体和实践应用都非常关注的多目标问题（MOP），其解的质量通过数个相互冲突目标的性能进行定义。在实践中，许多传统上通过定义单目标函数（质量函数）进行求解的应用程序，在本质上都是 MOP 问题，将这些问题转化为单目标形式进行描述是为了更容易地进行优化求解。

受文献[334]的启发，此处基于一个简单的示例对 MOP 问题进行描述。假设读者搬到新城市后正在寻找购买新房子，其可能需要考虑到的因素包括：房间的数量、建筑的风格、与工作地点的距离和交通出行的方法、当地的商务配套、周边的交通设施和房屋的价格等。显然，对购房者而言，这些因素相互之间是冲突的（尤其是价格）。因此，购房者会依据这些因素对将要购买的房屋进行评级。可以预知的是，最终的购房决策将会是折中方案，即：针对不同的影响因素对房屋的评级进行均衡。

上述例子包含的主观因素比较多，其中有些因素是难以采用数值方式进行量化的。但是，这个示例也的确显示出了 MOP 问题所具有的共同特征。也就是说，需要为用户提供一组多样化的可能解，这些解代表了在多个目标间所做出的不同

177

程度的均衡。

另一种方法是为每个目标分配能够采用数值方式进行度量的质量函数，然后采用权重（通常为固定值）组合这些不同目标的质量函数所表征的得分，进而获得单个适应度的得分。这种方法通常被称为尺度化，已在运筹学和启发式优化等研究团体（更为详细的综述请参见文献[86,110]）采用多年，但其存在以下缺点：

（1）采用权重函数所基于的隐式假设是：在获悉可能存在的解的范围之前，能够获得用户针对不同目标的全部偏好；

（2）对于重复解决的相同问题的不同实例的应用，采用权重函数所基于的假设是：用户偏好必须是静态不变的，否则就需要算法使用者每次都要显式地寻找新的权重系数。

基于这些原因，能够同时搜索具有差异化高质量解集的优化方法，引起了越来越多的 EC 领域研究学者的关注。

12.2　支配解与帕累托优化

支配的概念比较简单：给定两个解，依据某组目标值（通常假定将目标值进行最大化处理），这两个解均具有相应的得分，若某个解的得分至少对所有的目标都一样高并且至少针对某个目标的得分非常高，那么就是这个解支配另一个解。此处采用 n 维向量 $\bar{a}$ 表示解 A 面向 n 个目标的得分。采用符号 $\succeq$ 表示支配，定义 $A \succeq B$ 的形式如下：

$$A \succeq B \Leftrightarrow \forall i \in \{1, \cdots, n\} \ a_i \geqslant b_i, \ \text{和} \ \exists i \in \{1, \cdots, n\}, \ a_i > b_i$$

对于相互冲突的目标，存在没有单个解能够支配所有其他解的情况。因此，若某个解不被其他任何解所支配，那么该解就被称为非支配解。所有的非支配解具有的共同特性是：在不损害其中某个目标函数的情况下，非支配解的质量针对任何目标函数都不会得到提升。在存在约束的情况下，非支配解通常位于搜索空间可行域的边缘。所有非支配解的集合称为帕累托解集或帕累托前沿。

在图 12.1 中的帕累托前沿表示两个相互冲突的需要最大化的目标。该图还表明了在实际应用会经常观察到的某些特征，如非凸性和非连续性，这些特征会给基于复杂的缩放变形识别帕累托解集的传统优化技术带来特殊的问题。EA 算法在包含不连续性和多重约束等困难特征的高维搜索空间中具有识别高质量解的能力。结合 EA 算法基于种群进行优化求解的本质及其发现和保存具有多样性良好解的能力，采用 EA 算法求解 MOP 问题是当前最主流的技术。

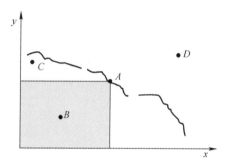

图 12.1　帕累托前沿的示意图：x 轴和 y 轴分别代表受到约束的
两个冲突目标；解的质量通过 x 值和 y 值进行表征；解 A 支配解 B 及其他
灰色区域内的所有的解，解 A 和解 C 互相不支配；图中的曲线表示的是帕累托
解集，其中解 A 是解集中的一个点；该曲线上部和右侧所有解，如解 D，均是不可行解。

12.3　面向多目标优化的 EA 算法

从 1984 年 Schaffer 的向量评估 GA（VEGA）算法[364]提出至今，研究学者已提出了采用 EA 算法求解 MOP 问题的多种策略。在 VEGA 算法中，原始种群被随机分为若干个子种群，并根据不同的目标函数为每个子种群分配一个适应度值，但父代选择和重组操作等遗传行为仍基于整个种群以全局方式进行。这种改进被证明能够在若干代内保持与帕累托前沿的近似一致性，但难以长期保持。

继上述研究之后，Goldberg 等研究学者建议采用基于支配而非绝对目标得分的适应度评估策略[189]，并与小生境和/或物种形成方法相结合，实现种群多样性的保持，这一突破性的理念导致针对该领域研究热度的急剧增加。此处，在下文简要描述若干种较为著名的算法。特别需要注意的是：问题表示方式的选择和变异操作算子的确定都是依据待求解问题的特性而确定的。因此，本书中对适应度分配和选择操作的方式进行描述。

12.3.1　非精英方法

这是为了探索非支配解而显式地施加选择压力的首批算法，其详细讨论如下：

Fonseca 和 Fleming 在文献[175]中提出的多目标遗传算法（MOGA）为每个解均指定原始适应度值，该值等于它所支配的当前种群中的成员数量再加 1。该算法在具有相同排名的候选解之间采用适应度共享机制，并通过与适应度比例选择机制互相耦合的策略提升种群的多样性。

Srinivas 和 Deb 在文献[417]中提出非支配排序遗传算法（NSGA），采用了与上述文献相类似的运行机制，差别仅在于将原始种群划分为若干个相同的支配前沿后再指定适应度值。为了实现上述策略，首先，算法迭代地寻找种群中所有的未被标记属于上代帕累托前沿的非支配解。接着，它将新的解集标记为属于当前帕累托前沿，并增加帕累托前沿计数，重复上述步骤直到所有的非支配解均已被标记，给定帕累托前沿中的每个解都将此前沿所有非支配解的计数作为其原始适应度值。最后，为提升种群多样性，再次采用适应度共享机制，但在计算中仅考虑源自个体前沿的成员。

Horn 等人在文献[223]中所提出的小生境帕累托遗传算法（NPGA）与前述两种算法的区别在于，采用改进版的锦标赛选择机制替代适应度比例共享机制。锦标赛选择机制的运行过程是：首先，依据两个解是否会发生相互支配进行比较；然后，根据新种群中已有类似解的数量进行再次比较。

上述 3 种算法在许多测试函数上都表现出良好的性能，它们具有两个共同的特点：首先，性能严重依赖于共享/小生境过程中能否选择合适的进化参数；第二，具有丢失优良解的潜在可能性。

12.3.2 精英方法

在整个 20 世纪 90 年代，EA 算法研究团体针对 EC 领域的多个方向进行了大量研究，提出了许多降低进化参数设置依赖性的方法（详见第 7 章和第 8 章）。理论研究的突破成果表明，在采用精英策略（5.3.2 节）的前提下，单目标 EA 算法在某些问题上能够收敛于全局最优点。根据这项研究成果，Deb 与其合作者在文献[112]中提出了改进版 NSGA-II 算法，在采用非支配前沿理念的基础上，该算法包含以下几点的改进：

（1）每个解的拥挤距离度量被定义为长方体的平均边长，长方体则基于候选解相同前沿的最近邻居予以定义。拥挤距离的值越大，该解的邻近解就越少。

（2）采用了 $\mu = \lambda$ 的 $\mu + \lambda$ 生存选择策略。将原始种群和新创建子代合并后进行帕累托前沿分配。新种群通过逐渐弱化的前沿接受个体，直到种群规模满足预设定要求。若最后前沿上的所有个体都不能被全部接受，则依据距离进行选择。

（3）父代选择机制采用了改进的锦标赛选择策略，其创新点在于：先考虑支配排名再考虑拥挤距离。

由上可知，该算法采用了精英主义保留和显式的多样性保持方案，减少了对进化参数的依赖性。

另外两个性能较为突出的算法是强化帕累托进化算法（SPEA-2）[475]和帕累托存档进化策略（PAESs）[251]，这两个算法基于存档保存在搜索过程中所发现的固定数量的非支配解进而实现精英保留效应，只是在所采用的存档方式上具有细微的差别。此外，两种算法都需要维持固定大小的归档文件，同时基于接近新解的归档点数量和支配信息更新归档文件。

12.3.3 MOEA 算法中的多样性保持

在关于 MOEA 算法的讨论中，还需要考虑的事项是：如何在进化过程中能够保持系列具有多样性的解。从上述对 MOEA 算法的描述中可清楚地获悉，所有 MOEA 算法都采用了显式的方法增强保持种群多样性，而不是简单地依赖诸如并行性或人工物种形成等隐式的措施。

在单目标优化中，显式的多样性保持方法通常与隐式的物种形成方法相结合，进而允许在所保留的小生境内搜索最优解，通常的结果是某些具有高适应度值的多样性解在整个种群内具有多个副本（详见图 5.4）。与此相反，MOEA 算法的目的是，试图将种群个体均匀地沿着当前的帕累前沿进行分布。这一目的也能够部分地解释，为什么物种形成技术不能与显式的多样性度量结合。最后，值得注意的是，当前比较流行的 MOEA 算法已经不再采用适应度共享机制实现种群的多样性，而倾向于采用类似于拥挤机制的策略直接测量最邻近非支配解的距离。

12.3.4 基于分解的方法

采用均匀表示帕累托前沿近似值的方法，所针对的难以避免的难题是：当解空间的维数增加到 5～10 个目标以上时，这种方法不能够按比例进行扩展。最近备受关注的方法是张等人提出的基于分解的 MOEA-D 算法[474]，其共享的特征来自单目标权重求和的方法和基于种群的方法。MOEA-D 算法并非采用权重组合方式，而是通过在目标空间中均匀分布 N 个权重向量，并为每个权重向量构建通过欧氏距离测量的包含 T 个最近邻的列表。之后创建并演化包含 N 个个体的种群，其中每个个体与权重向量相关联，并计算得到单个适合度值。与简单的基于 N 个并行独立搜索策略的差别是：采用了邻域集构造种群，选择和重组操作类似的细胞 EA 算法（详见 5.5.7 节），并且仅在邻域群体中进行。通过对权重向量和相邻集位置的周期性地重新计算，可使得 N 个并行搜索关注点能够反映出解空间内的搜索结果。MOEA-D 及其变种已被证明，在低维目标中可取得与基于支配的求解方法相等价的性能，并且能够更好地扩展至 5 维多目标问题或更多冲突维的问题。

12.4 应用实例：作业车间调度的分布式协同进化

学者 Husband 所提出的多目标分布式协同进化方法[225]通过一个非常有价值的实例体现了本章关于 MOEA 算法的许多观点，以及本书第 15 章中的一些观点。在这个方法中，作者采用协同进化模型处理复杂的多目标、多约束问题，即：作业车间调度问题的通用版。商家需要制造系列物品，每个物品都需要在不同的机器上进行系列的操作，并且所需操作的数量和顺序都不同。因此，为每个物品寻求最佳生产计划的问题，在本质上是 NP-难问题。解决多任务问题的常用方法是：

先分别优化每个计划，然后再使用启发式调度方法交错执行这些计划，最终获得总体的调度策略。然而，这种策略存在的固有缺陷是在执行过程中仅是单独优化计划却未考虑机器的可用性等实际情况。

学者 Husband 所提方法与上述常用方法是不同的，即：采用独立种群为每个问题演化计划，而且同时对这些计划进行优化。从这个角度上讲，此处所面对的是 MOP 问题，尽管上述方法期望的最终输出是针对系列物品的系列计划而不是一组不同的调度表。某个物品的候选计划是由来其他种群的相邻成员进行评估的，也就是说，与时间和加工成本相关的适合度值所对应的是完整的生产调度。另有附加种群用于演化"仲裁员"，即：处理制定完整调度表的过程所发生的冲突。

早期实验曾遇到种群多样性的过早丢失问题。通过基于隐式方法的多样性保持策略对该问题进行处理，即采用扩散模型 EA 算法。此外，通过将每个种群的个体定位于网格上的每个点，完美地解决了伙伴选择问题（详见 15.2.1 节），即：一个完整的评估解对应于一个网格单元。

本书此处对 Husband 所提出的表示方式和变异操作机制不进行详细介绍，主要原因是这两个组件都是与特定问题高度相关的。相反，此处主要关注该所提算法的实现细节，因为算法的目的是辅助搜索以获得更优秀的解。所采用的算法是协同进化方法。如果采用单个种群，并且具有表征所有物品计划的解，则存在基因搭车（详见 16.1 节）的可能性将较大，即：即使针对其他物品的计划都很差，在初始种群中，针对某个物品的良好计划将会进行接管；相反，将原始种群分解成若干个不同的子种群则意味着，良好的计划即使在最差的情况下也能够接管一个种群。

Husband 所提算法中的第二个能够辅助搜索不同局部最优特征的方法是采用扩散模型。该例子采用的是 15×15 的方形网格，也就是说，种群规模为 225。制定面对 5 个物品的调度计划，每个物品的制作需进行 20～60 次演化操作。因此，针对该求解问题共需要 6 个种群，每个"细胞"都包含 5 个物品和 1 个仲裁员的计划。采用基于世代模型的遗传操作：在每个遗传代中对每个"细胞"种群的"繁殖"，采用随机排列机制确定"细胞"的顺序。

每个"细胞"内的繁殖过程针对每个种群以迭代方式进行，包括以下步骤：

（1）迭代地从当前位置产生随机的横向和纵向偏移，进而创建生成一组邻近点。采用高斯分布的二项式近似方式，在距离超过 2 时急剧下降，并被截断到距离 4。

（2）依据成本对邻近"细胞"进行排序，采用 $s = 2$ 的线性排序进行"细胞"选择。

（3）从被选"细胞"和当前"细胞"的成员中选择当前种群的个体，通过重组操作和突变操作创建新的子代。

（4）采用反向线性排序从邻近区域中选择"细胞"。

（5）采用新创建的子代替换该"细胞"中的当前种群个体。

（6）采用新创建的子代重新评估该"细胞"中的全部个体。

采用上述技术的运行结果表明，Husband 所研制的系统针对每个物品进行演化获得了较低成本的计划，并且具有较短的总调度时间。值得注意的是，即使经过数千次的迭代过程，该系统仍然能够保留许多具有差异化的解。

（关于本章的练习和推荐阅读，请访问 www.evolutionarycomputation.org.）

第 13 章 约 束 处 理

本章重新回到本书在 1.3 节首先介绍的问题，即具有相关约束的某些待求解问题。这意味着，并非所有可能的决策变量值组合都能够表征待求解问题的有效解，本章将讨论该问题是如何影响进化算法的设计。由于很多现实问题都受到不同程度的约束，此问题的研究具有很大现实意义。同时，因许多难以求解的问题（NP-难问题、NP-完全问题等）也都受到不同程度的约束，使得该问题在理论研究上也是待挑战的难点。主要的困难之处在于，约束处理在 EA 算法中也不能采用简单直接的方式予以解决，因为变异（突变和重组）操作算子通常对这些现实的约束"视而不见"。这意味着，即使父代满足某些约束条件，也不能保证子代满足这些条件。本章对最常用的约束处理技术进行综述，对常见特征进行识别，为算法设计者提供约束处理的指南。

13.1 约束处理的两种主要类型

在本节讨论如何处理约束之前，首先简要回顾一下第 1 章中对约束的分类。在前文中，约束的分类取决于待求解问题是否具有两个特征，即：候选解允许采用的约束形式；质量或适应度函数。基于上述特征对待求解问题的详细分类如下：

（1）上述两个特征都没有，那么这不是待求解问题；

（2）存在无约束的适应度函数，那么这是自由优化问题（FOP）；

（3）候选解必须满足约束条件但没有其他适应度准则，那么这是约束满足问题（CSP）；

（4）适应度函数和约束两个特征均有，那么这是约束优化问题（COP）。

最后，待求解问题拥有的可能解的数量与构建问题的方式相关。以第 1 章中所描述的八皇后问题进行说明，通过限制 CSP 问题的搜索空间，得到尽量约简的 COP 问题，进而使得八皇后问题更容易求解。此处将对上述概念进行扩展。为此，本书将在 13.2 节详细地讨论各种约束处理技术。在此之前，首先区分两种概念上的差异：

（1）在间接约束处理的情况下，约束转化为优化目标。转换之后，约束消失了，所需要关心的是如何优化最终的目标函数。这种类型的约束处理通常是在 EA 算法运行之前完成。

（2）在直接约束处理的情况下，EA 算法要求解的问题具有在 EA 算法运行期间被显式地增强的约束（COP）。

上述这些选项并不是相互排斥的：对于给定约束问题（CSP 或 COP），某些约束是能够直接处理的，而其他约束则可以间接处理。

事实上，即使所有约束都采用间接方式处理后，已经将 EA 算法面对的待求解的问题转换为 FOP 问题，但这也并不意味着 EA 算法会忽略原本已有的那些约束。理论上，可以完全依据 EA 算法所具有的普适性优化能力，在不考虑适应度函数 f 的值是如何获得的情况下求解给定的 FOP 问题。但需要铭记的是，算法设计人员的责任（主要设计指南之一）是：确保转换后的 FOP 问题的解，能够表征原始 CSP 或 COP 问题的解。但是，也要注意到，适应度函数 f 实际上是由原问题的约束构造的。例如，可通过设计特殊的突变或交叉操作算子，对 EA 算法中的特定约束信息进行利用，这些操作算子能够显式地使用启发式方法来保证子代比父代更为严格的约束。

13.2 约束处理方法

在本书之前的讨论并未考虑变量域的性质。从这个视角而言，变量域存在全部离散或全部连续共 2 种极端情况。通常，连续变量域的 CSP 问题非常稀少。因此，CSP 问题默认都是基于离散变量域的[433]。对于 COP 问题，同时存在离散形式（组合优化问题）和连续形式。目前，许多关于约束处理的进化文献都局限于上面所述的某一种情况，处理约束在实际上都是相同的，即：至少在概念层面上不存在差异。因此，本书后续章节对约束处理方法的描述都是一般性的。通常，由于约束的存在，待求解问题的潜在解空间被分为两个或多个非相交的区域，即：包含满足给定约束条件候选解的可行域 F 和包含不满足给定约束条件的非可行域 U。

此处，通过考虑如何改变搜索"基因型空间、表现型空间 S、基因型到表现型的映射和适应度函数"等因素的某个或多个方面对约束处理方法进行区分。常用的系列方法包括：

1. 间接方法

采用惩罚函数修改适应度函数。针对可行域 F 中的可行解和非可行域 U 中的候选解，分别采用目标函数值和惩罚值表示适应度值。最佳的设计模式是：适应度值依据违反约束的数量或与可行域的距离而以某种比例逐渐减小。

2. 直接方法

（1）通过面向特定问题的表示方式、初始化方式和复制操作算子等多个方面对待求解问题的基因型空间进行约简，进而确保全部候选解都是可行解。映射关系、表现型空间和适应度函数等都保持不变。本书 4.5 节介绍的采用特定重组和突变操作算子的排列表示，是基于此方式的典型例子。尽管这个例子比较简单，但在更为复杂情况下，为确保全部有效的表现型空间能够被新的较小基因型空间全部覆盖，可能难以实现针对上述映射的"反向工程"。

（2）通过修复机制改进原始映射。对于可行域 F 中的可行解，其映射关系保持不变；但对于非可行域 U 中的候选解，通过添加额外的预处理阶段，将不可行解转化为可行解。需注意的是，该方法基于的假设是：能够在某种意义上评估解是否违反了相关约束。

（3）采用解码器函数代替基因型与表现型间的原始映射进而确保所有解（表现型）都为可行。基因型空间和适应度函数都保持不变，可以采用标准的进化操作算子。与修复函数能够处理全部候选解不同的是，由于解码函数通常只考虑约束，故其解是由部分要素构建获得的。

本书以下章节中将简要讨论上述方法，并重点探讨对 EA 算法的通常应用造成主要影响的相关方面。此处以在 3.4.2 节所介绍的 0-1 背包问题为例进行约束处理的说明。给定包含 n 个子项的集合，每个子项都具有一定的价值和成本，$v(i), sc(i) : 1 \leqslant i \leqslant n$。通常表示采用二元向量 $\bar{x} \in \{0,1\}^n$，寻求向量 $\bar{x}*$ 在最大成本约束下 $\sum_i x(i) \cdot c(i) \leqslant C_{max}$ 使所选子项的价值 $\sum_i x(i) \cdot c(i)$ 达到最大化。

特别需要提出的是，在实践中，为减少生成不可行解所浪费的时间，尽可能多地利用特定领域知识是一种很常见的策略。文献[302]指出，基于连续变量的 COP 问题的全局最优解，通常位于或非常接近于可行域和不可行域之间的边界，采用沿该边界进行搜索的求解算法已经取得了非常好的结果。本书此处主要集中讨论更具有普适性的情况，因为某些操作算子所需要的领域知识也可能是不存在的。

针对约束处理方向的更全面综述，请读者参考文献[127,141,300,302]。此外，特别推荐深入阅读的文献是[90,298,301,361]，原因在于这些文献中包含面向二进制 CSP[90]、连续 COP[298,301]等问题实例生成器的描述，或者收集了大量的连续 COP 问题测试的适应度曲面[361]，以及详细的实验结果。本书再次强调选择合适的问题表示方式是非常重要的。针对连续域问题，文献[302]的研究表明，表示方式采用实值比采用二进制具有更好的结果。

13.2.1　惩罚函数

采用惩罚函数改进候选解 $\bar{x}$ 的初始适应度函数 $f(\bar{x})$，修改后的形式为：$f'(\bar{x}) = f(\bar{x}) + P(d(\bar{x}, F))$，其中 $d(\bar{x}, F)$ 表示不可行解到可行域 F 的距离度量（也可以采用违反约束的数量作为度量指标）。针对可行解，惩罚函数 P 的值为零；针对最小化问题，P 值随着与可行域间距离的增加而逐渐增大。

针对本书 3.4.2 节所描述的背包问题，一种简单的方法是：首先，计算选择子项后的多余重量，其相应的计算表达式为 $e(\overline{x}) = \sum_i x(i) \cdot c(i) - C_{\max}$；然后，再采用以下惩罚函数：

$$P(\overline{x}) = \begin{cases} 0, & e(\overline{x}) \leqslant 0 \\ w \cdot e(\overline{x}), & e(\overline{x}) > 0 \end{cases}$$

其中，固定权重系数 w 的取值要足够大，用以保证对可行解的偏好。

需要注意的是，这种方法是建立在能够对不可行解进行评估的假定之上的。虽然针对上述背包问题的例子是可行的，但在其他待求解问题中却不能保证一定能够成立。并且，该讨论也只是针对外部惩罚函数（惩罚仅作用于不可行解），并未讨论针对内部惩罚函数（为了增加对搜索区域的探索，依据与约束边界间的距离对所有候选解进行惩罚）的情况。

惩罚函数方法因具有概念简单等特点而得到了广泛的应用，尤其适用于求解非相交可行域问题以及全局最优解位于约束边界或接近约束边界的问题。然而，该方法的成功运用取决于如何在不可行域的探索与时间成本的节省之间进行均衡，重点在于所采用的惩罚函数形式和距离度量准则。

若惩罚函数的惩罚力度过大，约束边界附近的不可行解可能会被丢弃，进而会延迟甚至会阻止对该区域的进一步探索。同样，若惩罚函数的惩罚力度不够，不可行域的解可能会主导可行区域，进而导致算法在不可行区域消耗较多时间，甚至在不可行区域停滞不前。一般来说，具有 m 个约束的系统，其惩罚函数通常采用以下的加权和形式进行表征：

$$P(d(\overline{x}, F)) = \sum_{i=1}^{m} w_i \cdot d_i^k(\overline{x})$$

其中，k 是用户自定义的常数，其值通常取 1 或 2。如上所述，从 $\overline{x}$ 到约束边界 i 的距离度量 $d_i(\overline{x})$，可依据是否满足约束采用简单的二进制值形式进行表征，也可以采用基于修复成本的度量指标。

研究学者已经提出了许多构造惩罚函数的方法，文献[379]对其进行了翔实的综述，并将惩罚函数分类为常量、静态、动态或自适应等 4 个类别。该分类结果与本书 8.2.2 节所讨论的示例选项非常吻合。

1. 静态惩罚函数

静态惩罚函数通常包含 3 种方法，即灭绝性惩罚（全部权重 w_i 的取值很大，能够有效杜绝不可行解）、二进制惩罚（若违反约束则权重值 w_i 为 1，否则为零）和基于距离的惩罚。

文献[189]指出，在上述方法中第 3 种方法的效果最佳，并相应地给出了该方法的很多实例。这种方法的特点是，依据指定的距离度量指标，可以精确地反映修复解的难度。显然，该方法与问题极其有关，也会因约束的不同而具有差异性。

187

最为常用的距离度量指标是采用欧式距离的平方（设置 $k=2$）。

但是，采用静态惩罚函数的主要问题依然是如何设置 w_i 值。在某些情况下，可通过重复运行和结合特定领域知识的实验得到合适的权重值，但这样的高耗时过程往往具有较差的可行性。

2. 动态惩罚函数

替代手动设定固定的 w_i 值的一种方法是采用随时间进行变化的动态值。文献[237]提出了一种典型方法，静态值 w_i 由简单的函数 $s_i(t)=(w_i t)^\alpha$ 计算得到。实验表明，在 $\alpha \in \{1,2\}$ 时，上述方法具有最佳的性能。由于不采用固定（也可能并不适合）的 w_i 值，上述方法的鲁棒性可能有所提高，但在算法运行前仍然需要设定权重的初值。

另外一种方法是，文献[369]所提出的行为记忆算法，其可看作对上面所提方法的逻辑扩展版。在方法中，将种群的进化过程分为与约束数量相同的若干个阶段。在每个阶段 i，进行种群评估的适应度函数是约束 i 的距离函数与违反约束 $j<i$ 全部解的致命惩罚项的组合值。在进化的最后阶段，所有约束都处于激活状态，目标函数作为适应度函数。需要特别提出的是，约束的不同处理顺序可能会导致不同的运行结果。

3. 自适应惩罚函数

自适应惩罚函数的目的是防止惩罚权重 w_i 选择不当而导致算法性能变差。文献[45,205]中所描述的早期方法已在本书 8.2.2 节中进行了描述，此处不再赘述。第二种方法由文献[380,426]提出，其采用了自适应缩放（基于当前时刻所探索到的最佳可行和不可行解的原始适应度的种群统计）与每个约束距离度量（基于"接近可行的阈值"概念）相结合的策略。其中，后者具有针对每个度量距离的可随时间变化的比例因子。

文献[149,150,151]所提出的逐步权值自适应（SAW）算法是搜索空间内种群层级的自适应机制。在该方法中，权重 w_i 依据简单的启发式方法进行调整：如果当前种群中的最佳个体违反了约束 i，那么判断此约束必然为硬约束，需要增加其权重。与上述自适应机制相比，函数更新相对而言非常简单。在这种情况下，针对进行更新的每个遗传代的最佳个体所违反的约束条件，在其惩罚值中添加固定的惩罚增量 Δw。该算法能够自适应与 EA 算法操作算子和初始权值相独立的权重值，这表明此算法具有鲁棒性。

13.2.2 修复函数

采用修复算法求解基于 EA 算法的 COP 问题，可看作将局部搜索嵌入 EA 算法内的一种特殊情况。在这种情况下，进行局部搜索是为了约简（或消除）约束冲突，而不是同经常采用的其他方法一样仅是简单地提高适应度函数的值。

局部搜索技术的研究已经非常深入，此处的主要关注点集中在 Baldwinian 式与 Lamarckian 式学习（详见 10.2.1 节）。在上述任何一种方式下，修复算法的运行方式都是：先选取不可行点，再基于该点生成可行解。在 Baldwinian 式的局部搜索方式中，修复后的可行解的适合度被分配到原始的不可行解并保持恒定；而在 Lamarckian 式的局部搜索方式中，原始的不可行解则被新的可行解替代。在无约束学习方面，虽然 Baldwin 式与 Lamarck 式之间的争论还未停止，许多 COP 算法通过引入随机性进行了折中处理。例如，Michalewicz 所提出的 GENOCOP 算法中，在大约 15%的时间中采用了修复解[299]。

对于此处所面对的背包问题，最为简单的修复方法是将 $\bar{x}$ 中的某些基因值从 1 变更为 0。虽然这看起很简单，但也带来了一些非常有意义的问题。其中之一是上文所讨论的替代问题；第二个问题是如何选择基因以预定顺序进行改变，或者随机改变基因顺序。文献[295]提出，采用贪婪确定性修复算法可获得最好的结果，但采用非确定性修复算法却会增加个体评估时的噪声，原因在于相同的潜在解在单独评估过程中可能会导致不同的适应度值。但是，文献[398]的研究表明，噪声的添加有利于避免 GA 算法的过早收敛现象。在实践中，最好的求解方法不仅依赖于问题实例，还与种群规模和选择压力相关。

虽然背包问题相对简单，但是，定义修复函数通常和求解问题一样复杂。采用随机修复对上述修复函数问题进行简化的算法是 Michalewicz 所提出的 GENOCOP 算法，其主要用于连续域优化[299]。该算法需要保持"搜索解" P_s 和"参考解" P_r 两个种群，其中后者包含可行解。对 P_r 中的全部解和 P_s 中的可行解进行直接评估。当在 P_s 中生成不可行解时，先在 P_r 中选择一个解，再在该解与不可行解之间绘制线段对不可行解进行修复，所采用的方法是：针对所绘制线段上的解进行持续地取样，直到找到能够修复的可行解。如果这个新的可行解优于从 P_r 中所选择的解，就采用新解将其进行替换。基于较小的概率（代表着 Lamarckian 式和 Baldwinian 式学习方式间的均衡）采用新解取代了 P_s 中的不可行解。值得注意的是，虽然上述两种不同的方法都可用于选择修复中所采用的参考点，但两种方法也都具有随机性，进而导致适应度评估中必然会存在噪声。

13.2.3 对可行域限制搜索

在许多 COP 问题应用中，可能会需要构造表示方式和操作算子，以便能够将搜索范围限制在待搜索空间的可行域内。在构造此类型的算法时，必须要确保所有的可行域都能够被有效表征。与其相等价的期望是，任何可行解都可基于单次或重复应用突变操作行为从其他任何解得到。这方面的经典例子是排列问题。在本书的 3.4.1 节通过八皇后问题进行了详细描述，在本书的 4.5.1 节和 4.5.2 节描述了能够由可行解父代传递给可行解子代的变异操作算子。

针对背包问题，可设想采用以下的操作算子。采用随机初始化操作算子构造解的过程为：先从空集 $x(i) = 0$ 开始，对于 i 和随机选择元素 i 将其从基因值 1 进行翻转，直到添加的下个值将会违反背包问题的成本约束。采用上述方式得到的初始种群，其包含的每个个体超出成本的值 $e(\overline{x})$ 为负。对于重组操作算子，采用改进版的单点交叉算法。针对任意给定的父代对，结合潜在交叉点的存在情况，首先，生成随机排列 $\{1,\cdots,n-1\}$；然后，依据上述顺序，检查新创建的子代对，若第一对子代为可行解，则予以接受。对于突变操作算子，采用位突变方式，接受任何将基因从 1 变为 0 的移位以及从 0 变为 1 且不会产生超出成本的移位。为消除因初始表示方式对元素进行选择而造成的偏置，可以再次采用随机顺序重复上述操作。

应该特别注意的是，上述解决 COP 问题的方法虽得到了较广泛的关注，但并不是针对所有类型的约束都适用。在许多情况下，难以采用现有的操作算子或新设计的操作算子并确保所获得的子代都为可行解。尽管最可能的方法是简单地丢弃任何不可行解，并重新运用操作算子直到生成可行解，但检查解是否为可行解的过程也会非常耗时，进而导致该方法难以适用。虽然结合适当选择的操作算子能够将这种方法成功地用于求解 COP 问题，但仍然遗留了大量的待解决的问题。

13.2.4 解码函数

解码函数是从基因型空间 S' 到解空间 S 的可行域 F 的一类映射。通常，解码函数具有以下属性：

（1）每一个 $z \in S'$ 都必须映射到一个单独的解 $s \in F$；

（2）每个解 $s \in F$ 必须至少有一个表示 $s' \in S'$；

（3）每个 $s \in F$ 在 S' 中必须有相同数量的表示（该数量可以不为 1）。

上述解码函数提供了采用 EA 算法求解该类问题的一种相对比较简单的方法，但也存在一些缺点。这些缺点主要集中在：解码函数通常会在原始基因型空间中引入大量冗余。当新的基因型到表现型空间的映射是多对一模式时，上述冗余问题就会产生，这意味着：许多在本质上完全不同的基因型可能被映射至相同的表现型，并且只存在于表现型空间中的某个子集内。

以背包问题为例，某个简单的方法可保持基因型、初始化和变异操作算子不发生改变。当构造候选解时，解码器函数从字符串的左手端开始进行译码，并将 1 解释为"若可能则选择此项……"。如果按上述方式，处理了全部 n 个基因的 j 个之后超过了成本限制，那么其他基因的值按照不相关进行处理；这样，就会存在 2^{n-j} 个字符串映射至相同的表现型空间的解。

在某些案例中，也可以设计以下解码函数：允许使用相对标准的表示方式和操作算子，同时也保留基因型与表现型之间的一对一映射关系。针对该类型解码函数的代表性的例子是学者 Grefenstette 所提出的 TSP 问题解码器，Michalewicz 在文献 [297] 中对其进行了较为透彻的描述。在这种情况下，每个基因 $a_i \in \{1,\cdots,n+1-i\}$ 都采用某个简单的整数予以表示。这种表示方式允许使用通用交叉操作算子和位突变操作算子，后者能够随机地将其中的某个基因值重置为其所允许的基因位值。这两个操作算子的结果都能保证解是有效的。解码函数的运行原理是：通过考虑城市的有序列表 ABCDE，采用基因型对该有序列表进行索引。

例如，针对基因型⟨4,2,3,1,1⟩，其所对应旅游路线的第一个城市是城市列表中的第 4 个项目，即 D 城市。然后，将 D 城市从列表中删除，并解码第 2 个基因，在本例中其指向城市 B。重复进行上述过程，直到获得整个旅游路线：⟨4,2,3,1,1⟩ → DBEAC。

尽管一对一映射意味着在基因型空间中不存在冗余现象，并且允许使用直接交叉和突变操作算子，但映射函数所具有的复杂性也意味着，基因中的较小突变也能够对表现型产生较大的影响，如⟨3,2,3,1,1⟩ → CBDAE。同样，重组操作算子也不能保留和传播源于两个父代的全部共有特征。因此，若存在两个可行解⟨1,1,1,1,1⟩ → ABCDE 和⟨5,1,2,3,1⟩ → EACDB，这两个父代的共同特征是：基因的第三位置对应城市 C 和第 4 位置对应城市 D；若在第 3 和第 4 个位置之间进行单点交叉，得到的子代为⟨5,1,2,1,1⟩ → EACBD，其显然未能拥有两个父代的共同特征。若交叉操作发生在两个父代基因的其他位置，共同特征城市 CD 则可能会遗传至子代，但却位于循环中的其他位置。

在以上所给出的两个示例中，基因型—表现型映射间的复杂性使得两者间难以准确定位，而且使得与搜索空间相关的适应度曲面高度复杂，这是由于字符串左手端的变化对适应度的潜在影响要比右手端的变化大得多[196]。此外，难以准确地指定重组操作算子应该保留的父代共同特征。

13.3 应用实例：图的三着色问题

此处，通过采用两种不同的方法求解著名的 CSP 问题（图的三着色问题）。这是抽象版本的政治地图着色问题，即：任何两个相邻区域（县、州、国家）的颜色不同。给定拥有 $n = |v|$ 个顶点和 $m = |e|$ 个边的图 $G = \{v, e\}$，将其某些顶点对进行连接，任务是：针对每个顶点选择 3 种颜色中的一种，使得图中不存在连接相同颜色顶点的边。

1. 间接方法

本书首先展示一种间接方法，即：通过惩罚函数将待求解问题从 CSP 问题转换为 FOP 问题。最简单的问题表示方式是采用长度为 $n = |v|$ 的三元字符串，其中每个变量代表一个节点，即整数 1、2 和 3 表示 3 种颜色。使用这种标准的 GA 表示方式的优点是：目前已有的标准操作算子均可以应用。此处定义两个目标函数（惩罚函数）用于度量"不正确"染色体的数量，其中：第一个函数的功能是基于"不正确边"的数量，即连接两个相同颜色节点的边数量；第二个函数的功能是基

于"不正确节点"的数量，即具有相同颜色邻居的节点数量。为便于描述，将属于边的约束表示为 $c_i(i = \{1, \cdots, m\})$，并采用 C^i 表示包含变量 v_i（连接到节点 i 的边）的约束集。那么，属于上述两个选项的惩罚可分别表示为：

$$f_1(\overline{s}) = \sum_{i=1}^{m} w_i \times \chi(\overline{s}, c_i)$$

其中，$\chi(\overline{s}, c_i) = \begin{cases} 1 & \text{若} \overline{s} \text{违反} c_i \\ 0 & \text{其他} \end{cases}$。

$$f_2(\overline{s}) = \sum_{i=1}^{n} w_i \times \chi(\overline{s}, C^i)$$

其中，$\chi(\overline{s}, C^i) = \begin{cases} 1 & \text{若} \overline{s} \text{违反至少一个约束} c \in C^i \\ 0 & \text{其他} \end{cases}$。

上述两个函数都是在以下含义下，问题约束的正确转换形式，即：针对每个 $\overline{s} \in S$ 都存在 $\phi(\overline{s}) = \text{true}$ 当且仅当 $f_i(\overline{s}) = 0(i = 1, 2)$。在本例中，采用加权和形式的惩罚函数的动机在于：通过赋予某些约束（变量）更高的权重，使加权和形式的惩罚函数拥有经验化某些约束项的可能性。如果某些约束更为重要或依据经验获悉某些约束条件更难以满足，上述加权和形式的惩罚函数是比较有益的。赋予某些约束更大的权重系数也会给染色体带来更高的回报值，进而使得 EA 算法很自然地更关注这些约束。权重的设置可由用户手动完成，也可由 EA 算法在其运行过程中，采用类似的逐步自适应权重（SAW）的机制予以完成[151]。

因此，图的三着色问题的求解方法可采用 EA 算法的标准组件完成。例如，可采用种群规模为 100 的稳态 GA 算法、二元锦标赛选择机制和最差适应度删除机制，设定随机突变率 $P_m = 1/n$ 和均匀交叉率 $P_c = 0.8$。需注意的是，该 EA 算法实际上忽略了约束，其目标只是最小化给定的目标函数（惩罚函数）。

2. 直接方法

对于图的三着色问题，上述两种直接方法即使可以完成也是极端困难的。指定初始化操作算子或修复函数的方式创建有效解，将意味着可以有效地进行该问题的求解。由于该问题已被认定为 NP-完全问题，因此，难以存在多项式时间算法能够完成上述任一操作方式。

但是，此处采用另外一种 EA 算法对该问题进行求解，将说明如何通过解码器处理这些约束，其主要理念是：将节点排列作为染色体进行编码。属于基因型（排列）的表现型（着色）是通过以下的过程予以确定的，即：依据给定排列中出现的顺序为节点分配颜色，按递增顺序 (1,2,3) 尝试每种颜色，若全部 3 种颜色都会导致约束破坏，则该节点不被着色。形式上，将全部颜色的搜索空间 $S = (1, 2, 3)^n$ 转移到全部长度为 n 的排列空间 $S' = \{\overline{s} \in (1, \cdots, n)^n \mid s_i \neq s_j, i, j = 1, \cdots, n\}$，进而使得着色过程（解码器）为从 S' 到 S 的映射。该方法似乎并不是一个好的理念，因为转换后的问题中还仍然存在约束，即：上述定义 S' 的过程中，定义了作为排列应具有的属性（约束）。但是，由 4.5 节的描述可知，在排列空间中进行优化求解是较为容易的，因为在排列空间存在着许多适合采用的变异操作算子。换言之，存在多种类型的操作算子能够用于定义该空间中的约束。

这种表示方式的目标函数可简单地定义为：解码后仍旧未着色的节点数量（加权和）。此函数所具有的另一特性是：最佳值（0）表示所有约束均被满足，即：所有节点都已正确着色。EA 算法的其余部分仍旧可以采用已有组件予以实现：种群规模为 100 的稳态 GA 算法，二元锦标赛选择机制和最差适应度删除机制，设置交换突变率 $P_m = 1/n$ 和顺序交叉率 $P_c = 0.8$。

从概念层级看待上述方法，可知其具有两个约束处理事项。主要约束处理事项关注的是原始问题约束的处理，即图的三着色的 CSP 问题，采用通过解码器映射方法予以实现。但是，转换后的搜索空间 S'（EA 算法的运行空间）并不是自由的，而是被定义排列的约束予以限制了。这就是第二个约束处理事项，通过采用适当的变异操作算子的（直接）现有方法进行解决。

（关于本章的练习和推荐阅读，请访问 www.evolutionarycomputation.org.）

第 14 章　交互式进化算法

本章讨论的主题是交互式进化，与传统 EA 算法的区别主要在于：前者解的适应度是人类专家的主观判断给出，而后者解的适应度是由某个问题预定义模型计算得到。显然易见的现象是，人类所生存的世界充满了人类干预生物进化的例子，表现形式有各种各样的宠物、花园中人工培育的花、农田中种植的粮食作物和农场中饲养的农场动物等。交互式进化算法（IEA）的应用覆盖范围很广，从艺术设计中的审美一直延伸到医疗器械等定制化产品的个性化生产。当把人类包含在进化的"循环"中时，必须考虑其具有的特殊特征，主要体现在：一方面，人类具有的洞察力和提供的指导远远超越一般进化过程所体现出的选择父代进行繁殖的过程；另一方面，领域专家可能在认知上存在差异性，也容易产生疲劳和注意力不集中等现象。这些因素使得采用 EA 算法的"传统"模型并不适合生成数以千计的候选解。本章描述和解释为解决上述这些问题已经提出的一些主要算法情况。

14.1　交互式进化的特性

IEA 算法所定义特征是用户有效地成为进化系统的一部分，并作为"指路神谕"控制进化过程。交互式进化的起点可以认为是农业育种，正是人类的干扰使得农作物的生殖过程发生了改变。人类依据所需要的功能（跑的更快的马，具有更高产量的农作物）或审美（更漂亮的猫，更鲜亮的花）进行判断，进而监督选择允许进行再繁殖的种群个体。随着时间的流逝，目前所出现的满足人类期望的新型个体，在性能上远比人类祖先所期望的更好。从这个比较熟悉的过程，可进一步辨别影响 IEA 算法设计的某些特定特性。

14.1.1　时间效应

通常，农作物的生命周期是 1 年，多数家畜需要数年才能成熟。因此，在植物育种和畜牧业中，人类已经习惯于在可能需要几个世纪才能产生变化的过程中扮演连续者的角色。尽管上述两个例子都是非稳态问题，但由于人类对花卉、宠物和食物变化等时尚的干预相对而言并不频繁和正确选择所具有的重要性，使得人类的交互式投入相当可靠。

但是，当进行模拟进化时，却需要用户相当快速地做出许多决定。此外，每个种群个体的决定都可能变得并不很重要，因为用户已经习惯了计算机程序所具有的能够重新运行的行为。在这些情况下，人类所固有的疲劳现象及其对评估一致性的影响成为主要因素，即使在人类试图应用已经广为人知的标准时也不会例外。人类的注意力范围在本质上是有限的，类似疲劳。人类参与交互过程带来的损失已经表明：用户进行的评估越来越多，所导致的决策也是越来越不稳定[76]。因此，从进化时间的视角来看，有必要避免数百或数千代人的漫长进化，转而专注于快速获得人类所需求的成果。

虽然模拟进化的时间要远远低于真正生物进化时间，但是相对日常所采用"壁钟时间"而言，IEA 算法的运行速度也可能是比较慢的，原因在于用户做出决定所消耗的时间通常比机器计算数学形式的适应度函数的时间要长很多。时间约束和人类认知限制的净效应果，使得问题的求解通常仅在一小部分待搜索空间中进行。这是 IEA 算法设计人员需要应对的主要挑战。通常，成功的 IEA 算法应用程序采用一种或多种不同的方法辅助求解该问题。对进化过程的感知可通过在每个进化代中，仅是评估较少候选解的方式予以实现；或者采用小种群，或者仅评估大规模种群的部分个体。显然，通过不丢失较好解的方式可以降低求解的难度。更为一般地，通过允许用户直接向进化过程输入相关信息，提高用户的参与程度，也有利于延迟用户的疲劳。

14.1.2 语境效应：之前发生了什么?

与进化计算所需要运行的时间问题（或者说搜索过程的长度）密切相关的是进化进程的语境。也就是说，人类用户对良好解的期望和想法，是随着进化过程所产生的结果而进行改变的。如果人们对其所看到的结果感到惊喜，那么他们会提高期望。这意味着某个解在算法运行初期可能被判断为平均层次解，但在随后进化过程中会出现更多优良解后，其才被识别为低于平均层次的次解；或者，经过某些进化代，用户所能看到的都是类似的解，则可能会认为其处于"盲区"。在这种情况下，用户可能希望返回到之前被认为是只能获得平均层次解的区域，以便在该区域探索更具有潜力的解。上述方法意味着，需要产生系列具有差异化范围的解，可以采取的措施包括：提高算法的突变率、基于算法的重启机制、维护某种类型的存档等。

14.1.3 IEA 算法的优点

尽管存在上文所述的各种问题，但值得强调的是：将人类专家直接包含在进化周期内，还是具有较佳的潜在优势的。Bentley 和 Corne 在文献[50]中将其总结如下：

（1）处理没有明确适应度函数的情况。如果偏好某些解的原因而难以采用形

195

式化的函数或规则予以表示，则在 EA 算法代码中就不存在能够被指定和实现的适应度函数。基于进化算法用户自己的主观认知进行优良解选择的交互式方式，有效地避开了适应度函数问题。当待求解问题的目标和偏好处于可变情况下时，交互式方式也是很有用的，至少能够避免对适应度函数的重新改写。

（2）提高算法的搜索能力。如果 EA 算法在运行过程发生停滞行为，用户可通过改变算法运行的指导原则，实现重新定向搜索。

（3）增加了算法的探索性和多样性。用户与进化系统的交互时间越长，所能遇到的多样性的解越多，探索的范围也越广。

14.2 面向 IEA 挑战的算法方法

在概述 IEA 算法设计者所面临的问题后，本节讨论解决上述问题的一些方法。

14.2.1 交互式选择与种群规模

通常，用户影响种群个体选择的方式是多样化的。可以采用非常直接的影响方式，如用户在种群中以实际行为直接选择用于再繁殖的种群个体。或者，也可以采用间接方式——通过定义适合度值或对种群进行排序，然后采用本书 5.2 节中所描述的选择机制间接选择种群个体。在上述所有情况下（甚至在间接情况下），用户的影响均被称为"主观选择"，在进化艺术背景下，经常使用的术语为"审美选择"。

种群规模被视为 EA 算法的一个重要事项的原因很多。针对视觉任务，由于计算机屏幕尺寸固定，以及人类工作通常需要屏幕具有一定的最小图像分辨率，进而限制了用户每次能够看到的候选解的数量。如果正在进化的产品原型不是可视的（或者即使产品是可视的，但不能对种群进行同时观察），那么用户只能依赖自身记忆对种群个体进行排序或选择。心理学研究给出的经验法则表明，人类在记忆中通常一次只能保持七条信息。另一个方面，若对显示在计算机屏幕上的候选解进行排序，那么将要进行成对比较和决策的候选解的数量会随着屏幕上所显示候选解的数量的平方而增长。由于上述原因，交互式 EA 算法采用的种群规模通常都是较小的。此外，小规模种群还能够通过给予用户一种共同进步感，进而使其保持与 EA 算法的交互。

自 21 世纪中期以来，许多学者研究了处理具有定量和定性混合特性问题的方法。通常的处理方法是采用如本书第 12 章所述的多目标 EA 算法，但该方法所引起的解空间的增加也通常需要采用更大的种群规模。但是，并不是所有解都需要用户进行评估，因为采用定量指标度量后，部分低性能解是能够自动排除的。

14.2.2　变异过程中的交互

但是，目前存在争议的问题是：生物学的进步意味着现在的农业育种不仅可在选择操作过程中进行，还可以在变异操作过程中进行。例如，通过插入新基因进而生产转基因农作物。类似地，交互式的人工进化也允许用户直接干预变异操作过程。在某些情况下，该过程是隐式进行的。例如，允许用户定期调整变异操作算子的可选项和参数值。Caleb Solly 和 Smith 在文献[76]中提出，通过对种群个体的评分进行突变操作控制，使得得分"更差"的种群个体改变其值的概率更大或者能更大程度地改变其值；在所提出算法性能获得提升外，他们还描述了一种典型的人类与人工智能的交互行为。具体而言，用户的行为随时间推移而变化，因为这些用户已习惯了与系统交互，并且能够感知系统将如何响应研究人员所给出的输入。这主要体现在用户能够在开发前景区域（奖赏高分导致小变化）和探索新区域（奖赏低分作为重置机制）之间交替进行交互。

交互也可采用更加显式的形式。例如，交互式进化时间表算法允许计划制定人员对优良解进行手动检查，手动交换计划中的相关事件，并将修改后的新的候选解重新放回到种群中。这是针对变异操作行为的显式 Lamarckian 影响。

上述两种算法的共同特点在于：期望最大化每次算法与用户进行交互的价值。直接影响变化方法的设计目标是：通过删除某些搜索过程的黑盒元素，增加朝向优良解进化的自适应率。但是，在实践中已经观察到的较好协同作用是：引导搜索能力实际上增加了用户的参与度，进而延迟了使用者疲劳症状的发生[335]。同样，这是模仿了交互式人工智能等其他领域的研究结果。

14.2.3　降低用户交互频率的方法

第 3 种主要的算法，在保持较大种群和/或使用多代遗传操作的情况下，尝试减少需要用户评估的候选解数量。上述算法可以通过采用代理适应度函数予以实现，即采用该函数对用户所应做出的决策进行近似。事实上，在具有高度的时间—密集适应度函数的情景下，该方法也用于减少进化算法的运行时间。

通常，代理适应度模型具有自适应能力，需要学习如何反映用户的决定。通常，该模型的作用是计算全部解的适应度，只是偶尔被用户用于解的评估；然后，可将此输入作为反馈，用于更新代理模型的参数。理想的目标是：随着时间的推移，代理模型预测的适合度值能够更好地匹配用户的输入。代理模型可采用的模型范围从简单平均（子代获得父代适应度的平均值）到先进的机器学习算法（如支持向量机和神经网络）均有涉猎。基于算法视角的关键决定包括：多么复杂的模型才是必要的、调用实际适应度函数的频率是多少（在此例中，由用户评估）、如何使得选择的候选解能够正确评估，以及如何更新代理模型以使得其能够反映最新获得的信息。更为充分的讨论超出了本书的范围，但感兴趣的读者可详细阅读文献[235]所做的综述，也可在文献[236]中获悉最近发展和当前热点研究问题。

14.3　以设计与优化为目标的交互进化

　　交互进化通常与进化艺术和设计有关。甚至可以说，进化是设计而不是优化。从上述概念的视角，自然界或运行于计算机内的典型进化任务是为了特定挑战而设计良好的解。许多研究专家已经达成的共识是：要区分参数优化和参数探索[48,49]，并指出两者主要的根本不同点在于解的表示方式上。

　　许多问题可通过定义候选解的参数化模型和寻找编码最优解的参数值进行求解。这种编码是基于"知识—富有"形式（必须智能地选择适当的参数）。若针对某个特征，不存在影响解的质量的进化参数，则该特征无法进行改进，也无法比较不同的进化参数值，好的解也可能被忽略。设计优化通常采用上述表示形式。在遗传各代之间传播变化时，EA 算法在参数空间通常是作为优化器而存在的。

　　参数化表示的另一种方法是基于组件进行表示。通常，首先定义了一组低层级的组件，然后再采用这些组件进行解的构造。这是一种"知识—精益"的表示方式，表征组件和它们的组装方式间可能不存在假设关系或者只是存在较弱的假设关系。IEA 算法通常使用该种表示方式。同时，其也被称为生成和发展系统，这些系统很自然地会产生探索行为，其目的是识别新颖的和良好的解，其中新颖性比最优性更为重要（甚至是可能无法定义的新解）。在这个范例中，进化以设计发现引擎为目标进行运行，通过分析已进化的设计，发现新设计，并辅助识别新的设计原则[303]。交互式进化设计系统的基本模板主要由以下 5 个组件组成[50]：

　　（1）表现型定义，用于指定待进化的特定—应用对象类型。

　　（2）基因型表示，其中基因（直接或间接）表征构成表现型的可变组件的数量。

　　（3）解码器，通常称为生长函数或胚胎产生器，定义从基因型到表现型的映射过程。

　　（4）解评估工具，允许用户在进化周期内以交互方式执行选择操作。

　　（5）执行搜索行为的 EA 算法。

　　采用上述方案能够进化得到各种各样的物体，包括 Dawkins 的先驱生物形态[101]、咖啡桌[47]、模仿艺术家 M.C. Escher 作品的图像[138]、中世纪城镇的场景[405]、音乐[307]和艺术，如"Mondriaan 进化者"[437]或协作式在线"艺术培育者"系统①。通常，进化艺术系统在基本原理上与进化设计是相同的，即：一些可进化的基因型被指定编码为一个可解释的表现型。这些艺术可以是视觉（二维图像、动画和三维对象）或听觉（声音、铃声、音乐）形式。将 IEA 算法应用于艺术与其他设

---

① http://picbreeder.org or http://endlessforms.com/

计形式的主要区别在于意图，即：进化得到的对象只是为了让用户愉悦，不必为其他的任何实际目的服务[355]。

14.4　实例应用：用户偏好的自动抽取

Pauplin 等人在文献[335]中描述了由质量控制工程师所使用的交互式工具。所面临的任务是：创建能够自动检测并突出项目图像缺陷的定制化软件。该任务的背景是：在某个敏捷制造环境，设备（相机、照明、机械）和正在被生产的产品中都存在变化，这意味着该系统需要频繁地重新配置。交互式进化提供了一种自动触发用户偏好的方法。这种替代是一个耗时且成本昂贵的过程，即：首先是系列的现场观测，然后由专家完成图像处理系统，最后是进行迭代的细化。此处一个良好的图像处理系统是由交互式进化得到的。用户看到的是包含各种缺陷的系列产品图像。采用候选图像处理系统对这些图像进行分割并将结果以彩色线进行展示。每个不同的候选解采用不同的方式对图像进行分割，因此在图 14.1 中，交互界面向用户提出的问题变为：在这些图片中，哪组图片中所画的线能够分隔出你所感兴趣的区域，它们的效果如何？

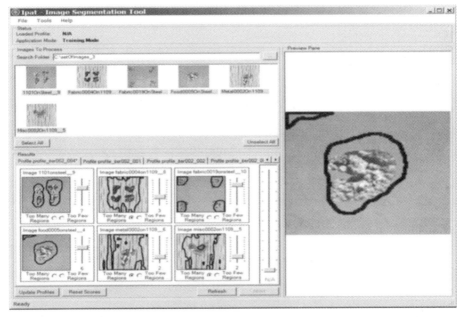

图 14.1　IPAT 工具的用户界面：顶部窗口显示"原始"图像，底部窗口显示
当前解所处理的 6 幅不同的图像分割结果，右侧显示的是光标所选图像的放大预览版本。

为降低人类主观偏见对选择结果所造成的影响，此处采用了基于组件的方法。候选解即图像处理系统，由数量可变的图像处理内核组成。每个内核由从大型例程库中所抽取的模块及相关参数值组成。内核能够采用系列方式组合而成（并行/顺序），并且可反转以进一步产生输入图像的最终分割形式。

该算法设计以及详细的图形用户界面（GUI）设计基于两个原则：一是减少用户在每个阶段必须做出的决策数量并降低复杂性，二是最大化从这些决策中所提取的信息。用户的注意力是一种需要谨慎使用的有限资源，其随着用户点击鼠标次数的增多而减少。当所设计的系统与上述行为进行合作时，用户的注意力就会显著加强。因此，如图 14.1 所示的交互界面采用了小部件，其根据鼠标位置而不是单击行为，更改在右手边"预览"窗口显示的焦点和图像。

通常，一个会话窗口将同时对包含不同类型缺陷的若干个图像进行检查，并尝试发现将这些缺陷全部分割的折中方案。该界面以两种方式处理多目标搜索问题。用户可通过当前解为每个分割后的图像指定一个部分适应度（该种情况下为平均值），或者为当前解分配一个整体适应度。单击鼠标的动作可以在比较由单解分割的全部图像和由所有解分割的单个图像间进行切换。

运行于人机交互界面之后的主要算法是：

（1）为减少所要求的决策数量，用户只需提供每个遗传代中最佳解的分数，并且只显示 6 幅图像。显然，其采用的是（1+5）选择策略。

（2）采用 10 种不同的适应度层级约简评分的认知负荷。

（3）当进化过程出现"忘记"良好解的情况时，相应视频中显示出用户的惊讶和沮丧表情时，所选良好解的一个副本则始终保持不变。比较结果表明，这种评价机制增加了使用者的交互次数，提升了依据主观和客观标准评价最终解的质量。

（4）通过用户的评分确定所采用的突变率，其从评价 0 分时对应的较高值 50% 下降到"完美"解时对应的 0%。结果表明，在用户获得经验后，其行为随时间推移而发生。因此，用户有效地采用给予低评价作为重置按钮，用于抵消（1+5）策略所带来的高选择压力。

（5）交互界面中的提示按钮允许用户直接为搜索指定新的方向。在这种情况下，采用特定领域知识将用户的输入（如"分割区域过多"）转换为作用于部分解的突变率偏差。

该系统工具最明显的未采用的组件是代理适应度函数。然而，结果表明，毫无经验的用户也能够创建图像处理系统，其从零基础开始，在少于 20 次迭代的情况下就能够精确地分割一系列图像。

（关于本章的练习和推荐阅读，请访问 www.evolutionarycomputation.org.）

第 15 章　协同进化系统

本书前文的大部分章节所关注的问题是：通过外部给定的适应度函数，能够相对容易地以单独方式度量所给出的解的质量。解的评估可能涉及随机噪声因素，但并不特别依赖于其所处的周围环境。但是，在以下两种明显的场景中，对于上述设定却根本不成立。第一种情况是，解表征的策略或设计是与具有自我自适应能力的竞争对手在协同运行中。最明显的例子是对峙的博弈，如下棋。第二种情况是，正在进化过程的解并不能表征问题的完整解，只能作为更大规模整体的某个部分而被评估，需要多个解才能共同完成某些任务。较为显著的例子是一组交通灯控制器的演变过程，每个控制器都位于不同的道路交叉点，其适应度值反映了这些控制器在减少一天的模拟交通拥堵方面的联合性能。上述两个实例所表征的是协同进化。本章概述了采用协同进化的场景类型，以及设计成功的协同进化应用程序所涉及的一些问题。

15.1　自然界中的协同

本书前面章节广泛采用了 Wright 所提出的适应度曲面曲线，其中进化中的种群被概念化为在某个曲面上移动，曲面上的每个点都表征着一组可能的解。这个比喻将搜索空间的垂直维度作为表示特定解的适应度值，选择操作和变异操作算子的组合效应将解逐渐移至曲面上的高适应度值区域。

虽然上述比喻很有吸引力，但当面对真正的生物物种的自适应行为时，却可能是一个严重的误导理论。这是因为该比喻倾向于导致某种隐式的概念，即：解本身是具有适应度值的。但实际上，生物体的自适应性值（适应度）完全是由环境及其所处环境中的小生境确定的。小生境的特性主要取决于同一物种以及不同物种中的其他生物体的存在数量和特征①。

其他物种在决定某个有机体适应度方面的影响可能是积极的（如昆虫以花蜜为食，进而对植物进行授粉），也可能是消极的（如狐狸捕食兔子）。生物学家倾向于使用"互惠共生"这一术语指代以互利方式共同适应的物种，而以"捕食"或"寄生"等术语指代一个物种对另一个物种的生存和繁殖成功形成负面的

---

① 一些非常简单的生物体不包含在内。

影响（对抗）。

如果某个环境小生境中的所有其他物种保持不变，仅有一个物种发生进化，那么固定适应度曲面的概念对该物种而言就是有效的。然而，由于进化过程会影响所有物种，真正的净效应是：每个物种"看到"的适应度曲面都会受到所有其他相互作用物种的组合配置的影响。显然，适应度曲面是移动而不是固定的。这一过程被称为协同进化。此处给出一个具体的例子。一只能以 20km/h 的速度奔跑的兔子的适应度值，完全取决于将要捕食它的狐狸的最高速度是 15km/h 还是 30km/h。当狐狸进化出更快的奔跑能力时，20km/h 的速度所对应的适应度曲面高度就会随时间从高值降低到低值。

尽管协同进化模型具有附加的复杂性，但其所具有的某些重要优点已在 EA 算法中得到应用，已经能够辅助生成系列难题的有效解。其中的一个实例已在本书 6.5 节中详细介绍：在 Michigan-式的 LCS 系统中的部分模型的种群协同进化，这些模型是通过共同操作为待求解问题提供了完整模型。另一个众所周知的例子是游戏策略的建模和进化。在这种情况下，进化解相互竞争并得到它们的适合度值，即：仅采用一个物种并且模型具有竞争性（在 15.3 节给出的定义的意义上）。由于计算机具有可以使用多种不同模型的自由度，生物学所给予的贡献是灵感而非严格意义下的蓝图，进而使得许多不同的模型已被成功应用。正如下文将要描述的，协同进化 EA 算法已通过协作和竞争、单物种和多物种模型予以实现。

15.2 协同进化

为求解更大规模的问题，采用多物种（每个物种表征待求解问题的一部分）合作的协同进化模型已在不同领域中多次成功应用。其中的许多应用例子是面向高维函数优化问题[342]和复杂车间调度问题[225]。

协同进化方法的优点在于其允许对原始问题进行有效的功能分解，进而使得每个子种群都能够有效地解决较小规模的更容易处理的问题。该方法的缺点是依赖于使用者对原始问题的划分，而某些问题总体而言功能区别并不明显。在自然界中，互利关系是生物体间的最终表达，即所谓"内共生"，通常表现为：两个物种间的相互依赖程度很高，甚至在物理上无法分离地联系在一起。例如，通过从母亲传递给子代的寄生在身体内的各种肠道细菌。在 EA 算法优化中也存在类似相同的情况，待求解问题的各个部分的依赖程度很高甚至难以分开。

学者 Bull 在文献[68]中利用 Kauffman 所提出的静态 NKC 模型[244]对协同进化进行了一系列广泛的研究，结果表明物种间彼此的影响程度会系统性地进行变化。在文献[69]中，研究者调查了具有演化连锁标记能力的协同进化共生系统的进化行为，其结果预示着源自不同种群的解应该保持密切的联系。该学者指出，物种出现的策略在很大程度上取决于两个种群对彼此适应度环境的影响程度，特别是在相互依赖程度很高的情况下，物种间的联系所发挥的作用是最为关键的。

当采用协作种群方式时，一个主要问题是：决策如何将源于某个种群的解与必要的其他种群的解进行配对，从而能够更有利于进行适合度的评估。Potter 和 De Jong 在文献[342]中采用的策略是，种群中的每个子种群均采用世代 GA 算法，这些表征不同物种的子种群轮流进行选择、重组和突变等遗传操作行为，并对每个物种的当前最佳个体进行适应度的评估。

学者 Paredis 在文献[332]中提出了生存周期适应性评估（LTFE）指标，并在稳态模型中研究了协同进化及其所表示方式。在 LTFE 指标的最通常表示形式中，一个新个体与在其他种群中选择的解的"相遇"次数共计 20 次。新个体适应度初值就设定为这些次"相遇"解的适应度值的平均值。这一策略的效果是：每个种群中的每个个体都会连续经历新的"相遇"，个体适应度是由其最近 20 次"相遇"时所具有的性能的平均值决定。这种运行—平均方法的益处在于，有效地减低了每个适应度曲面随其他种群组成的改变而进行变化的速率。

学者 Husbands 在文献[225]中提出的方法，通过采用将每个物种的成员定位于网格点的扩散模型 EA 算法（详见 5.5.7 节），解决了种群个体间的配对问题，并能够有效地控制不同种群的组成被感知到已经发生改变的变化率。

学者 Bull 在文献[69]中根据文献[225]所发表的结果研究了最佳、随机、基于适应度的随机、联合、分布等多种配对策略的效果。研究结果表明，在不同交互强度和世代模型所包含的范围之内，没有哪种配对策略具有更佳的性能；但针对世代 GA 算法而言，随机配对策略具有最强的鲁棒性；针对稳态 GA 算法，分布性配对策略的性能最佳。当在算法中采用适应度共享机制以防止 EA 算法的过早收敛行为时，"最佳"的解成为最鲁棒的解。

此外，协同进化领域中最值得一提的是研究在 GP 算法中采用自动化的定义函数[253]。在 GP 算法的该扩展版本中，函数集被扩展至可包含函数调用，使得函数自身能够在单独的种群中以并行方式进化。该方法的最大优点是能够进行模块化和代码重用。

15.3 竞争协同进化

在竞争协同进化范式中，种群个体间相互竞争，以彼此的消耗为代价而获得适应度值。这些个体可能来自同一物种，也可能来自不同的物种。在此种情况下，更为准确的说法是：不同物种之间在相互竞争。

如上所述，引起学者对竞争协同进化这一范式极大兴趣的经典例子是 Axelrod 所进行的有关迭代因徒困境的研究[14,15]，其早期研究可追溯到 1962 年[39]。本质上，这是一个双人游戏，每个游戏参与者必须决定在每次迭代中所采用的策略是合作还是欺骗。显然，该游戏所对应的回报依赖于其他玩家的选择，由表 15.1 所示的矩阵决定。

表 15.1　迭代囚徒困境的回报矩阵示例：玩家 A 的回报是第一次配对

玩家 A	玩家 B	
	合作	欺骗
合作	(3,3)	(0,5)
欺骗	(5,0)	(1,1)

　　学者 Axelrod 组织了一场锦标赛，采用人类设计的策略实现相互竞争，规则是仅允许"看到"竞争对手的最近 3 次的行为。该学者建立了策略能够进化的实验，其策略的适应度值是与其对抗的 8 种人类策略的平均得分。他获得的是该系统所进化出的最好策略（以牙还牙），但依据人类策略集进行对抗还是存在某些脆弱性。其随后进行的另外一个实验的结果表明，类似于"以牙还牙"的策略可以继续进化的前提是：采用协同进化策略，并且为了对解的质量进行评估，每个解需要在当前代与其他解间进行相互竞争。

　　在另一项开创性的研究中，学者 Hillis 在文献[213]中提出采用双物种模型，其配对策略基于扩散模型 EA 算法网格上的协同位置确定。需要特别指出的是，此处所提出的并行模型与前文所提的 Husband 协同操作算法相似，其在本质上是后者的初期版本。Hillis 的两个种群所表征的是网络排序问题，其任务是对输入数据进行数字排序，以及对这些网络的测试用例进行排序。网络的适应度值是依据其能够正确排序的测试用例的数量进行确定的。采用对抗性策略，依据表征测试用例的个体在网络输出中所造成的错误数量，进行适应度值的分配。该研究成果引起了相当大的关注，原因在于其所创建的正确分类网络在规模上小于之前的研究学者所创建的任何网络。

　　上述两物种的竞争模型已经被许多学者应用在协同进化分类系统中[181,333]。学者 Paredis 所提方法中，最值得关注的点在于：通过上文所述 LTFE 方法的变种，解决了配对策略问题。

　　与协同进化过程类似，适应度曲面也会随着种群的进化而改变，配对策略的选择对所观测到的行为具有重要影响。当在单种群内中竞争时，最常见的方法是两种：将每个策略相互配对，或者只是与随机选择的固定大小的子种群进行对比。上述工作完成后，解依据它们在上述比较中的获胜数量进行排序，可以采用任何一种基于排序的选择机制。

　　如果在不同种群间进行竞争，为实现协同进化就必须要选择相应的配对策略对适应度进行评估。由于 NKC 模型在本质上针对物种间的交互作用指定的是随机效应，使得其既不显式地共同协作也不在相互之间进行竞争，所以学者 Bull 的总结结果也转为该范式。

　　协同进化的主要支撑常被称为"竞争性适应度评估"。正如 Angeline 在文献[10]

中所述的，其主要优点是具有自伸缩性，即：算法初期，即使相对较差的解也可能生存下来，原因在于它们的竞争对手的适应度也较弱。但是，随着算法的运行和种群平均适应度的增加，适应度函数的难度也会连续地扩大。

15.4　面向环境依赖评价的算法自适应总结

如前文的讨论所示，环境的选择或者等价配对策略的选择，对 EA 算法在这种情况下的表现具有非常显著的影响。第一种成功的方法都曾尝试采用将适应度值确定为所经历语境的平均值以降低这种影响。

第二种主要的算法调整是将某类历史记录纳入适应度评估中，其通常的做法是：保存良好解的历史上档案，并依据这些档案对进化过程中的解进行周期性的测试。采用上述策略是为了避免循环的问题：进化过程重复地沿着一系列解移动，但却不能取得任何进展的现象。为了说明该点，以简单的"石头—剪刀—纸"的游戏为例。在已经收敛到"石头策略"的种群中，表现为"剪刀策略"的突变个体处于不利地位，而表现为"纸策略"的个体处于有利地位并开始主导种群；接着，这为个体突变为"相遇"提供了有利的条件；最后，处于有利地位的个体再次回到"石头策略"；上述过程反复地循环进行。这种形式的循环可通过采用不同解的历史存档予以避免，进而能够为更复杂策略的进化提供动力，这种存档策略已在一系列的应用中进行了展示。

15.5　应用实例：协同进化棋手

学者 Fogel 在文献[81]中，描绘了目前互联网上非常流行的棋盘游戏（跳棋）程序的开发，进一步将其扩展至可读性很强的专著中[168]，并在文献[169]中进行了较为深入的总结。这个需要两个玩家的游戏采用的是标准的 8×8 棋盘，每个玩家都拥有一定数量（游戏开始时是固定的）的棋子（方格），其能够在棋盘上沿对角线方向进行移动。若存在对方的相邻棋子则可以"借助"这一棋子跳到另一空格上（玩家在棋盘上采用颜色相同的方格）。若棋子能够到达对手的主场侧，则其角色就变为"国王"，进而该棋子可以前后移动。人类玩家经常在各种比赛（通常是基于互联网举办）中相互竞争，并依据比赛结果，采用标准方案对玩家进行评价。

为完成游戏，需要采用程序评估棋子可能移动位置的未来价值。这是通过计算棋子移动后的棋盘状态进行评价的，需要采用迭代方法计算到达未来位置的给定距离（"ply"）。棋盘状态采用神经网络赋值，其输出是从棋手移动棋子视角后获得的状态的"价值"。

因棋盘拥有 32 个可能的位置，棋盘状态就以长度为 32 的向量形式输入给神经网络。每个向量均来自集合 $\{-K,-1,0,1,K\}$，其中，减号表示的是对手的国王或棋子，K 的取范围是[1.0, 3.0]。

因此，神经网络定义了进行跳棋游戏的"策略"，并且该策略随进化编程算法进行演化。此处的神经网络采用固定结构，共有 5046 个权重和偏置项随着国王 K 的重要性进行演化。因此，个体的解是长度为 5047 的向量。

作者采用的种群规模为 15，锦标赛选择机制的大小为 5。当采用程序进行对抗比赛时，得分"+1、0、−2"分别对应着"获胜、平局、失败"。依据 30 个解在 5 场比赛中的得分进行个体排序，选择最好的 15 个解作为下一代种群。

变异操作算子采用了两种形式：权重/偏置通过附加高斯噪声进行突变，变量突变前的步长大小采用对数正态自适应机制，即：对 $n = 5046$ 个策略参数采用标准的自我—自适应策略。根据 $K' = K + \delta$ 机制，对子代国王的权重进行突变，其中 δ 值在[−0.1, 0.1]间进行均匀的取样，K' 取值范围则限制在[1.0, 3.0]之间。权重和偏置在[−0.2, 0.2]的范围通过随机初始化进行赋值。K 的初值设为 2.0，其他的策略参数均初始化为 0.05。

首先，采用让神经网络模型相互竞争的训练方法运行了 840 代（6 个月）；然后，选择最为先进的进化策略，在互联网上与人类对手进行对抗，即进行网络测试。结果非常令人惊讶：经过系列测试后，该跳棋程序获得了"专家"级的平均排名，并且其水平强于网站上的 99.61%的"专家"级棋手。这项工作在人工智能研究的背景下特别有意义，其原因如下：

（1）没有良好短期策略或最终游戏相关的人类专业知识作为输入；

（2）没有任何输入告知正在进化中的程序：评估棋盘位置时，负向量和的结果（对手具有较高的分数）要比正向量和的结果差；

（3）没有显式的"信用分配"机制对获胜局进行奖励，采用"自上而下"的方法，在赢得整个游戏后才进行奖励；

（4）选择函数是对五局的结果进行平均，因此对导致输或赢策略的效果评价是模糊的；

（5）这些策略是通过自身的对抗博弈进行演化的，不需要人为的干预。

综上可知，本章所采用方法与 Paredis 所提出的生命周期适应性评估是非常相似的，即：为消除特定环境（多对手组合）下的影响，适应度值采用的是多个环境中的平均性能。

（关于本章的练习和推荐阅读，请访问 www.evolutionarycomputation.org.）

第 16 章 理 论

本章简要综述对进化算法（EA）行为进行分析和建模的理论方法。这些努力的"圣杯"是面对任意问题描述 EA 算法行为的预测模型模式，其允许为任何给定问题指定最有效的优化器形式。但（至少在本书作者的观点中）这是不可能实现的，而且目前多数研究学者都很愿意接受能够对 EA 算法行为进行验证的洞见技术，甚至是针对简单的测试问题。存在这个看起来似乎很有限的期望的原因在于以下的简单事实：进化算法是巨型复杂系统，涉及众多随机因素。此外，虽然 EA 算法领域还很年轻，但值得注意的是，种群遗传学和进化论领域已经领先研究了 100 多年，并且仍在努力攻克复杂性问题所面对的巨大困难。

目前用于研究 EA 算法理论的各种技术的完整描述和分析，需要一定规模的空间和并不适用于此的数学和统计学先验知识的假设。因此，本书主要限于历史上已知的该领域的主要方法和结果进行相对简短的描述。在描述用于连续表示的技术之前，此处首先描述采用离散表示（组合优化问题）建模 EA 算法的一些方法。本章最后描述与所有优化算法都相关的重要理论成果，即无免费午餐（NFL）定理。

若读者想深入了解细节，请参阅文献[140]，以及内容更为详尽的相关专著[52,446,353]。为更好地综述近期最有前景的和结果，本书作者建议阅读文献[234]或[63]。

16.1 二进制空间的竞争超平面：模式定理

16.1.1 什么是模式?

从学者 Holland 的初步分析至今，两个相关的概念（模式和积木块）主导着 GA 算法的理论分析和核心见解。模式是搜索空间的简单超平面，针对二进制空间的常见表示形式，此处引入了第 3 个符号"#"作为"通配符"。因此，对于某个 5 位的二进制问题，模式为"11###"的超平面，由前 2 个位置值为 1 的字符串所定义。所有符合这个标准的二进制字符串都是该模式的实例。显然，在这个模式中，共有 $2^3 = 8$ 个实例。模式的适应度是所有属于该模式实例的全部字符串的平均适应度；在实践中若存在很多字符串实例，则通常根据样本对适应度进行估计。全局优化可看作对零"通配符"模式的搜索，其具有最高的适应度。

学者 Holland 的初步研究表明，若按模式执行，则 GA 算法的行为分析会更加简单。此处给出一个聚合例子，其中不对所有可能字符串的演化进行建模，而是以某种方式将这些字符串进行组合，并对被聚合变量的演化过程进行建模。长度为 l 的字符串只是 2^l 个模式的一个实例。通常，在规模为 μ 的种群中虽然不会存在数量多达 $\mu \cdot 2^l$ 个具有差异的模式，但 Holland 给出的估计结果是：这样规模的种群将能够有效地处理 $O(\mu^3)$ 个模式。上述结果就是众所周知的隐式并行性，目前已被广泛引述为 GA 算法获得成功的主要因素之一。

常用于描述模式的两个特征是阶次和定义长度。阶次是模式中非 # 符号的位置数量。定义长度是最外层定义位置之间的距离（等于它们之间可能的交叉点的数量）。因此，模式 $H = 1##0#1#0$ 的阶次 $O(H) = 4$，定义长度 $d(H) = 8 - 1 = 7$。

进化种群中某个模式的示例的数量取决于变异操作算子的影响。虽然选择操作算子只能改变已有示例的相对频率，但重组和突变等操作算子既可以创建新示例，也可以破坏当前示例。在本书以下所描述的内容中，采用符号 $P_d(H, x)$ 表示操作算子 x 对模式 H 示例的操作将会破坏该示例的概率，而 $P_s(H)$ 表示包含模式 H 实例的字符串被选中的概率。

16.1.2 面向 SGA 算法的 Holland 范式

学者 Holland 在分析标准 GA（SGA）算法时，所采用的遗传操作算子是：基于适应度比例的父代选择机制、单点交叉（1X）、位突变机制和世代生存选择机制。考虑长度为 l 的基因型，其包含模式 H 的一个示例，若交叉点落在基因串的两端之间，该模式就可能被破坏，其发生的概率可表示为

$$P_d(H, 1X) = \frac{d(H)}{(l-1)}$$

突变率为 P_m 的位突变操作算子破坏模式 H 的概率与模式的阶次成正比，即：

$$P_d(H, mutation) = 1 - (1 - P_m)^{o(H)}$$

将其展开并忽略 P_m 中的高阶项，其近似表达式为

$$P_d(H, mutation) = o(H) \cdot P_m$$

模式被选择的概率取决于其所在的种群个体的适应度与全部种群平均适合度的相对值，以及存在 $n(H, t)$ 中的示例数量。采用 $f(H)$ 表示模式 H 的适应度，并将其定义为表征模式 H 示例的全部种群个体的平均适应度；$<f>$ 表示平均种群适应度，可得到以下公式：

$$P_s(H, t) = \frac{n(H, t) \cdot f(H)}{\mu \cdot <f>}$$

其中，μ 表示选择得到的用于创建下一组父代的独立个体。因此，选择后种群中

的模式 H 的预期实例数为:

$$n'(H,t) = \mu \cdot P_s(H,t) = \frac{n(H,t) \cdot f(H)}{<f>}$$

将 μ 进行归一化处理(为了使种群规模独立),允许上面得出的重组操作和突变操作算子的破坏效应,采用不等式表示允许通过变异操作算子创建新的 H 实例,在随后的时间步中代表模式 H 个体的比例 $m(H)$,由下式给出:

$$m(H,t+1) \geqslant m(H,t) \cdot \frac{f(H)}{<f>} \cdot \left[1 - \left(P_c \cdot \frac{d(H)}{l-1}\right)\right] \cdot [1 - P_m \cdot o(H)] \qquad (16.1)$$

其中,P_c 和 P_m 分别表示交叉概率和位突变概率。

这就是模式定理,对该定理的最初理解是:高于平均适应度的模式将在一代代的进化种群中增加其实例数量。对上式进行量化,需要注意的是模式增加的表示条件 $m(H,t+1) > m(H,t)$,这等价于:

$$\frac{f(H)}{<f>} > \left[1 - \left(P_c \cdot \frac{d(H)}{l-1}\right)\right] \cdot [1 - P_m \cdot o(H)]$$

16.1.3 基于模式的变异操作分析

如上文所述,学者 Holland 所提出的原始模式定理是针对单点交叉操作和位突变操作算子而推导得到的。随着进化领域研究的扩展和多样化,随着其他类型的替代变异(特别是重组)操作算子的迅速扩散,大量的研究结果开始尝试和理解的问题是:为什么某些操作算子针对某些问题在性能有所提升。其中特别值得关注的是两个长期研究项目。多年来,Spears 和 De Jong 给出了 $P_d(H,x)$ 的分析结果,将其作为模式定义长度 $d(H)$ 和模式阶次 $o(H)$ 的函数,将它们应用于许多不同的重组操作和突变操作算子[107, 108, 408, 412, 413, 414],并在文献[411]中进行了汇总。

同时,Eshelman 和 Schaffer 还进行了系列实验[157, 159, 161, 366],他们以 GA 算法为性能载体,比较了采用不同交叉操作算子情况下对突变的影响。他们引入了操作偏置的概念用以描述 $P_d(H,x)$ 对 $d(H)$、$o(H)$ 对 x 的相互依赖性,主要采用两种形式:

(1)如果操作算子 x 具有位置偏置,则其更可能将表示中相互靠近的位保持在一起。针对给定的两个模式 H_1 和 H_2,若有 $f(H_1) = f(H_2)$ 和 $d(H_1) < d(H_2)$,则存在 $P_d(H_1, x) < P_d(H_2, x)$。

(2)相反,操作算子 x 具有分布偏差,那么其传输模式的概率是 $o(H)$ 的函数。其中的一个例子是位突变,即模式被破坏的概率随着阶次的增加而增加:$P_d(H, mutation) \approx P_m \cdot o(H)$。另外一个例子是平均从父代中选择一半基因的均匀交叉操作算子,随着 $o(H)/l$ 增加到 0.5 以上,其越来越可能破坏原有的模式。

尽管这些结果都提供了有价值的洞见,并为许多实际的应用实施提供了依据,但需要注意的是：它们只是考虑了操作算子的破坏性影响。由于上述影响在很大程度上取决于当前种群的构成，在创建模式 H 的新实例时，对操作算子的构造性影响的分析会比较困难。但是，在某些简化假设下，Spears 和 De Jong 在文献[414]中给出了令人惊讶的结果，即：某个重组操作算子破坏模式的预期实例数等于全部重组操作算子所创建的预期实例数！

16.1.4　Walsh 分析与欺骗

若将关注点放在模式定理的推导，由上文给出的模式破坏概率的结果可知，在具有相同的平均适应度的情况下，短—低阶模式比长或高阶模式更有可能传递给下一代。上述分析导致了众所周知的积木块假设，详见文献[189]的第 41～45 页，其简短描述为：GA 算法首先在竞争中选择短的低阶模式，然后逐步组合它们，进而创建高阶模式，重复此过程直到（希望）长度为 $l-1$ 和阶次为 l 的模式（全局的最优字符串）得到创建和选择。请注意，两个能够相互竞争的模式必须在对应的相同位置上具有固定的位值（1 或 0）。随着上述思路进行思考，则会提出一个显而易见的问题：如果全局最优解不是具有最高平均适应度的低阶模式的示例，会发生什么？

为给出较为直接的例子，此处考虑一个全局最优值是 0000 的 4 位问题。上述问题转为，相对简单的构建这样一种情况：所有阶次为 n 的模式在定义位置包含 0 都比在这些位置包含 1 的适应度要差，即 $f(0\#\#\#) < f(1\#\#\#)$、$f(\#0\#\#) < f(\#1\#\#)$ 等，向右直到 $f(\#000) < f(\#111)$、$f(0\#00) < f(1\#11)$ 等。实现上述目的的全部需求是：全局最优字符串的适应度值与每个模式中的所有其他字符串的适应度值相比要足够高。在这种情况下，可能期望每次 GA 算法在两个阶次为 n 的模式之间进行决策，除非 $n=4$，否则很可能做出错误决策。

这种类型的问题被称为欺骗性，目前已经引起了研究学者的极大兴趣，原因是：上述问题将会使 GA 算法的生存变得很困难，主要在于实现成功优化的积木块是不存在的。但是，也有学者假设，若某个适应度函数是由许多欺骗问题组成的，那么至少采用重组操作算子的 GA 算法提供了可能性，即：这些问题既可以独立解决，也可以混合交叉操作算子予以解决。相比之下，依赖于局部搜索的优化技术能够连续地在低阶模式的基础进行决策，因此也更容易被"愚弄"。注意，本书未给出函数具有欺骗性所需必要条件的正式定义。许多研究者针对该主题进行了深入研究，并且也存在稍有差别的定义，详见文献[200,403,455]。

欺骗问题对 GA 算法理论和分析的重要性在学术界是存在争议的。在不同的阶段，一些著名的研究者曾声称"唯一具有挑战性的问题是欺骗性"[93]（尽管该观点可能是后来才修订提出的），但也有学者强烈反对欺骗问题的重要性。Grefenstette 的研究表明，通过在每一新代中寻找最佳解后再创建其逆解，则很容易避开 GA 算法的欺骗问题[200]。此外，Smith 等学者创建了抽象随机测试问题生成器（NKPRS），在该生成器上，适应度曲面存在欺骗的概率能够直接被操纵[404]；其研究结果并没有证明的是：在欺骗的可能性与标准 GA 算法发现全局最优解的能力间存在相关性。

进化计算领域的许多工作都利用 Walsh 函数进行适应度的分析。该项技术在文献[51]中首次用于 GA 算法的分析，接着在学者 Goldberg 发表一系列重要论文[187,188]之后，开始为其他研究者所周知。这是一组函数，为二元搜索适应度曲面图的分析提供了一个本质的基础。可以说，它们的意义等同于：傅里叶变换将时域中的复杂信号分解成正弦波的加权和，进而可在频域中对复杂信号进行表示和操作。就像傅里叶变换在信号处理和其他工程应用的广阔范围内构成极其重要的部分一样（因为正弦函数很容易操作），Walsh 变换形成了一种分析二元搜索适应度曲面的易于操作的方法，其额外的好处是：在 Walsh 分区（相当于谐波频率）和模式之间存在自然的对应关系。有关 Walsh 分析的更多细节，读者可参考文献[187]或[353]。

16.2 模式定理的批判与最新扩展

尽管模式定理初期在描述 GA 算法的运行机理上具有较好的吸引力，但也受到了研究学者的大量批判，目前已研究的许多实验证据和理论论据也开始质疑模式定理的重要性。从某种视角而言，这也许是不可避免的，因为早期的某些部分断言是由 GA 算法的狂热追随者们所提出的。此外，学术界对所谓的"神圣的牛"进行攻击也是有常见的倾向。

具有讽刺意味的是，Holland 联合 Mitchell 和 Forrest 对模式定理问题提供了经验反证。他们依据模式定理创建了皇家道路函数，用以证明 GA 算法与局部搜索算法相比更具有优越性。不幸的是，该研究结果恰恰与他们所设想的结果是相反[177]。但是，这项研究却促进了研究者对"搭便车"现象的理解，即：因为进化早期与具有高适应度的模式的实例相关联，故在种群中构建了研究所不期望的等位基因。

反对模式定理和相关分析价值的理论论据包括：

（1）即使能够正确估计，任何给定模式所表示的增长率在实际上都不是以指数级增长的。原因在于模式的选择性优势 $f(H)/<f>$ 会随着其在种群中所占比例的增加而逐渐降低，而且平均适应度也会相应地增加。

（2）公式（16.1）将用于给定模式的适应度评估值作为当前种群中所有实例的平均值，其可能不代表全部的模式。因此，尽管模式定理在预测下一代模式出现的频率是正确的，但它几乎不能预测未来几代模式出现的频率，原因在于：随着其他模式比例的变化，表征 H 的字符串集的组成也发生变化，进而导致估计值 $f(H)$ 也会发生变化。

（3）研究表明，Holland 所认为的适应度比例选择将最佳试验次数分配给具有竞争力的模式的观点是错误的[277, 359]。

（4）模式定理忽略了操作算子的构造效应。Altenberg 在文献[6]中指出，模式定理实际上是种群遗传学中的 Price 定理的一个特例，该定理包括构造性选项和破坏性选项。虽然最近已推导得到了模式定理的精简版 [418]，但即使针对相对简单的测试问题，上述问题目前仍然难以应对。此外，也有学者已经开始从更为有意义的新视角进行研究。

上述这些论据及更多相关内容在文献[353]的第 74-90 页进行了较为精彩的总结。本书此处特别指出的是，尽管存在众多批判，但模式仍然代表着能够理解 GA 算法如何运行的有力工具。本书需要强调是，Holland 针对模式重要性的洞见对 GA 算法的发展起到了非常重要的作用。

16.3　基因联接：识别和组合积木块

积木块假设为 GA 算法的运行过程提供了合理阐释，即：其本质上是发现和组合高阶次协同—自适应基因块的过程。为达到上述目标，GA 算法有必要在对适应度进行估计基础上区分竞争中的模态。变染色体长度 GA(MGA)算法是以显式构造上述运行机制为目标的算法[191]。该算法所采用的问题表示方式的特点是：允许采用可变长度的字符串，去除了按字符串表达顺序对算法进行操作的限制，转而主要关注基因联接的概念（在这种情况下，基因表征的是指定等位基因值和基因座间的组合）。

学者 Munetomo 和 Goldberg 在文献[312]中提出了 3 种对基因联接组进行识别的方法，其中第 1 种方法被称为"概率分布偏置直接检测法"，典型例子是本书 6.8 节所描述的分布估计算法（EDA）。这些方法的共同点是识别问题的因式后将其分解为若干个子组，其中分组是依据当前种群基于最小化给定统计准则进行的。这相当于对问题的联接模型进行学习。在获得这些模型后，通过计算联接组中基因出现频率的条件概率创建新种群，进而取代 EA 算法中传统的重组操作和突变操作阶段。此处需要强调的是，这些 EDA 方法是基于统计建模而非基于模式分析开展研究的，但由于采用隐式方式对问题进行了联接分析，在本节予以介绍是比较合适的。

学者 Munetomo 和 Goldberg 所提出的另外 2 种基因联接组识别方法是在针对传统的重组操作和突变操作算子进行的，但在重组操作算子中采用了联接信息。

在文献[243,312]中，采用基于等位基因值的成对扰动一阶统计方法识别算法运行过程中的联接基因块。类似的统计方法也应用于许多其他联接学习策略中，见文献[438]。

第 3 种方法在基因联接组识别过程中并不计算基于扰动的基因间相互作用的

212

统计数据，而是通过重组操作算子显式或隐式地自适应处理这些联接组。显式自适应联接模型的例子详见文献[209, 362, 393, 394, 395]。不同操作算子联接模型的数学模型以及适当层级（详见本书 8.3.4 节关于自适应范围问题的讨论）上如何进行自适应联接的相关研究，请查阅文献[385]。

16.4　动 态 系 统

在有限搜索空间中，建模 EA 算法的动态系统主要与 GA 算法相关的原因在于其本质上的相对简单性。学者 Michael Voses 构建了动态系统的基本形式并发表了系列论文，其最终成果详见专著[446]。目前，许多研究学者对上述工作都进行了深入的扩展研究，详见遗传算法基础研讨会的论文集[38, 285, 341]。这种方法具有以下特点：

（1）从 n 维向量 $\overline{p}$ 开始，其中：n 表示搜索空间规模，分量 p_i^t 表示第 t 次迭代时类型 i 在种群中所占有的比例。

（2）构造表示重组操作和突变操作算子影响的混合矩阵 M，构造针对给定的适应度函数表征选择操作算子对每个字符串造成影响的选择矩阵 F。

（3）基于上述两个函数的矩阵积而获得遗传操作算子 $G = F \circ M$。

（4）GA 算法生成下代种群的行为可被描述为操作算子 G 作用于当前种群的结果，即 $\overline{p} = G\overline{p}^t$。

在上述方案下，种群可被设想为单个点，众所周知的单纯形，即：在 n 维空间中，由所有可能的向量组成一个曲面，组成向量的全部分量和为 1.0 并且每个分量均为非负值。操作算子 G 的形式决定着种群进化时在该曲面上跟踪轨迹的方式。将上述方法进行形象化的常见方式是：将 G 看作在单纯形上定义的"力场"，其描述了种群所承受的进化驱动力的方向和强度。操作算子 G 的形式决定了曲面上的哪些点能够作为吸引种群的吸引子。显然，通过对操作算子 G 及其组分的选择矩阵 F 和混合矩阵 M 的分析，使得研究学者对 GA 算法行为产生了更多洞见。

学者 Vose 和 Liepens 在文献[447]中提出了基于适合度比例选择、单点交叉和位突变等操作算子的选择矩阵 F 和混合矩阵 M 的模型，并在文献[446]中将模型扩展到了其他操作算子。通过分析混合矩阵 M 的形式能够获得的一个洞见是：在重组和变异操作算子的作用下，模式数据提供了一种将字符串聚合为等价类的自然方法。显然，这一洞见与 Holland 所提出的理念具有很好的联系。

为使得模型更易于求解，其他研究学者相继提出了将搜索空间中的大量元素聚合为少量等价类的多种替代方法。基于这些方法已取得了许多重要成果，对间断平衡效应等进化行为进行了解释。文献[447]对上述行为进行了定性描述，文献[439]对其进行了更为深入的扩展研究，首次对发现新的适应度水平所需要消耗的时间进行了准确预测。这些理念也被应用于其他的模型中，如基于二进制编码GA算法的自我—自适应突变策略[383,386]。

值得指出的是，虽然上述模型对进化种群中不同类型种群个体的预期比例进行了准确预测，但只是在种群规模接近无穷大的情况下才能获得这些比例值。基于此原因，该方法被归属于无限种群模型类别。针对有限规模种群，进化向量 $\bar{p}$ 所表征的是概率分布，需要从种群中抽取 μ 个独立样本以生成下代种群。由于实际种群中能够展现的最小比例的大小为 $1/\mu$，这有效地限制了种群在用于表征单纯形大小为 $1/\mu$ 的网格子集点间的移动。这意味着：在给定初始种群情况下，进行轨迹预测实际上可能是无法实现的，需要对有限种群效应进行修正。该方面的研究工作目前仍在进行之中。

16.5 马尔可夫链分析

马尔可夫链分析是用于研究随机系统特性和行为的成熟方法，详细描述可参阅针对随机过程的相关专著[216]。面向本书的研究目的，注意理解下文所给出的信息即可。将某个系统描述为离散时间马尔可夫链，其需要满足的条件是：

（1）在任何给定时间，系统都处于有限数量（N）状态中的某个状态。

（2）系统在下一次迭代中，处于任何给定状态 X^{t+1} 的概率完全由当前迭代状态 X^t 确定，与之前序列的状态是无关的。

针对上述第二个条件，定义转换矩阵 Q，其子项 Q_{ij} 表示单步从状态 i 移动到状态 j 的概率 $(i,j \in \{1,\cdots,N\})$。由上述的定义可知，算法在运行 n 步之后，系统从状态 i 移动到状态 j 的概率取决于矩阵 Q^n 的第 (i,j) 个子项。用于马尔可夫链行为预测的许多定理和证明都是广为人知的，此处不再赘述。

从有限搜索空间中选择有限规模种群的方式也是有限的。因此，可将运行在上述表示模式下的 EA 算法，看作状态在不同种群中进行表征的马尔可夫链。目前，许多学者都采用上述技术对 EA 算法开展研究。

最早在 1989 年，Eiben 等人在文献[1, 129]中，提出了基于选择、繁殖和再选择函数的抽象 GA 算法——马尔可夫模型，并基于该模型分析算法的收敛属性。在现代进化计算的术语中，它对应的就是基于父代选择、变异操作和生存选择的 EA 算法通用框架。现在已经证明，在某些容许的条件下，在任意有限的空间上，采用 EA 算法优化的函数能够以概率 1 收敛到最优解。对上述结果进行简化和重新表述，即如果在任何给定种群中：

● 每个个体都会以非零的选择概率成为一个父代；

● 每个个体都会以非零的选择概率成为一个生存者；

● 生存选择机制采用精英主义策略；

● 任何解都可以被具有非零概率的变异操作算子创建，那么，第 n 代肯定会包含面向某些 n 的全局最优解。

学者 Rudolph 在文献[357]中的研究进一步紧缩了上述假设条件，结果表明，具有非零突变操作算子和精英主义机制的 GA 算法通常都能够收敛到全局的最优解，但若不采用精英主义策略则不一定能够保证收敛。在文献[358]中，上述收敛定理被推广到运行的 EA 算法任意搜索空间（如连续空间）。

许多研究学者已提出面向二进制编码 GA 算法的转换矩阵 $\boldsymbol{Q}$ 的精确公式，该算法中所采用的其他遗传操作算子为适合度比例选择机制、单点交叉操作和位翻转突变操作等[99, 321]。该方法在本质上是将 GA 算法分解为以下两个功能：一是包含重组操作和突变操作（只作为交叉概率和突变率的函数）；二是选择操作（包含和适应度函数相关的信息）。上述结果表征着面向通用理论研究的一个重要进展；但是，这些研究的实用性却是非常有限的，主要在于转换矩阵非常巨大：针对一个 l 位待求解问题，需要 $\binom{\mu + 2^l - 1}{2^l - 1}$ 个规模为 μ 的种群，转换矩阵包含众多行和列。

感兴趣的读者可以详细计算下：采用规模为 10 的种群，求解 10 位问题需要的转换矩阵的大小。进而，就可以切身地了解到：运算设备的计算能力需要达到什么样的先进程度，才有可能顺畅地运行这些转换矩阵。

16.6 统计力学方法

采用统计力学对 EA 算法行为进行建模的灵感来源于：复杂系统是由物理学中已知模型的众多小部件集成后得到的。这种方法并不是跟踪系统中所有组成元素的行为（微观方法），而是着重于对能够表征系统的少数变量的行为进行建模，即所谓的宏观方法。与上节所描述的动力系统方法的聚合版本相比，两者之间具有较为明显的联系；但是，此方法的建模数量与感兴趣变量的累积量相关[345,346,348,354]。

因此，如果对进化种群的适合度感兴趣，就需要推导出选择操作和变异操作算子作用下的方程，即：给出表征适应度值随进化时间进展的 $<f>, <f^2>, <f^3>$, 等等（其中，括号 <> 表示适应度值超过种群平均值的所有可能种群的集合）。根据上述属性，进化种群的适应度平均值（定义为 $<f>$）、方差值、偏斜值等累积量都可作为进化时间的函数进行预测。请注意，这些预测必然都是近似值，它们的精度取决于即时模型的数量。

此外，方程推导也依赖于统计力学文献中的各种"技巧"，在多数情况下是特定形式的选择（玻耳兹曼选择）。显然，这种方法并不能进行除种群平均值和方差等统计指标值之外的预测。因此，其并不能用于预测 EA 算法的研究人员所期望的进化建模行为的所有方面。但是，针对各种简单的测试函数，基于这些技术对实际 GA 算法的行为预测结果还是非常精确的。在文献[347]中，学者 Prugel Bennett 将该方法与基于聚集适应度类别的动态系统方法进行了比较，并得出以下结论：后者在预测种群平均适应度（相对于长期限制）的动态行为时不够精确，原因在于其所跟踪的变量不能表征平均过程的运行结果。显然，针对这项究工作，仍需进行更为深入的研究。

16.7　还原论方法

到本节为止，本书已经描述了许多用于建模 EA 算法行为的方法，其目标是：通过考虑全部遗传操作算子对当前种群的影响，实现对未来时刻下一种群组成的预测。此处，我们可以将上述方法统一归类为整体方法，原因在于这些方法能够显式地识别，不同的遗传操作算子对种群进化的影响还存在着交互作用。显然，这种整体方法存在的缺陷是：或者由于其绝对大小导致产生的系统难以操作，或者由于需要采用近似策略导致难以对所期望预测的所有变量建模。

另外一种方法是采用还原论方法，即：分别建模分析系统的不同部分。虽然该方法存在忽略了系统内部固有的交互效应等方面的缺陷，但在物理和工程应用的许多分支中却也得到了广泛的成功应用。可见，只要能够适当分解系统，这种方法能够得到较为准确的预测和洞见。

采用还原论方法的优点在于，即使仅考虑问题的某个部分，通常也可能得到分析结果和相应的洞见。针对 EA 算法，典型的进化系统划分是在选择操作和变异操作之间进行的。在描述不同选择操作算子的影响方面，研究学者已经做了大量工作，这也是对本书 16.1 节所描述内容的补充。

学者 Goldberg 和 Deb 在文献[190]中提出了接管时间的概念，即：在"仅选择操作 EA 算法"（不采用变异操作算子）的方式下，最佳适应度个体的单个副本完全占据整个种群所需要经历的遗传代数。目前，该项研究工作已被扩展到涵盖用于父代选择和生存者选择的各种选择策略中，并且采用了多种理论工具，如差分方程、阶次统计和马尔可夫链等[19, 20, 21, 58, 78, 79, 360, 400]。

与上述研究相类似，Goldberg Thierens 和其他学者提出了混合时间的概念，即：通过重组操作算子，将初始种群中不同个体所包含的积木块全部聚集的速度[430]。这项研究所得到的最基本的洞见是：为构建具有良好性能的 EA 算法，特别是针对 GA 算法，混合时间必须要小于接管时间。也就是说，在较好适应度个体接管种群和删除交叉个体之前，所有可能的已有积木块的组合都需要被尝试过。虽然这项研究的严谨性还有待探讨，但确实对种群规模、操纵算子概率、选择机制确定等方面提供实用性的指导具有较大益处，进而有助于为新的应用程序设计

216

更有效的 EA 算法。

16.8 黑 箱 分 析

自本书第 1 版出版以来，最有希望取得进展的研究方法之一是由 Droste、Jansen 和 Wegener 所介绍的 "黑箱复杂性" 方法[120]。与该研究相关，最近发表的较好综述请参见文献[234]，以及具有收藏价值的专著[63]。这种方法的本质是，针对特定的函数，建模算法的运行时间复杂性。也就是说，对任意起点到获得全局最优点的期望时间进行建模。这是通过将建模过程视为步骤的系统予以完成的，即：先将步骤的可能性采用公式进行表述，再从这些方程中推导得到运行时间的上限和下限。这种方法为基于种群策略的进化行为的建模提供了许多有价值的洞见，并部分解决了该领域所存在的某些长期争论。例如，交叉操作算子对求解非人工创建的优化问题被证明是可用的[118]。

16.9 连续搜索空间中的 EA 算法分析

与离散搜索空间的情况相比，连续搜索空间的理论研究，特别是在进化策略（ES）算法这一研究方向上，是非常领先的。如本书 16.5 节所述，Rudolph 已证明了 EA 算法在连续空间中也是具有全局收敛性的[358]，原因在于种群进化自身就是一个马尔可夫过程。但遗憾的是，Chapman–Kolmogorov 方程在描述这一点上却是难以实现的，这导致作为时间函数的种群概率分布并不能直接予以确定。但是，其研究也表明，ES 算法的大部分动力学特性都能够从与两个宏观变量进化有关的简单模型中予以恢复，基于此基础，收获了许多理论研究结果。

在连续搜索空间中，第 1 个被建模的变量是进度率，作为时间的函数用于测量种群质心与全局最优值（变在量空间中）之间的距离；第 2 个被建模变量是质量增益，用于度量代间适应度的期望改进程度。

目前大多数分析都涉及两种适应度函数的变种，针对某些 n 的球域模型 $f(\bar{x}) = \sum_i x_i^n$ 和走廊模型[373]。后者可以采用多种形式，但本质上都是包含适应度提升的单一方向。由于连续空间中的任意适应度函数都可展开（采用泰勒展开法）为多个简单项的和，这使得某个模型局部最优值的附近通常是对局部适应度曲面的较好近似。

搜索空间的连续性与正态分布突变率的使用和阶次统计的众所周知结果的耦合，允许通过相对简单的公式的推导，描述两个宏观变量作为参数 μ、λ 和 σ 的函数，随进化时间发生变化，基于球面模型从 $(1+1)$ ES 算法的 Rehenberg 分析推出 1/5 成功法则[352]。在上述基础上，对自我—自适应的原则和多成员策略在连续搜索空间进行分析。对上述这些结果的全面综述，请参见文献[53]。

16.10　无免费午餐定理

到目前为止，本书希望读者已经认识到现状是：距离寻找 EA 算法的数学模型（能够使用针对任何给定问题的某个给定算法进行精确预测）的目标仍然还存在令人望而生畏的距离。虽然目前已有的这些工具可以对某些问题行为的某些方面做出一些较为准确的预测，但这通常也仅限于求解简单的问题。显然，针对这些简单问题，EA 算法肯定不是最为有效的方法。然而，最近的系列研究已经得出的结论允许面对所有问题对不同算法的性能进行比较，其得到的评论是：所有的算法都是相同的！该成果被称为无免费午餐定理（NFL）[467]。采用外行的术语来说，若平均所有可能问题的空间，那么所有不可再访的黑箱算法都将表现出相同的性能。

不可再访的含义是指：算法不在搜索空间中两次生成和测试相同的点。虽然这不是 EA 算法的典型特征，但这可以通过为所有见过的解建立存档的方式予以实现，即：每次生成子代都首先检查其是否已经在存档中存在，若存在则丢弃该子代，接着重复进行上述过程。另一种替代方法（由 Wolpert 和 MacReady 在分析中所采用）是将对评估函数的准确调用次数作为性能指标。在此种情况下仍然需要采用前面所述的存档方式，但允许种群中存在复制体。此处，黑箱算法是指那些不包含任何问题或实例特定知识的算法。

关于无免费午餐定理的实用性，学术界也一直存在着相当大的争论，经常关注的问题是：试图采用 EA 算法求解的某组问题是否能够代表所有的问题或者形成某些特殊子集。但是，这些问题已被广泛接受，并可从中获得以下经验教训：

（1）若发明的一种新算法是有史以来解决某些特定问题的最好方法，那么它为此所付出的代价是：在某些其他问题上会性能表现不佳。正如本书第 9 章所探讨的，这表明评估新的操作算子和算法需要采取谨慎的策略。

（2）对于一个给定的问题，读者可以通过合并特定于问题的知识而绕过 NFL 定理。这必然会使得读者采用本书第 10 章所描述的模因算法。

（关于本章的练习和推荐阅读，请访问 www.evolutionarycomputation.org.）

第 17 章 进化机器人

本章主要讨论进化机器人（ER），其中进化算法（EA）是用作设计机器人的工具，但描述的重点在于进化而不是机器人。因此，本章只是简单讨论 ER 方法，采用传统 EA 算法优化某些机器人特征，更多地关注能够产生新 EA 算法的系统。特别是，本章描述了具有实时进化特征的移动机器人，如一群火星探险家或在地层深处开采矿石"机器人鼹鼠"。在这种情况下，机器人组自身就是种群，这使得机器人和整个系统进化组件之间的交互非常有意义。对于机器人而言，此种新型的 ER 需要在部分未知和动态变化环境中，具有进化控制器和形态学的能力。针对进化计算领域而言，自主移动机器人为 EA 算法在物理实体中实现和研究人工进化过程提供了特殊的基础。

17.1 进化机器人是关于什么的?

进化机器人是更为宽阔的问题领域的一个组成部分，其目前还未有准确的定义，但可被描述为涉及物理环境的一类问题（本书的第 1 版只是在 6.10 节进行了非常简短的论述）。在该领域中，进化系统中的种群成员不再是某个抽象的、无意义搜索空间中的点，如 $1,\cdots,n$ 的所有排列集合，而是已经嵌入在实时空间和真实空间中。换言之，如文献[371]所探讨的，这种系统具有"位置进化"或"物理体验进化"的特点。例如，机器人集群（机器人控制器在线进化）、人工生命系统（捕食者和猎物在模拟世界中共同进化①）或自适应控制系统（调节化工厂，其中用于随时间变化改变控制策略的自适应能力源于 EA 算法）。在上述所有例子中，正在经历进化的实体都具有活跃性，从某种意义上说这些实体做了一些事情，即：它们表现出能够改变环境的某些行为。上述特点将其与被动实体的进化应用相区别开来，如采用 EA 算法进行组合或数值优化。因此，该领域问题的主要特征是：算法目标是根据函数而不是结构属性予以制定的。换句话说，其所要实现的是某些表现行为。

自主机器人设计中的基本问题是：目标机器人行为是一个"机器人控制系统、机器人本体和环境系统间的非线性交互作用导致的动态过程"[163]。机器人的组成

---

① 注意：此处从广义视角考虑的物理环境包括模拟环境，前提是环境中包含某些空间和时间的概念。

受到设计师的影响，但其组成对期望行为的影响只是部分的和间接的。这暗示着，可控参数和目标变量间的联系是较弱的、含混的和存在噪声的。此外，解空间通常也是受制于相互冲突的约束和目标。例如，机器人在前进过程中需要同时节省电力和保持前进速度。EA 算法是应用于此问题的非常有前途的方法，原因在于：不需要清晰定义的适应度函数，可以处理约束和多个目标，可以在存在噪声和动态变化环境的复杂空间中找到优良解。

采用进化计算技术求解机器人学中的问题开始于 20 世纪 90 年代，目前存在大量的与进化机器人相关的研究工作[322, 432, 450]。回顾该研究领域已超出本章的内容范围，文献[61, 163, 449]对进化机器人领域进行了很好的综述。文献中给出的图片展示了机器人所承担的大量工作，它们具有不同的形态、不同的控制器结构，并在不同环境下执行不同任务，如水下和飞行机器人。某些进化解的确是非常出色的，但许多机器人学家仍然对 EA 算法持怀疑的态度，将进化方法设计的机器人置于主流之外。正如 Bongard 在文献[61]中所言："机器人身体和大脑的进化机制与所有其他机器人的设计方法存在显著不同"。

17.2　介绍性实例

此处以考虑轮式机器人的进化控制器问题为例，其目标是在平坦空旷的竞技场上朝着光源方向行驶。在硬件方面，此处假设这是个简单的圆柱形机器人，其拥有：若干个轮子和 LED 灯、1 个摄像机、1 陀螺仪和 4 个红外传感器（车身每侧 1 个）。针对控制软件，机器人采用神经网络接收传感器（摄像头、红外传感器、陀螺仪）的输入，并向执行器（电机和 LED）发出指令。因此，机器人控制器就是传感器输入和执行机构输出之间的映射关系。控制器的质量决定着 EA 算法的适应度，取决于机器人将进行的行为。例如，从机器人启动到其抵达光源位置的时间可用于质量评价。

与 EA 算法的任何其他应用类似，针对进化机器人控制器的重要设计决策是区分表现型和基因型，详细描述请参见本书第 3 章。简单而言，这种区别意味着将结构和程序较为复杂的控制器视为表现型，将结构较为简单的控制器视为基因型。显然，此处还需要从基因型到表现型的映射，其可以是简单的映射，也可以是复杂的转换。例如，机器人控制器由人工神经网络（ANN）和决策树组成，后者用于指定在某种给定状态下调用哪个 ANN 产生机器人相应的响应动作。最为简单的决策树是：在房间等亮的时候调用 ANN-1，在房间暗的时候调用 ANN-2。具有上述功能的复杂控制器，采用决策树和两个神经网络作为表现型，采用两个向量作为简单的基因型，$w_1 \in IR^m$ 和 $w_2 \in IR^n$ 分别表示 ANN-1 和 ANN-2 中隐含层权重。

在完成上述特定于机器人控制器应用程序的设计决策后，开发合适的 EA 算法则是比较简单工作，原因在于可以采用标准机器以及任何能在实值向量空间运行的 EA 算法。唯一为机器人特定开发的 EA 算法组件是适应度函数，这需要使用待评估的控制器对机器人进行一次或多次测试。然后，观察机器人行为，并采用某一任务的特定质量指标确定适合度值。运行机器人 EA 算法与运行任何其他 EA 算法的差别仅在于适应度值的测量，如图 17.1 所示。有时，上述工作可基于机器人模拟器执行，这样整个进化过程就能够在计算机内完成。或者，部分或全部的适应度评估由真正的机器人完成。在此种情况下，需要把待评估的基因型发送给机器人并进行测试。此时，测试程序将适应度值发送给正在运行 EA 算法的计算机。采用真实世界的适应度值进行评估暗示着一种特定的体系结构，这包括运行 EA 算法的计算组件和执行真实世界适应度测量的机器人组件。但对 EA 算法而言，此种双重体系结构是隐式的，只是需要暂停很长的一段时间并等待适应度值的返回而已。通常，处理比较耗时适应度评估的方法是采用代理模型，如本书第 14 章所述。

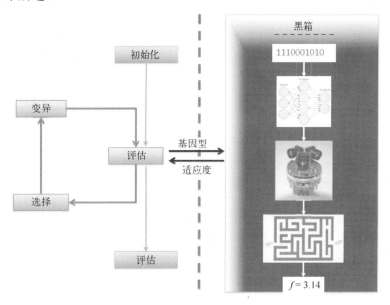

图 17.1　进化机器人设计的经典方案：请注意，此处可采用
任何 EA 算法，唯一的应用特定的细节是计算适合度值的方法。

依据本书第 1 章所讨论的问题分类方法，设计良好的机器人控制器的任务应该归属于建模问题。如上所述，机器人控制器本质上是传感器输入和执行器输出间的映射关系，因此，构建良好控制器的本质是找到能够为所有输入提供适当输出的映射模型。一般来说，模型构建问题都能够转化为优化问题，其需要完成的工作是：创建包含输入/输出记录的训练集，基于训练集产生的正确输出数量或百分比对模型质量进行度量。对于本节此处的例子，所构建的训练集由成对的传感器输入模式和相应的执行器命令组成。但是，上述方案还需要对期望的机器人的行为进行微观的描述，这在实践中往往是不可行的。相反，可采用宏观方法予以实现，可使用以下所示训练案例：输入组件描述启动条件（如机器人在竞技场的位置和房间亮度），输出组件指定机器人非常接近光源。

17.3 离线和在线的机器人进化

进化机器人的常用方法是采用离线方式，如图 17.2 所示。这意味着，在机器人开始运行之前需要采用 EA 算法寻优一个良好的控制器。当机器人用户对进化控制器满意后，其被部署（安装在物理机器人上），机器人的操作阶段就开始了。通常，在操作阶段进行 EA 算法部署后，进化控制器不再进行改变，或者至少进化操作员不会改变控制器软件。另一种方法是，在运行期间采用在线进化方式改变控制器。这意味着，即使在机器人被部署后，进化操作员也可以对控制器软件进行更改。

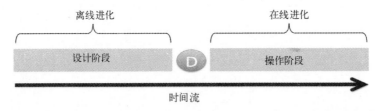

图 17.2　区分设计阶段和操作阶段的机器人设计工作流程，由部署时刻进行

分隔（中间圆圈）：离线进化发生在设计阶段，进化的特性（控制器或形态细节）在部署后不会改变；在线进化在机器人运行期间进行，其意味着机器人的特性会被进化操作者连续改变。

离线和在线方法间的差异在进化机器人领域发展历史的早期就已被明确区分，如 Walker 等人在文献[449]中采用"训练阶段进化"和"终身自适应进化"两个不同的术语进行描述。然而，在线方法的关注度较低，绝大多数的现有工作都是基于离线方法进行的[①]。上述偏好也是比较容易理解的，因为其完全符合将 EA 算法作为优化器的比较广泛的使用方式。然而，自然界的进化并不是基于函数优化器。进化的本质角色永远是自适应，并且这种角色将会在未来机器人学中变得越来越重要，这正如 Nelson 等人在文献[315]中所言。

"在未来的某一天，先进的自主机器人可能会被要求在其设计者未曾预料到的环境和情况下进行谈判。这些机器人的未来设计者可能不具备足够的专业知识，

---

① 一般来说，机器学习都是采用此种方式——绝大多数关于构建模型的算法和论文关注的都是基于固定的训练集进行学习而非连续学习。

在某些情况下难以提供适当的控制算法，如遇到了未曾见过的形势，在远程环境中难以对机器人进行访问等。为自主机器人定义其可能遇到环境的方方面面或者对机器人将执行的任务进行可跟踪动态系统的详细描述，经常是不切实际甚至是不可能。机器人必须具有在无人监督的情况下进行学习控制的能力。"

此处所阐述的愿景确定了这样的一个问题，即：进化计算可以是解，也可以是部分解。当然，在线自适应不必基于或局限于进化技术。甚至有学者认为，EA算法针对该类应用而言，速度太慢了。但是，本书在第 11 章中指出，EA 算法可用于动态优化，并且已有许多应用于在线学习的成功例子，见文献[75]。

17.4　进化机器人：问题差异

经上述考虑后，此处讨论机器人所具有的环境属性，其使得进化计算非常感兴趣。首先需要考虑的是到底存在哪些问题，最为特别问题是机器人的适应度函数。显然，该适应度函数具有许多特殊的特征，针对每个特征而言并非难点，但将这些特征聚集后却形成了非常具有挑战性的组合：

（1）适应度函数存在很大噪声；
（2）适应度函数成本非常高；
（3）适应度函数非常复杂；
（4）可能不存在明确的适应度函数；
（5）适应度曲面存在"禁行区"。

前四个挑战发生在 ER 的不同部分，包括基于仿真的离线进化；第五个挑战是在线进化应用程序的独有特征，也是真正的难点。下文将逐一讨论这些挑战问题。

1. 噪声适应度

噪声是物理世界的固有本性。例如，机器人上所安装的两个 LED 灯可能并不完全相同，即使它们接收的控制器指令相同但发出的光也可能不相同。此外，看起来差异很小的环境细节却也可能导致不同，如左轮比右轮热一点会使机器人偏离预定轨道。这意味着，实际可控的响应和机器人的行为之间的联系是不确定的，并且变化的范围也可能很大。

2. 高成本适应度

计算旅行给定路线时，推销员的行程长度可以在眨眼之间的时间内完成。然而，测量机器人导航到达目标位置所需的时间可能需要几分钟。此外，机器人控制器可能需要在许多不同的环境下运行。为此，控制器必须在不同的初始条件下进行测试，如从竞技场的不同位置和/或在不同的灯光下开始测试。最终，这意味着需要许多耗时的测量才能评估给定控制器的适应度。

3．复杂适应度

在 ER 中，由基因型编码的表现型控制器定义了执行器对来自传感器的任何输入组合的响应①。但是，控制器只是在较低层级确定执行器的响应（如左轮的扭矩或 LED 灯颜色），而适应度却取决于较高层级的机器人的行为（如机器人正在转圈行驶）。因此，表现型（控制器）无法直接进行评估，必须观测和评估由给定控制器导致的机器人行为。因此，进化计算存在三个层级（基因型-表现型-适应度），但在 ER 中却存在 4 个层级，即：基因型—表现型—行为—适应度。此外，在机器人集群情况下，还存在另外一个层级，即：群体行为，在执行选择操作时产生的问题需要考虑个体或群体[448]。因此，通常，在没有分析模型的情况下，基因型中实际可控制值与机器人行为间的联系具有复杂性和不明确性。

4．隐式适应度

在生物进化的真正内涵中，进化计算能够以目标自由方式研究适合某些（以前未知和/或变化）环境的机器人。在这种情况下，机器人不存在可量化层级的适合度。从进化的视角而言，若生物能够生存足够长的时间并能够交配和繁殖，那么它们就是适合环境的种群个体。但是，面向 ER 的上述问题与经典的优化和设计问题却显然不同，因为其需要"好奇心本能"的驱动进而追求新颖性和进行开放式的探索，而不是寻求进行最优化的驱动力。

5．适应度曲面中的"禁行区"

评估旅行推销员问题的较差候选解所造成的后果只是浪费了时间。但针对 ER，评估较差的候选解（较差的控制器）却会损毁机器人。当基于实际硬件工作时，具有破坏性的候选解必须在进化过程中予以避免。

为进一步的阐述，此处将焦点集中于机器人学中的一个特定的子领域：在线进化自主机器人集群。在该应用中值得注意的是，人工进化需要同时扮演两个角色：优化用户指定的机器人的某些可量化的技能和实现给定环境下的开放式自适应。为阐释这一点，以火星探险家和深层采矿"机器人鼹鼠"为例。两者均是机器人设计师事先不完全了解环境的 ER 问题。因此，机器人在部署时的设计仅是初步猜测，设计师的工作需在现场完成。作为生存的必要先决条件，机器人必须适应环境（生存能力）并满足使用者的期望，即：很好地完成任务（实用性）。目前的人工进化系统，通常都是以一种角色而非同时考虑两种角色的方式进行研究的。进化计算和主流进化机器人技术的引领性动机是如何优化任务性能，在人工生命周期中，针对某些环境的"无目标"自适应行为是非常常见的。最近研究表明，上文所述两个角色已经能够完美地集成在单个系统中[204]。

此处还需要阐述的另外一个特殊属性是：对于进化系统而言，机器人既可以

---

① 基因型也可以根据形态学特征进行编码。为了简化讨论，本书此处忽略了该选项。

是被动组件也可以是主动组件①。一方面，若机器人只是被动地经历了选择和繁殖，那么从 EA 算法的角度来看，其就是被动的。这也是采用传统 EA 算法以离线方式优化机器人设计时的主要观点。在这些情况下，机器人在 EA 算法中的唯一角色是建立选择机制所需要的适应度值，用于决定哪个种群个体要被复制和哪个种群个体要生存。另一方面，从 EA 算法的角度来看，机器人也可以是主动的，因为它们的主板上具有能够进行计算和执行进化操作算子的处理器。例如，一个机器人选择另一个进行配对的机器人，进而在两个父代控制器上执行重组操作和评估子代控制器的行为，并选择最佳的机器人以供其进一步执行相关任务。显然，不同的机器人可以应用不同的复制操作算子和/或不同的选择操作偏好。因此，这就构成了新的进化系统，这不仅是分布式的，而且是相对于进化操作算子其还是异构的。

另外一个值得关注的属性是：机器人可通过构造种群，进而隐式地影响进化动力学。该影响是建立在物理嵌入基础上的，从而使得机器人集群具有空间结构。当然，空间结构 EA 算法也已经存在，请参见本书 5.5.7 节。但是，针对进化的机器人集群而言，这种空间结构并不是来自设计，而是在 EA 算法设计者未显式地指定的情况下出现的，这对进化过程具有很大的影响。例如，最大的传感器和通信范围意味着（动态变化的）邻居会影响与进化相关的交互作用，如配对选择和重组操作。显然，传感器作用范围等机器人属性可由设计师或实验者进行控制，但它们的进化效应却是非常复杂的，迄今为止，还没有基于这些参数调整 EA 算法的专门知识。

在结束本节之前，再简单地对模拟的和真实的适合度评估过程进行对比。为了避免与硬件相关的困难和处理成本昂贵的适应度功能，最简单的方法是采用模拟器进行评估，前提是模拟器必须能够表征包括待评估机器人本身、障碍物和其他机器人等在内的测试环境。采用高抽象层级（低细节层级）的模拟器，能够使评估过程比实际实验快出若干个数量级。同时，采用高精度物理引擎和多传感器机器人进行的详细模拟却比实际实验慢得多，但是可通过在多个处理器上并行执行该模拟以缓解这个问题。总之，评估机器人控制器的适应度时，采用模拟方式可节省大量的时间。然而，这也是要付出代价的，臭名昭著的现实鸿沟表征了模拟行为和现实行为间不可避免的差异[233]。对于进化机器人而言，现实鸿沟意味着适应度函数不能正确地捕获实际目标，甚至高适应度解在现实世界中也可能表现不佳。

17.5　进化机器人：算法差异

如上所述，标准 EA 算法可以离线方式辅助设计机器人。但是，当控制器、形态或两者同时在线进化时，则需要新型的 EA 算法。尽管存在少量有前景的方

---

① 这并不是本书在 17.1 节中所讨论的被动—主动划分概念。

法，但针对该新型 EA 算法的专业知识并不多，这表明针对该方向需要进行更为深入的研究。本书此处识别出与需研究的新型 EA 算法相关的某些事项，分为以下几个方面：

（1）整个系统体系结构（进化组件 VS 机器人组件）；

（2）进化操作算子（变异和选择）；

（3）适应度评估；

（4）模拟器使用。

在体系结构方面，主要是描述进化和机器人系统组件之间的结构和功能关系，概述详见文献[123]。传统的离线体系结构依赖于单台计算机，其上装载了代表机器人控制器的基因型种群，如图 17.1 所示。该计算机执行进化操作（变异和选择），以通常的进化计算方式进行管理。适应度的评估采用模拟器在该计算机上完成。此时，整个进化过程均可在计算机内完成。或者，某些适应度评估也可由真正的机器人进行。此时，首先将要评估的基因型发送给机器人进行测试。接着，在评估后机器人将适应度值再发送回计算机。显然，同时采用更多机器人可使得对基因型的评估能够并行进行，进而提高评估速度。最后，进化过程完成将最佳的基因型部署在机器人内。

在线体系结构的目标是，在机器人运行期间对机器人控制器进行进化。此处，将这种结构进一步分为集中式系统和分布式系统两种。集中式系统的一种类型是经典体系结构的在线变种形式，其中主计算机的功能是监控机器人并运行进化过程，包括收集适应度信息、执行变异和选择操作、向机器人发送新的控制器并供其使用和测试等；与经典离线方案相反的是，控制器的操作使用和适用性评估是一体化进行的，不再分离，如图 17.3（a）所示。在另外一种集中式在线系统中，运行进化算法的计算机是装载于机器人内部的，如图 17.3（b）所示。

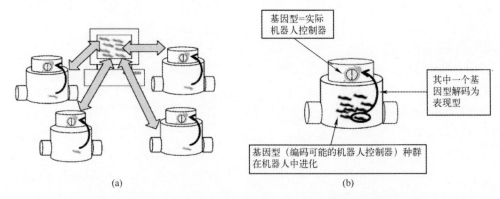

(a)   (b)

图 17.3 集中式的在线进化体系结构。（a）外部主计算机负责监控机器人并运行进化过程；（b）内部计算机（机器自身装载的处理器）运行封装后的进化过程，其选择和复制等遗传操作需要采用源自其他机器人的信息。

分布式的在线体系结构也具有两种形式。在纯分布式系统中，每个机器人携带编码自身表现型特征的基因组；选择和复制操作需要借助多个机器人间的交互作用予以实现，如图 17.4 的左图所示。在混合式系统中，对封装方法和纯分布式方法进行了集成，如图 17.4 的右图所示。

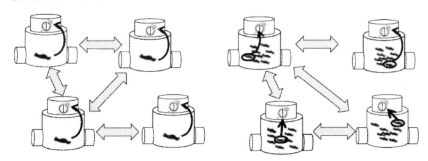

图 17.4　分布式的在线进化体系结构。左图：基于基因组的单机器人分布式系统，选择和复制等遗传操作需要多个机器人间的交互作用；右图：混合系统是基于封装和分布的，封装的种群形成可独立进化的"岛屿"，但也能够相互交换信息。

针对进化操作算子，此处具有两个主要的要求。第 1 个要求，复制操作算子所面对的候选解必须是物理上可行的，该要求与适应度曲面上的"禁行区"问题有关：差的候选解（差的控制器）会损坏、禁行或以其他方式导致机器人不能运行。因此，进化路径必须避开这些"禁行区"。针对进化约束处理区域的相关问题，请参见本书第 13 章，此处可能需要采用智能复制操作算子和修复机制。但是，这通常采用基于应用特定的启发式方法予以解决。到目前为止，在 EC 领域还没有通用策略能够给出良好解。避免损坏机器人的比较具有前景的方法是：在将新的候选解部署到机器人控制器之前，采用代理模型对其可行性进行评估。在本书的14.2 节，对在交互式 EA 算法中如何采用代理模型进行了探讨。显然，这些代理模型可在每个机器人中进行独立维护和持续更新，机器人种群也可协同和开发该代理模型。第 2 个要求与进化速度相关。由于机器人在线应用特点，通常期望进化算法能够快速运行；换言之，不需要进行多次迭代就能够获得良好的性能水平。为此，需要采用进化计算的智慧对机器人的通用选项进行支撑。例如，采用高选择压力或多路径交叉操作算子作为加速器提升进化速度，但贪婪搜索也可能会导致算法易陷入局部最优。

针对分布式进化的体系结构，选择操作需要考虑某些特殊因素。物理嵌入在本质上隐含着距离的概念，同时表征着机器人的邻域。这些邻域的组成、位置和大小主要取决于机器人所在的具体环境，如传感和通信范围、环境和噪声等，并且通常机器人之间是不直接进行接触的。因此，选择操作算子只采用整个种群的部分适应度数据对局部和局部信息进行作用。原则上，可采用某种流行协议估计全局信息，进而实现机器人间的规避。在点对点进化系统中，采用自主选择首个结果的策略是非常有前景的方法[463]。

关于适应度评估，最重要的机器人的特定特征是持续时间。基于典型 EA 算法进行优化或离线机器人设计，适应度评估的实时持续时间不会对进化动力学产生影响。换言之，EA 算法可被"冻结"停止运行，直到返回适应度值后再继续进行搜索。因此，无论适应度评估时实际消耗的时间是多长，从 EA 算法的视角而言，都可看作即时的。但是，在线进化机器人却是完全不同，显然现实世界不可能"冻结"停止，等待适应度评估阶段结束后再进行机器人的操作。因此，在这类系统中，完成适应度评估所需的时间是影响最大的参数。一方面，较长时间的评估暗示着在给定时间间隔内的评估次数的较少，这对在线进化进程的（实时）速度而言是缺点。另一方面，较短时间的评估却会增加出现不良适应度评估的风险。这会误导选择操作算子，进而可能将种群导向次优区域。因此，确定适应度评估持续时间的参数应是适用于较宽环境的鲁棒值，或者采用良好的参数控制方法对其适当地进行动态调整。针对该方向的研究虽刚起步，但具有前景的基于（自我-）自适应机制[117]的最新研究成果已见报道。

最后，本节回到采用模拟器对机器人设计质量进行评估的问题上。文献[60]提出的一个非常具有前景的思路是，采用在机器人内部装载的模拟器进行持续的自我建模。在原理上，这表示在线进化过程不需要真实的试验就可完成适应度的评估。这种方法有很多优点：节省时间、节省机器人（否则在实际评估中可能会遇到不可修复问题）、帮助实验人员了解问题（在模型可读情况下）。该方法在机器人集群在线进化研究中的最新结果详见文献[323]。

17.6 进化机器人的未来展望

此处对进化机器人和进化计算自身的未来发展进行展望。本书作者相信，机器人技术和进化计算的结合对两个领域而言是互利，也在未来发展中拥有巨大的潜力。一方面，进化计算可以为机器人研究过程中遇到的难题提供解决方案，尤其是进化可以辅助设计和优化机器人的控制器、形态或者两者兼顾，并且可在无须人工参与情况下进行在线调整，进而提升机器人的自适应能力。另一方面，机器人技术提供了进化计算所需求的试验场，机器人中的特殊（组合）挑战也能够驱动新型人工进化系统的研究。

对机器人方面的详细讨论不在本书探讨范围之内。更为详细的论述请参阅文献[119]。该文献区分了机器人领域不同成熟度级别的四个主要发展领域：

（1）设计空间参数自动调整（技术成熟）；

（2）进化辅助设计（当前趋势）；

（3）在线进化自适应（当前趋势）；

（4）自动合成（长期研究）。

针对进化计算，作者的主要观点是当前时代正处于将取得重大突破的边缘，其将为人工进化系统奠定新的基础。目前，这一突破是自我复制物理制品技术。例如，在不久的将来，3D 打印或自动组装可望取得突破。上述成将会扩展可进化硬件的含义[466]。具体而言，这将意味着一种新的机器人自主构建技术，主要是通过将突变操作或交叉操作应用于父代遗传计划而产生。鉴于这项技术，机器人的身体和大脑（形态和控制器）将有可能在无人参与的情况下进行协同进化。Eiben 等人在文献[132]提出的"生命三角框架"理念对此类型的系统进行了一般性的描述，并演示了以立方体机器人为构建模块的主要系统组件的基本实现方式。"生命三角"可视为第 3 章中所描述的 EA 算法通用框架的对应物。

从历史的视角，自我复制物理人工制品技术将会彻底地改变游戏规则，因为该技术允许在计算机之外创建、利用和研究人工进化过程。进化计算的整个发展历史可看作一个如何在想象的数字空间中构建和操作人工进化系统的学习过程。本书就是过去几十年积累的有关这些方面的知识。自我复制人工制品技术将把游戏引进真实的物理空间。新兴研究区域将会关注嵌入式人工进化[136]或事物进化[122]。面向进化计算的历史视角如图 17.5 所示，该图显示了达尔文原理的两个主要转变。20 世纪的第 1 次转变是在计算机技术出现之后，这提供了创造灵活且可控的数字世界的可能性。这使人类完全设计和执行的进化过程成为主动掌控者。第 2 个转变是通过材料科学、快速成型（3D 打印）和可进化硬件等新兴技术实现的。这将提供灵活的和可控的物理特性，材料、基板等研究成果将成为嵌入式人工进化或事物进化的基础[147]。

图 17.5　进化原理的主要转变。自然进化在 19 世纪开始发现和描述；
20 世纪的计算机技术为创造、利用和研究人工进化过程提供了数字化的
硅基材料，进而形成了进化计算的基础；材料科学、快速原型制作（3D 打印）
和可进化硬件等新兴技术将提供物进化的材料，这将是嵌入式人工进化或物进化的基础。

最后，此处探讨进化计算、人工生命、机器人和生物学之间的新的协同增效作用。时至今日，技术层次上将不允许，在某些人工基质中模拟所有化学和生物微观机制的潜在进化。但是，即使系统只模仿物理介质中的宏观机制（如选择、繁殖和遗传）也比仅使用软件模拟更适合研究进化过程，因为其不违反物理定律并能够利用极为丰富的物质材料。最近出版的进化机器人大挑战清单包括了"开

放式机器人进化"这一议题，其所描述的物理机器人在开放环境中会经历开放式的进化[121]。进一步，基于这样的系统，学者可以专注研究基本问题，如进化发生的最低条件、影响进化能力的因素或不同环境下的进化速率等。若存在足够的时间，甚至能够见证自然进化中所遇到的某些事件，如物种的出现，甚至可能是寒武纪的爆发。因此，该发展路线能够架起进化计算、人工生命、机器人学和生物学等学科之间的桥梁，并创造出一个新的类别——生命，但并不是人类通常所知的生命。

（关于本章的练习和推荐阅读，请访问 www.evolutionarycomputation.org.）

参 考 文 献

1. E.H.L. Aarts, A.E. Eiben, and K.M. van Hee. A general theory of genetic agorithms. Technical Report 89/08, Eindhoven University of Technology, 1989.

2. E.H.L. Aarts and J. Korst. *Simulated Annealing and Boltzmann Machines*. Wiley, Chichester, UK, 1989.

3. E.H.L. Aarts and J.K. Lenstra, editors. *Local Search in Combinatorial Optimization*. Discrete Mathematics and Optimization. Wiley, Chichester, UK, June 1997.

4. D. Adams. *The Hitchhiker's Guide to the Galaxy*. Guild Publishing, London, 1986.

5. E. Alba and B. Dorronsoro. *Cellular Genetic Algorithms*. Computational Intelligence and Complexity. Springer, 2008.

6. L. Altenberg. The schema theorem and Price's theorem. In Whitley and Vose [462], pages 23–50.

7. D. Andre and J.R. Koza. Parallel genetic programming: A scalable implementation using the transputer network architecture. In P.J. Angeline and K.E. Kinnear, editors, *Advances in Genetic Programming 2*, pages 317–338. MIT Press, Cambridge, MA, 1996.

8. P.J. Angeline. Adaptive and self-adaptive evolutionary computations. In *Computational Intelligence*, pages 152–161. IEEE Press, 1995.

9. P.J. Angeline. Subtree crossover: Building block engine or macromutation? In Koza et al. [256], pages 9–17.

10. P.J. Angeline. Competitive fitness evaluation. In Bäck et al. [28], chapter 3, pages 12–14.

11. J. Arabas, Z. Michalewicz, and J. Mulawka. GAVaPS – a genetic algorithm with varying population size. In ICEC-94 [229], pages 73–78.

12. D. Ashlock. *Evolutionary Computation for Modeling and Optimization*. Springer, 2006.

13. Anne Auger, Steffen Finck, Nikolaus Hansen, and Raymond Ros. BBOB 2010: Comparison Tables of All Algorithms on All Noiseless Functions. Technical Report RT-388, INRIA, September 2010.

14. R. Axelrod. *The Evolution of Cooperation*. Basic Books, New York, 1984.

15. R. Axelrod. The evolution of strategies in the iterated prisoner's dilemma. In L. Davis, editor, *Genetic Algorithms and Simulated Annealing*. Pitman, London, 1987.

16. J. Bacardit, M. Stout, J.D. Hirst, K. Sastry, X. Llor, and N. Krasnogor. Automated alphabet

reduction method with evolutionary algorithms for protein structure prediction. In Bosman et al. [65], pages 346–353.

17. T. Bäck. The interaction of mutation rate, selection and self-adaptation within a genetic algorithm. In Männer and Manderick [282], pages 85–94.

18. T. Bäck. Self adaptation in genetic algorithms. In Varela and Bourgine [440], pages 263–271.

19. T. Bäck. Selective pressure in evolutionary algorithms: A characterization of selection mechanisms. In ICEC-94 [229], pages 57–62.

20. T. Bäck. Generalised convergence models for tournament and (μ, λ) selection. In Eshelman [156], pages 2–8.

21. T. Bäck. Order statistics for convergence velocity analysis of simplified evolutionary algorithms. In Whitley and Vose [462], pages 91–102.

22. T. Bäck. *Evolutionary Algorithms in Theory and Practice*. Oxford University Press, Oxford, UK, 1996.

23. T. Bäck, editor. *Proceedings of the 7th International Conference on Genetic Algorithms*. Morgan Kaufmann, San Francisco, 1997.

24. T. Bäck. Self-adaptation. In Bäck et al. [28], chapter 21, pages 188–211.

25. T. Bäck, A.E. Eiben, and N.A.L. van der Vaart. An empirical study on Gas "without parameters". In Schoenauer et al. [368], pages 315–324.

26. T. Bäck, D.B. Fogel, and Z. Michalewicz, editors. *Handbook of Evolutionary Computation*. Institute of Physics Publishing, Bristol, and Oxford University Press, New York, 1997.

27. T. Bäck, D.B. Fogel, and Z. Michalewicz, editors. *Evolutionary Computation 1: Basic Algorithms and Operators*. Institute of Physics Publishing, Bristol,2000.

28. T. Bäck, D.B. Fogel, and Z. Michalewicz, editors. *Evolutionary Computation 2: Advanced Algorithms and Operators*. Institute of Physics Publishing, Bristol, 2000.

29. T. Bäck and Z. Michalewicz. Test landscapes. In Bäck et al. [26], chapter B2.7, pages 14–20.

30. T. Bäck and H.-P. Schwefel. An overview of evolutionary algorithms for parameter optimization. *Evolutionary Computation*, 1(1):1–23, 1993.

31. T. Bäck, D. Vermeulen, and A.E. Eiben. Effects of tax and evolution in an artificial society. In H.J. Caulfield, S.H. Chen, H.D. Cheng, R. Duro, V. Honavar, E.E. Kerre, M. Lu, M.G. Romay, T.K. Shih, D. Ventura, P.Wang, and Y. Yang, editors, *Proceedings of the Sixth Joint Conference on Information Sciences, (JCIS 2002)*, pages 1151–1156. JCIS/Association for Intelligent Machinery, 2002.

32. J.E. Baker. Reducing bias and inefficiency in the selection algorithm. In Grefenstette [198], pages 14–21.

33. P. Balaprakash, M. Birattari, and T. Stützle. Improvement strategies for the FRace algorithm: Sampling design and iterative refinementace algorithm: Sampling design and iterative refinement. In T. Bartz-Beielstein, M. Blesa Aguilera, C. Blum, B. Naujoks, A. Roli, G. Rudolph, and M. Sampels, editors, *Hybrid Metaheuristics*, volume 4771 of *Lecture Notes in Computer Science*, pages 108–122. Springer, 2007.

34. J.M. Baldwin. A new factor in evolution. *American Naturalist*, 30, 1896.

35. Shummet Baluja. Population-based incremental learning: A method for integrating genetic search based function optimization and competitive learning. Technical report, Carnegie Mellon University, Pittsburgh, PA, USA, 1994.

36. W. Banzhaf, J. Daida, A.E. Eiben, M.H. Garzon, V. Honavar, M. Jakiela, and R.E. Smith, editors. *Proceedings of the Genetic and Evolutionary Computation Conference (GECCO-1999)*. Morgan Kaufmann, San Francisco, 1999.

37. W. Banzhaf, P. Nordin, R.E. Keller, and F.D. Francone. *Genetic Programming: An Introduction*. Morgan Kaufmann, San Francisco, 1998.

38. W. Banzhaf and C. Reeves, editors. *Foundations of Genetic Algorithms 5*. Morgan Kaufmann, San Francisco, 1999.

39. N.A. Baricelli. Numerical testing of evolution theories, part 1. *Acta Biotheor.*, 16:69–98, 1962.

40. Abu S. S. M. Barkat Ullah, Ruhul Sarker, David Cornforth, and Chris Lokan. AMA: a new approach for solving constrained real-valued optimization problems. *Soft Computing*, 13(8-9):741–762, August 2009.

41. T. Bartz-Beielstein. *New Experimentalism Applied to Evolutionary Computation*. PhD thesis, Universität Dortmund, 2005.

42. T. Bartz-Beielstein, K.E. Parsopoulos, and M.N. Vrahatis. Analysis of Particle Swarm Optimization Using Computational Statistics. In Chalkis, editor, *Proceedings of the International Conference of Numerical Analysis and Applied Mathematics (ICNAAM 2004)*, pages 34–37. Wiley, 2004.

43. T. Bartz-Beielstein and M. Preuss. Considerations of Budget Allocation for Sequential Parameter Optimization (SPO). In L. Paquete et al., editors, *Workshop on Empirical Methods for the Analysis of Algorithms, Proceedings*, pages 35–40, Reykjavik, Iceland, 2006. Online Proceedings.

44. J.C. Bean. Genetic algorithms and random keys for sequencing and optimisation. *ORSA Journal of Computing*, 6(2):154–160, 1994.

45. J.C. Bean and A.B. Hadj-Alouane. A dual genetic algorithm for bounded integer problems. Technical Report 92-53, University of Michigan, 1992.

46. R.K. Belew and L.B. Booker, editors. *Proceedings of the 4th International Conference on Genetic Algorithms*. Morgan Kaufmann, San Francisco, 1991.

47. P. Bentley. From coffee tables to hospitals: Generic evolutionary design. In Bentley [48], pages 405–423.

48. P.J. Bentley, editor. *Evolutionary Design by Computers*. Morgan Kaufmann, San Francisco, 1999.

49. P.J. Bentley and D.W. Corne, editors. *Creative Evolutionary Systems*. Morgan Kaufmann, San Francisco, 2002.

50. P.J. Bentley and D.W. Corne. An introduction to creative evolutionary systems. In Bentley and Corne [49], pages 1–75.

51. A.D. Bethke. *Genetic Algorithms as Function Optimizers*. PhD thesis, University of Michigan, 1981.

52. H.-G. Beyer. *The Theory of Evolution Strategies*. Springer, 2001.

53. H.-G. Beyer and D.V. Arnold. Theory of evolution strategies: A tutorial. In Kallel et al. [240], pages 109–134.

54. H.-G. Beyer and H.-P. Schwefel. Evolution strategies: A comprehensive introduction. *Natural Computing*, 1(1):3–52, 2002.

55. M. Birattari. *Tuning Metaheuristics*. Springer, 2005.

56. M. Birattari, Z. Yuan, P. Balaprakash, and T. Stützle. F-Race and iterated F-Race: An overview. In T. Bartz-Beielstein, M. Chiarandini, L. Paquete, and M. Preuss, editors, *Experimental Methods for the Analysis of Optimization Algorithms*, pages 311–336. Springer, 2010.

57. S. Blackmore. *The Meme Machine*. Oxford University Press, Oxford, UK, 1999.

58. T. Blickle and L. Thiele. A comparison of selection schemes used in genetic algorithms. Technical Report TIK Report 11, December 1995, Computer Engineering and Communication Networks Lab, Swiss Federal Institute of Techmology, 1995.

59. J.S. De Bonet, C. Isbell, and P. Viola. Mimic: Finding optima by estimating probability densities. *Advances in Neural Information Processing Systems*, 9:424–431, 1997.

60. J. Bongard, V. Zykov, and H. Lipson. Resilient machines through continuous self-modeling. *Science*, 314:1118–1121, 2006.

61. J.C. Bongard. Evolutionary robotics. *Communications of the ACM*, 56(8), 2013.

62. L.B. Booker. *Intelligent Behaviour as an adaptation to the task environment*. PhD thesis, University of Michigan, 1982.

63. Y. Borenstein and A. Moraglio, editors. *Theory and Principled Methods for the Design of Metaheuristics*. Natural Computing Series. Springer, 2014.

64. P. Bosman and D. Thierens. Expanding from discrete to continuous estimation of distribution algorithms: The idea. In Schoenauer et al. [368], pages 767–776.

65. Peter A. N. Bosman, Tina Yu, and Anikó Ekárt, editors. *GECCO '07: Proceedings of the 2007 GECCO conference on Genetic and evolutionary computation*, New York, NY, USA, 2007. ACM.

234

66. M.F. Bramlette. Initialization, mutation and selection methods in genetic algorithms for function optimization. In Belew and Booker [46], pages 100–107.

67. H.J. Bremermann, M. Rogson, and S. Salaff. Global properties of evolution processes. In H.H. Pattee, E.A. Edlsack, L. Fein, and A.B. Callahan, editors, *Natural Automata and Useful Simulations*, pages 3–41. Spartan Books, Washington DC, 1966.

68. L. Bull. *Artificial Symbiology*. PhD thesis, University of the West of England, 1995.

69. L. Bull and T.C. Fogarty. Horizontal gene transfer in endosymbiosis. In C.G. Langton and K. Shimohara, editors, *Proceedings of the 5th International Workshop on Artificial Life: Synthesis and Simulation of Living Systems (ALIFE-96)*, pages 77–84. MIT Press, Cambridge, MA, 1997.

70. L. Bull, O. Holland, and S. Blackmore. On meme–gene coevolution. *Artificial Life*, 6:227–235, 2000.

71. E. K. Burke, T. Curtois, M. R. Hyde, G. Kendall, G. Ochoa, S. Petrovic, J.A. Vázquez Rodríguez, and M. Gendreau. Iterated local search vs. hyperheuristics: Towards general-purpose search algorithms. In *IEEE Congress on Evolutionary Computation*, pages 1–8. IEEE Press, 2010.

72. E.K. Burke, G. Kendall, and E. Soubeiga. A tabu search hyperheuristic for timetabling and rostering. *Journal of Heuristics*, 9(6), 2003.

73. E.K. Burke and J.P. Newall. A multi-stage evolutionary algorithm for the timetable problem. *IEEE Transactions on Evolutionary Computation*, 3(1):63–74, 1999.

74. E.K. Burke, J.P. Newall, and R.F.Weare. Initialization strategies and diversity in evolutionary timetabling. *Evolutionary Computation*, 6(1):81–103, 1998. on Systems, Man, and Cybernetics, Part B: Cybernetics, 37(1):28–41, 2007.

75. M.V. Butz. Rule-Based Evolutionary Online Learning Systems. Studies in Fuzziness and Soft Computing Series. Springer, 2006.

76. P. Caleb-Solly and J.E. Smith. Adaptive surface inspection via interactive evolution. Image and Vision Computing, 25(7):1058–1072, 2007.

77. A. Caponio, G.l. Cascella, F. Neri., N. Salvatore., and M. Sumner. A Fast Adaptive Memetic Algorithm for Online and Offline Control Design of PMSM Drives. IEEE Transactions on Systems, Man, and Cybernetics, Part B: Cybernetics, 37(1):28–41, 2007.

78. U.K. Chakraborty. An analysis of selection in generational and steady state genetic algorithms. In *Proceedings of the National Conference on Molecular Electronics*. NERIST (A.P.) India, 1995.

79. U.K. Chakraborty, K. Deb, and M. Chakraborty. Analysis of selection algorithms: A Markov Chain aproach. *Evolutionary Computation*, 4(2):133–167, 1997.

80. P. Cheeseman, B. Kenefsky, and W. M. Taylor. Where the really hard problems are. In *Proceedings of the Twelfth International Joint Conference on Artificial Intelligence, IJCAI-91*, pages 331–337, 1991.

81. K. Chellapilla and D.B. Fogel. Evolving an expert checkers playing program without human expertise. *IEEE Transactions on Evolutionary Computation*, 5(4):422–428, 2001.

82. X. Chen. An Algorithm Development Environment for Problem-Solving. In *(ICCP), 2010 International Conference on Computational Problem-Solving*, pages 85–90, 2010.

83. Y.P. Chen. *Extending the Scalability of Linkage Learning Genetic Algorithms:- Theory & Practice*, volume 190 of *Studies in Fuzziness and Soft Computing*. Springer, 2006.

84. H. Cobb. An investigation into the use of hypermutation as an adaptive operator in a genetic algorithm having continuous, time-dependent nonstationary environments. Memorandum 6760, Naval Research Laboratory, 1990.

85. H.G. Cobb and J.J. Grefenstette. Genetic algorithms for tracking changing environments. In Forrest [176], pages 523–530.

86. C.A. Coello Coello, D.A. Van Veldhuizen, and G.B. Lamont. *Evolutionary Algorithms for Solving Multi-Objective Problems*. Kluwer Academic Publishers, Boston, 2nd edition, 2007. ISBN 0-3064-6762-3.

87. J.P. Cohoon, S.U. Hedge, W.N. Martin, and D. Richards. Punctuated equilibria: A parallel genetic algorithm. In Grefenstette [198], pages 148–154.

88. J.P. Cohoon, W.N. Märtin, and D.S. Richards. Genetic algorithms and punctuated equilibria in VLSI. In Schwefel and Männer [374], pages 134–144.

89. P. Cowling, G. Kendall, and E. Soubeiga. A hyperheuristic approach to scheduling a sales summit. *Lecture Notes in Computer Science*, 2079:176–95, 2001.

90. B. Craenen, A.E. Eiben, and J.I. van Hemert. Comparing evolutionary algorithms on binary constraint satisfaction problems. *IEEE Transactions on Evolutionary Computation*, 7(5):424–444, 2003.

91. M. Crepinsek, S. Liu, and M. Mernik. Exploration and exploitation in evolutionary algorithms: A survey. *ACM Computing Surveys*, 45(3):35:1–35:33, July 2013.

92. C. Darwin. *The Origin of Species*. John Murray, 1859.

93. R. Das and D. Whitley. The only challenging problems are deceptive: Global search by solving order-1 hyperplanes. In Belew and Booker [46], pages 166–173.

94. D. Dasgupta and D. McGregor. SGA: A structured genetic algorithm. Technical Report IKBS-8-92, University of Strathclyde, 1992.

95. Y. Davidor. A naturally occurring niche & species phenomenon: The model and first results. In Belew and Booker [46], pages 257–263.

96. Y. Davidor, H.-P. Schwefel, and R. Männer, editors. *Proceedings of the 3rd Conference on Parallel Problem Solving from Nature*, number 866 in Lecture Notes in Computer Science. Springer, 1994.

97. L. Davis. Adapting operator probabilities in genetic algorithms. In Schaffer [365], pages 61–69.

98. L. Davis, editor. *Handbook of Genetic Algorithms*. Van Nostrand Reinhold, 1991.

99. T.E. Davis and J.C. Principe. A Markov chain framework for the simple genetic algorithm. *Evolutionary Computation*, 1(3):269–288, 1993.

100. R. Dawkins. *The Selfish Gene*. Oxford University Press, Oxford, UK, 1976.

101. R. Dawkins. *The Blind Watchmaker*. Longman Scientific and Technical, 1986.

102. K.A. De Jong. *An Analysis of the Behaviour of a Class of Genetic Adaptive Systems*. PhD thesis, University of Michigan, 1975.

103. K.A. De Jong. Genetic algorithms are NOT function optimizers. In Whitley [457], pages 5–18.

104. K.A. De Jong. *Evolutionary Computation: A Unified Approach*. The MIT Press, 2006.

105. K.A. De Jong and J. Sarma. Generation gaps revisited. In Whitley [457], pages 19–28.

106. K.A. De Jong and J. Sarma. On decentralizing selection algoritms. In Eshelman [156], pages 17–23.

107. K.A. De Jong and W.M. Spears. An analysis of the interacting roles of population size and crossover in genetic algorithms. In Schwefel and Männer [374], pages 38–47.

108. K.A. De Jong and W.M. Spears. A formal analysis of the role of multi-point crossover in genetic algorithms. *Annals of Mathematics and Artificial Intelligence*, 5(1):1–26, April 1992.

109. K. Deb. Genetic algorithms in multimodal function optimization. Master's thesis, University of Alabama, 1989.

110. K. Deb. *Multi-objective Optimization using Evolutionary Algorithms*. Wiley, Chichester, UK, 2001.

111. K. Deb and R.B. Agrawal. Simulated binary crossover for continuous search space. *Complex Systems*, 9:115–148, 1995.

112. K. Deb, S. Agrawal, A. Pratab, and T. Meyarivan. A Fast Elitist Non-Dominated Sorting Genetic Algorithm for Multi-Objective Optimization: NSGA-II. In Schoenauer et al. [368], pages 849–858.

113. K. Deb and H.-G. Beyer. Self-Adaptive Genetic Algorithms with Simulated Binary Crossover. *Evolutionary Computation*, 9(2), June 2001.

114. K. Deb and D.E. Goldberg. An investigation of niche and species formation in genetic function optimization. In Schaffer [365], pages 42–50.

115. E.D. deJong, R.A. Watson, and J.B. Pollack. Reducing bloat and promoting diversity using multi-objective methods. In Spector et al. [415], pages 11–18.

116. D. Dennett. *Darwin's Dangerous Idea*. Penguin, London, 1995.

117. C.M. Dinu, P. Dimitrov, B. Weel, and A. E. Eiben. Self-adapting fitness evaluation times for on-line evolution of simulated robots. In *GECCO '13: Proc of the 15th conference on Genetic and Evolutionary Computation*, pages 191–198. ACM Press, 2013.

237

118. B. Doerr, E. Happ, and C. Klein. Crossover can provably be useful in evolutionary computation. *Theor. Comput. Sci.*, 425:17–33, March 2012.

119. S. Doncieux, J.-B. Mouret, N. Bredeche, and V. Padois. Evolutionary robotics: Exploring new horizons. In S. Doncieux, N. Bredeche, and J.-B. Mouret, editors, *New Horizons in Evolutionary Robotics*, volume 341 of *Studies in Computational Intelligence*, chapter 2, pages 3–25. Springer, 2011.

120. S. Droste, T. Jansen, and I. Wegener. Upper and lower bounds for randomized search heuristics in black-box optimization. *Theory of Computing Systems*, 39(4):525–544, 2006.

121. A. E. Eiben. Grand challenges for evolutionary robotics. *Frontiers in Robotics and AI*, 1(4), 2014.

122. A. E. Eiben. In Vivo Veritas: towards the Evolution of Things. In T. Bartz-Beielstein, J. Branke, B. Filipič, and J. Smith, editors, *Parallel Problem Solving from Nature – PPSN XIII*, volume 8672 of *LNCS*, pages 24–39. Springer, 2014.

123. A. E. Eiben, E. Haasdijk, and N. Bredeche. Embodied, on-line, on-board evolution for autonomous robotics. In P. Levi and S. Kernbach, editors, *Symbiotic Multi-Robot Organisms: Reliability, Adaptability, Evolution*, chapter 5.2, pages 361–382. Springer, 2010.

124. A. E. Eiben and M. Jelasity. A critical note on Experimental Research Methodology in Experimental research methodology in EC. In *Proceedings of the 2002 Congress on Evolutionary Computation (CEC 2002)*, pages 582–587. IEEE Press, Piscataway, NJ, 2002.

125. A. E. Eiben and S. K. Smit. Evolutionary algorithm parameters and methods to tune them. In Y. Hamadi, E. Monfroy, and F. Saubion, editors, *Autonomous Search*, pages 15–36. Springer, 2012.

126. A.E. Eiben. Multiparent recombination. In Bäck et al. [27], chapter 33.7, pages 289–307.

127. A.E. Eiben. Evolutionary algorithms and constraint satisfaction: Definitions, survey, methodology, and research directions. In Kallel et al. [240], pages 13–58.

128. A.E. Eiben. Multiparent recombination in evolutionary computing. In Ghosh and Tsutsui [184], pages 175–192.

129. A.E. Eiben, E.H.L. Aarts, and K.M. Van Hee. Global convergence of genetic algorithms: a Markov chain analysis. In Schwefel and Männer [374], pages 4–12.

130. A.E. Eiben and T. Bäck. An empirical investigation of multi-parent recombination operators in evolution strategies. *Evolutionary Computation*, 5(3):347–365, 1997.

131. A.E. Eiben, T. Bäck, M. Schoenauer, and H.-P. Schwefel, editors. *Proceedings of the 5th Conference on Parallel Problem Solving from Nature*, number 1498 in Lecture Notes in Computer Science. Springer, 1998.

132. A.E. Eiben, N. Bredeche, M. Hoogendoorn, J. Stradner, J. Timmis, A.M. Tyrrell, and A. Winfield. The triangle of life: Evolving robots in real-time and real-space. In P. Lio, O. Miglino, G.

Nicosia, S. Nolfi, and M. Pavone, editors, *Proc. 12th European Conference on the Synthesis and Simulation of Living Systems*, pages 1056–1063. MIT Press, 2013.

133. A.E. Eiben, R. Hinterding, and Z. Michalewicz. Parameter Control in Evolutionary Algorithms. *IEEE Transactions on Evolutionary Computation*, 3(2):124–141, 1999.

134. A.E. Eiben, B. Jansen, Z. Michalewicz, and B. Paechter. Solving CSPs using self-adaptive constraint weights: how to prevent EAs from cheating. In Whitley et al. [453], pages 128–134.

135. A.E. Eiben and M. Jelasity. A Critical Note on Experimental Research Methodology in EC. In *Proceedings of the 2002 IEEE Congress on Evolutionary Computation (CEC 2002)*, pages 582–587. IEEE Press, 2002.

136. A.E. Eiben, S. Kernbach, and E. Haasdijk. Embodied artificial evolution –artificial evolutionary systems in the 21st century. *Evolutionary Intelligence*, 5(4):261–272, 2012.

137. A.E. Eiben and Z. Michalewicz, editors. *Evolutionary Computation*. IOS Press, 1998.

138. A.E. Eiben, R. Nabuurs, and I. Booij. The Escher evolver: Evolution to the people. In Bentley and Corne [49], pages 425–439.

139. A.E. Eiben, P.-E. Raué, and Zs. Ruttkay. Repairing, adding constraints and learning as a means of improving GA performance on CSPs. In J.C. Bioch and S.H. Nienhuiys-Cheng, editors, *Proceedings of the 4th Belgian-Dutch Conference on Machine Learning*, number 94-05 in EUR-CS, pages 112–123. Erasmus University Press, 1994.

140. A.E. Eiben and G. Rudolph. Theory of evolutionary algorithms: a bird's eye view. *Theoretical Computer Science*, 229(1–2):3–9, 1999.

141. A.E. Eiben and Zs. Ruttkay. Constraint-satisfaction problems. In T. Baeck, D.B. Fogel, and Z. Michalewicz, editors, *Evolutionary Computation 2: Advanced Algorithms and Operators*, pages 75–86. Institute of Physics Publishing, 2000.

142. A.E. Eiben and A. Schippers. On evolutionary exploration and exploitation. *Fundamenta Informaticae*, 35(1-4):35–50, 1998.

143. A.E. Eiben and C.A. Schippers. Multi-parent's niche: n-ary crossovers on NKlandscapes. In Voigt et al. [445], pages 319–328.

144. A.E. Eiben, M.C. Schut, and A.R. de Wilde. Is self-adaptation of selection pressure and population size possible? A case study. In Thomas Philip Runarsson, Hans-Georg Beyer, Edmund K. Burke, Juan J. Merelo Guervós, L. Darrell Whitley, and Xin Yao, editors, *PPSN*, volume 4193 of *Lecture Notes in Computer Science*, pages 900–909. Springer, 2006.

145. A.E. Eiben and S. K. Smit. Parameter tuning for configuring and analyzing evolutionary algorithms. *Swarm and Evolutionary Computation*, 1(1):19–31, 2011.

146. A.E. Eiben and J.E. Smith. *Introduction to Evolutionary Computing*. Springer, Berlin Heidelberg, 2003.

147. A.E. Eiben and J.E. Smith. From evolutionary computation to the evolution of things.

Nature, 2015. In press.

148. A.E. Eiben, I.G. Sprinkhuizen-Kuyper, and B.A. Thijssen. Competing crossovers in an adaptive GA framework. In *Proceedings of the 1998 IEEE Congress on Evolutionary Computation (CEC 1998)*, pages 787–792. IEEE Press, 1998.

149. A.E. Eiben and J.K. van der Hauw. Solving 3-SAT with adaptive genetic algorithms. In ICEC-97 [231], pages 81–86.

150. A.E. Eiben and J.K. van der Hauw. Graph colouring with adaptive genetic algorithms. *J. Heuristics*, 4:1, 1998.

151. A.E. Eiben and J.I. van Hemert. SAW-ing EAs: Adapting the fitness function for solving constrained problems. In D. Corne, M. Dorigo, and F. Glover, editors, *New Ideas in Optimization*, pages 389–402. McGraw-Hill, 1999.

152. A.E. Eiben, C.H.M. van Kemenade, and J.N. Kok. Orgy in the computer: Multi-parent reproduction in genetic algorithms. In Morán et al. [305], pages 934–945.

153. M.A. El-Beltagy, P.B. Nair, and A.J. Keane. Metamodeling techniques for evolutionary optimization of computationally expensive problems: Promises and limitations. In Banzhaf et al. [36], pages 196–203.

154. N. Eldredge and S.J. Gould. *Models of Paleobiology*, chapter Punctuated Equilibria: an alternative to phyletic gradualism, pages 82–115. Freeman Cooper,San Francisco, 1972.

155. J.M. Epstein and R. Axtell. *Growing Artificial Societies: Social Sciences from Bottom Up*. Brookings Institution Press and The MIT Press, 1996.

156. L.J. Eshelman, editor. *Proceedings of the 6th International Conference on Genetic Algorithms*. Morgan Kaufmann, San Francisco, 1995.

157. L.J. Eshelman, R.A. Caruana, and J.D. Schaffer. Biases in the crossover landscape. In Schaffer [365], pages 10–19.

158. L.J. Eshelman and J.D. Schaffer. Preventing premature convergence in genetic algorithms by preventing incest. In Belew and Booker [46], pages 115–122.

159. L.J. Eshelman and J.D. Schaffer. Crossover's niche. In Forrest [176], pages 9–14.

160. L.J. Eshelman and J.D. Schaffer. Real-coded genetic algorithms and interval schemata. In Whitley [457], pages 187–202.

161. L.J. Eshelman and J.D. Schaffer. Productive recombination and propagating and preserving schemata. In Whitley and Vose [462], pages 299–313.

162. Álvaro Fialho. *Adaptive Operator Selection for Optimization*. PhD thesis, Université Paris-Sud XI, Orsay, France, December 2010.

163. D. Floreano, P. Husbands, and S. Nolfi. Evolutionary robotics. In B. Siciliano and O. Khatib, editors, *Springer Handbook of Robotics*, pages 1423–1451. Springer, 2008.

164. T.C. Fogarty, F. Vavak, and P. Cheng. Use of the genetic algorithm for load balancing of

sugar beet presses. In Eshelman [156], pages 617–624.

165. D.B. Fogel. *Evolving Artificial Intelligence*. PhD thesis, University of California, 1992.

166. D.B. Fogel. *Evolutionary Computation*. IEEE Press, 1995.

167. D.B. Fogel, editor. *Evolutionary Computation: the Fossil Record*. IEEE Press, Piscataway, NJ, 1998.

168. D.B. Fogel. *Blondie24: Playing at the Edge of AI*. Morgan Kaufmann, San Francisco, 2002.

169. D.B. Fogel. Better than Samuel: Evolving a nearly expert checkers player. In Ghosh and Tsutsui [184], pages 989–1004.

170. D.B. Fogel and J.W. Atmar. Comparing genetic operators with Gaussian mutations in simulated evolutionary processes using linear systems. *Biological Cybernetics*, 63(2):111–114, 1990.

171. D.B. Fogel and L.C. Stayton. On the effectiveness of crossover in simulated evolutionary optimization. *BioSystems*, 32(3):171–182, 1994.

172. L.J. Fogel, P.J. Angeline, and T. Bäck, editors. *Proceedings of the 5th Annual Conference on Evolutionary Programming*. MIT Press, Cambridge, MA, 1996.

173. L.J. Fogel, A.J. Owens, and M.J. Walsh. Artificial intelligence through a simulation of evolution. In A. Callahan, M. Maxfield, and L.J. Fogel, editors, *Biophysics and Cybernetic Systems*, pages 131–156. Spartan, Washington DC, 1965.

174. L.J. Fogel, A.J. Owens, and M.J. Walsh. *Artificial Intelligence through Simulated Evolution*. Wiley, Chichester, UK, 1966.

175. C.M. Fonseca and P.J. Fleming. Genetic algorithms for multiobjective optimization: formulation, discussion and generalization. In Forrest [176], pages 416–423.

176. S. Forrest, editor. *Proceedings of the 5th International Conference on Genetic Algorithms*. Morgan Kaufmann, San Francisco, 1993.

177. S. Forrest and M. Mitchell. Relative building block fitness and the building block hypothesis. In Whitley [457], pages 109–126.

178. B. Freisleben and P. Merz. A genetic local search algorithm for solving the symmetric and asymetric travelling salesman problem. In ICEC-96 [230], pages 616–621.

179. A.A. Freitas. *Data Mining and Knowledge Discovery with Evolutionary Algorithms*. Springer, 2002.

180. M. Garey and D. Johnson. *Computers and Intractability. A Guide to the Theory of NP-Completeness*. Freeman, San Francisco, 1979.

181. C. Gathercole and P. Ross. Dynamic training subset selection for supervised learning in genetic programming. In Davidor et al. [96], pages 312–321. Lecture Notes in Computer Science 866.

182. D.K. Gehlhaar and D.B. Fogel. Tuning evolutionary programming for conformationally flexible molecular docking. In Fogel et al. [172], pages 419–429.

183. I. Gent and T. Walsh. Phase transitions from real computational problems. In *Proceedings of the 8th International Symposium on Artificial Intelligence*, pages 356–364, 1995.

184. A. Ghosh and S. Tsutsui, editors. *Advances in Evolutionary Computation: Theory and Applications*. Springer, 2003.

185. F. Glover. Tabu search: 1. *ORSA Journal on Computing*, 1(3):190–206, Summer 1989.

186. F. Glover. Tabu search and adaptive memory programming — advances, applications, and challenges. In R.S. Barr, R.V. Helgason, and J.L. Kennington, editors, *Interfaces in Computer Science and Operations Research*, pages 1–75. Kluwer Academic Publishers, Norwell, MA, 1996.

187. D.E. Goldberg. Genetic algorithms and Walsh functions: I. A gentle introduction. *Complex Systems*, 3(2):129–152, April 1989.

188. D.E. Goldberg. Genetic algorithms and Walsh functions: II. Deception and its analysis. *Complex Systems*, 3(2):153–171, April 1989.

189. D.E. Goldberg. *Genetic Algorithms in Search, Optimization and Machine Learning*. Addison-Wesley, 1989.

190. D.E. Goldberg and K. Deb. A comparative analysis of selection schemes used in genetic algorithms. In Rawlins [351], pages 69–93.

191. D.E. Goldberg, B. Korb, and K. Deb. Messy genetic algorithms: Motivation, analysis, and first results. *Complex Systems*, 3(5):493–530, October 1989.

192. D.E. Goldberg and R. Lingle. Alleles, loci, and the traveling salesman problem. In Grefenstette [197], pages 154–159.

193. D.E. Goldberg and J. Richardson. Genetic algorithms with sharing for multimodal function optimization. In Grefenstette [198], pages 41–49.

194. D.E. Goldberg and R.E. Smith. Nonstationary function optimization using genetic algorithms with dominance and diploidy. In Grefenstette [198], pages 59–68.

195. M. Gorges-Schleuter. ASPARAGOS: An asynchronous parallel genetic optimization strategy. In Schaffer [365], pages 422–427.

196. J. Gottlieb and G.R. Raidl. The effects of locality on the dynamics of decoderbased evolutionary search. In Whitley et al. [453], pages 283–290.

197. J.J. Grefenstette, editor. *Proceedings of the 1st International Conference on Genetic Algorithms and Their Applications*. Lawrence Erlbaum, Hillsdale, New Jersey, 1985.

198. J.J. Grefenstette, editor. *Proceedings of the 2nd International Conference on Genetic Algorithms and Their Applications*. Lawrence Erlbaum, Hillsdale, New Jersey, 1987.

199. J.J. Grefenstette. Genetic algorithms for changing environments. In Männer and Manderick [282], pages 137–144.

200. J.J. Grefenstette. Deception considered harmful. In Whitley [457], pages 75–91. 201. J.J. Grefenstette, R. Gopal, B. Rosmaita, and D. van Guch. Genetic algorithm for the TSP. In Grefenstette

[197], pages 160–168.

201. J.J. Grefenstette, R. Gopal, B. Rosmaita, and D. van Guch. Genetic algorithm for the TSP. In Grefenstette [197], pages 160–168.

202. J.J Greffenstette. Optimisation of Control Parameters for Genetic Algorithms. *IEEE Transactions on Systems, Man and Cybernetics*, 16(1):122–128, 1986.

203. J.J. Merelo Guervos, P. Adamidis, H.-G. Beyer, J.-L. Fernandez-Villacanas, and H.-P. Schwefel, editors. *Proceedings of the 7th Conference on Parallel Problem Solving from Nature*, number 2439 in Lecture Notes in Computer Science. Springer, 2002.

204. E. Haasdijk, N. Bredeche, and A. E. Eiben. Combining environment-driven adaptation and task-driven optimisation in evolutionary robotics. *PLoS ONE*, 9(6):e98466, 2014.

205. A.B. Hadj-Alouane and J.C. Bean. A genetic algorithm for the multiple-choice integer program. Technical Report 92-50, University of Michigan, 1992.

206. N. Hansen. The CMA evolution strategy: A comparing review. In J.A. Lozano and P. Larranaga, editors, *Towards a New Evolutionary Computation : Advances in Estimation of Distribution Algorithms*, pages 75–102. Springer, 2006.

207. N. Hansen and A. Ostermeier. Completely derandomized self-adaptation in evolution strategies. *Evolutionary Computation*, 9(2):159–195, 2001.

208. P. Hansen and N. Mladenovič. An introduction to variable neighborhood search. In S. Voß, S. Martello, I.H. Osman, and C. Roucairol, editors, *Metaheuristics: Advances and Trends in Local Search Paradigms for Optimization. Proceedings of MIC 97 Conference*. Kluwer Academic Publishers, Dordrecht, The Netherlands, 1998.

209. G. Harik and D.E. Goldberg. Learning linkage. In R.K. Belew and M.D. Vose, editors, *Foundations of Genetic Algorithms 4*, pages 247–262. Morgan Kaufmann, San Francisco, 1996.

210. E. Hart, P. Ross, and J. Nelson. Solving a real-world problem using an evolving heuristically driven schedule builder. *Evolutionary Computation*, 6(1):61–81, 1998.

211. W.E. Hart. *Adaptive Global Optimization with Local Search*. PhD thesis, University of California, San Diego, 1994.

212. M.S. Hillier and F.S. Hillier. Conventional optimization techniques. In Sarkeret al. [363], chapter 1, pages 3–25.

213. W.D. Hillis. Co-evolving parasites improve simulated evolution as an optimization procedure. In C.G. Langton, C. Taylor, J.D.. Farmer, and S. Rasmussen, editors, *Proceedings of the Workshop on Artificial Life (ALIFE '90)*, pages 313–324, Redwood City, CA, USA, 1992. Addison-Wesley.

214. R. Hinterding, Z. Michalewicz, and A.E. Eiben. Adaptation in evolutionary computation: A survey. In ICEC-97 [231].

215. G.E. Hinton and S.J. Nowlan. How learning can guide evolution. *Complex Systems*,

1:495–502, 1987.

216. P.G. Hoel, S.C. Port, and C.J. Stone. *Introduction to Stochastic Processes.* Houghton Mifflin, 1972.

217. F. Hoffmeister and T. Bäck. Genetic self-learning. In Varela and Bourgine [440], pages 227–235.

218. J.H. Holland. Genetic algorithms and the optimal allocation of trials. *SIAM J. of Computing*, 2:88–105, 1973.

219. J.H. Holland. Adaptation. In Rosen and Snell, editors, *Progress in Theoretical Biology: 4.* Plenum, 1976.

220. J.H. Holland. *Adaption in Natural and Artificial Systems.* MIT Press, Cambridge, MA, 1992. 1st edition: 1975, The University of Michigan Press, Ann Arbor.

221. J.N. Hooker. Testing heuristics: We have it all wrong. *Journal of Heuristics*, 1:33–42, 1995.

222. W. Hordijk and B. Manderick. The usefulness of recombination. In Morán et al. [305], pages 908–919.

223. J. Horn, N. Nafpliotis, and D.E. Goldberg. A niched Pareto genetic algorithm for multiobjective optimization. In ICEC-94 [229], pages 82–87.

224. C.R. Houck, J.A. Joines, M.G. Kay, and J.R. Wilson. Empirical investigation of the benefits of partial Lamarckianism. *Evolutionary Computation*, 5(1):31–60, 1997.

225. P. Husbands. Distributed co-evolutionary genetic algorithms for multi-criteria and multi-constraint optimisiation. In T.C. Fogarty, editor, *Evolutionary Computing: Proceedings of the AISB workshop*, LNCS 865, pages 150–165. Springer, 1994.

226. F. Hutter, T. Bartz-Beielstein, H.H. Hoos, K. Leyton-Brown, and K.P. Murphy. Sequential model-based parameter optimisation: an experimental investigation of automated and interactive approaches. In T. Bartz-Beielstein, M. Chiarandini, L. Paquete, and M. Preuss, editors, *Empirical Methods for the Analysis of Optimization Algorithms*, chapter 15, pages 361–411. Springer, 2010.

227. F. Hutter, H.H. Hoos, K. Leyton-Brown, and T. Stützle. ParamILS: an automatic algorithm configuration framework. *Journal of Artificial Intelligence Research*, 36:267–306, October 2009.

228. H. Iba, H. de Garis, and T. Sato. Genetic programming using a minimum description length principle. In Kinnear [249], pages 265–284.

229. *Proceedings of the First IEEE Conference on Evolutionary Computation.* IEEE Press, Piscataway, NJ, 1994.

230. *Proceedings of the 1996 IEEE Conference on Evolutionary Computation.* IEEE Press, Piscataway, NJ, 1996.

231. *Proceedings of the 1997 IEEE Conference on Evolutionary Computation.* IEEE Press, Piscataway, NJ, 1997.

244

232. A. Jain and D.B. Fogel. Case studies in applying fitness distributions in evolutionary algorithms. II. Comparing the improvements from crossover and Gaussian mutation on simple neural networks. In X. Yao and D.B. Fogel, editors, *Proc. of the 2000 IEEE Symposium on Combinations of Evolutionary Computation and Neural Networks*, pages 91–97. IEEE Press, Piscataway, NJ, 2000.

233. N. Jakobi, P. Husbands, and I. Harvey. Noise and the reality gap: The use of noise and the reality gap: The use of simulation in evolutionary robotics. In *Proc. of the Third European Conference on Artificial Life*, number 929 in LNCS, pages 704–720. Springer, 1995.

234. T. Jansen. *Analyzing Evolutionary Algorithms. The Computer Science Perspective*. Natural Computing Series. Springer, 2013.

235. Y. Jin. A comprehensive survey of fitness approximation in evolutionary computation. *Soft Computing*, 9(1):3–12, 2005.

236. Y. Jin. Surrogate-assisted evolutionary computation: Recent advances and future challenges. *Swarm and Evolutionary Computation*, 1(2):61–70, 2011.

237. J.A. Joines and C.R. Houck. On the use of non-stationary penalty functions to solve nonlinear constrained optimisation problems with GA's. In ICEC-94 [229], pages 579–584.

238. T. Jones. *Evolutionary Algorithms, Fitness Landscapes and Search*. PhDthesis, University of New Mexico, Albuquerque, NM, 1995.

239. L. Kallel, B. Naudts, and C. Reeves. Properties of fitness functions and search landscapes. In Kallel et al. [240], pages 175–206.

240. L. Kallel, B. Naudts, and A. Rogers, editors. *Theoretical Aspects of Evolutionary Computing*. Springer, 2001.

241. G. Karafotias, M. Hoogendoorn, and A.E. Eiben. Trends and challenges in evolutionary algorithms parameter control. *IEEE Transactions on Evolutionary Computation*, 19(2):167–187, 2015.

242. G. Karafotias, S.K. Smit, and A.E. Eiben. A generic approach to parameter control. In C. Di Chio et al., editor, *Applications of Evolutionary Computing, EvoStar 2012*, volume 7248 of *LNCS*, pages 361–370. Springer, 2012.

243. H. Kargupta. The gene expression messy genetic algorithm. In ICEC-96 [230], pages 814–819.

244. S.A. Kauffman. *Origins of Order: Self-Organization and Selection in Evolution*. Oxford University Press, New York, NY, 1993.

245. A.J. Keane and S.M. Brown. The design of a satellite boom with enhanced vibration performance using genetic algorithm techniques. In I.C. Parmee, editor, *Proceedings of the Conference on Adaptive Computing in Engineering Design and Control 96*, pages 107–113. P.E.D.C., Plymouth, 1996.

246. G. Kendall, P. Cowling, and E. Soubeiga. Choice function and random hyperheuristics. In

Proceedings of Fourth Asia-Pacific Conference on Simulated Evolution and Learning (SEAL), pages 667–671, 2002.

247. J. Kennedy and R. Eberhart. Particle swarm optimization. In *Proceedings of the 1995 IEEE International Conference on Neural Networks*, volume 4, pages 1942–1948, November 1995.

248. J. Kennedy and R.C. Eberhart. *Swarm Intelligence*. Morgan Kaufmann, 2001.

249. K.E. Kinnear, editor. *Advances in Genetic Programming*. MIT Press, Cambridge, MA, 1994.

250. S. Kirkpatrick, C. Gelatt, and M. Vecchi. Optimization by simulated anealing. *Science*, 220:671–680, 1983.

251. J.D. Knowles and D.W. Corne. Approximating the nondominated front using the Pareto Archived Evolution Strategy. *Evolutionary Computation*, 8(2):149–172, 2000.

252. J.R. Koza. *Genetic Programming*. MIT Press, Cambridge, MA, 1992.

253. J.R. Koza. *Genetic Programming II*. MIT Press, Cambridge, MA, 1994.

254. J.R. Koza. Scalable learning in genetic programming using automatic function definition. In Kinnear [249], pages 99–117.

255. J.R. Koza and F.H. Bennett. Automatic synthesis, placement, and routing of electrical circuits by means of genetic programming. In Spector et al. [416], pages 105–134.

256. J.R. Koza, K. Deb, M. Dorigo, D.B. Fogel, M. Garzon, H. Iba, and R.L. Riolo, editors. *Proceedings of the 2nd Annual Conference on Genetic Programming*. MIT Press, Cambridge, MA, 1997.

257. Oliver Kramer. Evolutionary self-adaptation: a survey of operators and strategy parameters. *Evolutionary Intelligence*, 3(2):51–65, 2010.

258. N. Krasnogor. Coevolution of genes and memes in memetic algorithms. In A.S. Wu, editor, *Proceedings of the 1999 Genetic and Evolutionary Computation Conference Workshop Program*, 1999.

259. N. Krasnogor. *Studies in the Theory and Design Space of Memetic Algorithms*. PhD thesis, University of the West of England, 2002.

260. N. Krasnogor. Self-generating metaheuristics in bioinformatics: The protein structure comparison case. *Genetic Programming and Evolvable Machines. Kluwer academic Publishers*, 5(2):181–201, 2004.

261. N. Krasnogor, B.P. Blackburne, E.K. Burke, and J.D. Hirst. Multimeme algorithms for protein structure prediction. In Guervos et al. [203], pages 769–778.

262. N. Krasnogor and S.M. Gustafson. A study on the use of "self-generation" in memetic algorithms. *Natural Computing*, 3(1):53–76, 2004.

263. N. Krasnogor and J.E. Smith. A memetic algorithm with self-adaptive local search: TSP as a case study. In Whitley et al. [453], pages 987–994.

246

264. N. Krasnogor and J.E. Smith. Emergence of profitable search strategies based on a simple inheritance mechanism. In Spector et al. [415], pages 432–439.

265. N. Krasnogor and J.E. Smith. A tutorial for competent memetic algorithms: Model, taxonomy and design issues. *IEEE Transactions on Evolutionary Computation*, 9(5):474–488, 2005.

266. T. Krink, P. Rickers, and R. Thomsen. Applying self-organised criticality to evolutionary algorithms. In Schoenauer et al. [368], pages 375–384.

267. M.W.S. Land. *Evolutionary Algorithms with Local Search for Combinatorial Optimization*. PhD thesis, University of California, San Diego, 1998.

268. W.B. Langdon, T. Soule, R. Poli, and J.A. Foster. The evolution of size and shape. In Spector et al. [416], pages 163–190.

269. P.L. Lanzi. Learning classifier systems: then and now. *Evolutionary Intelligence*, 1:63–82, 2008.

270. P.L. Lanzi, W. Stolzmann, and S.W. Wilson, editors. *Learning Classifier Systems: From Foundations to Applications*, volume 1813 of *LNAI*. Springer, 2000.

271. S. Lin and B. Kernighan. An effective heuristic algorithm for the Traveling Salesman Problem. *Operations Research*, 21:498–516, 1973.

272. X. Llora, R. Reddy, B. Matesic, and R. Bhargava. Towards better than human capability in diagnosing prostate cancer using infrared spectroscopic imaging. In Bosman et al. [65], pages 2098–2105.

273. F.G. Lobo, C.F. Lima, and Z. Michalewicz, editors. *Parameter Setting in Evolutionary Algorithms*. Springer, 2007.

274. R. Lohmann. Application of evolution strategy in parallel populations. In Schwefel and Männer [374], pages 198–208.

275. S. Luke and L. Spector. A comparison of crossover and mutation in genetic programming. In Koza et al. [256], pages 240–248.

276. G. Luque and E. Alba. *Parallel Genetic Algorithms, volume 367 of Studies in Computational Intelligence*. Springer, 2011.

277. W.G. Macready and D.H. Wolpert. Bandit problems and the exploration/exploitation tradeoff. *IEEE Transactions on Evolutionary Computation*, 2(1):2–22, April 1998.

278. S.W. Mahfoud. Crowding and preselection revisited. In Männer and Manderick [282], pages 27–36.

279. S.W. Mahfoud. Boltzmann selection. In Bäck et al. [26], pages C2.5:1–4.

280. R. Mallipeddi and P. Suganthan. Differential evolution algorithm with ensemble of parameters and mutation and crossover strategies. In B. Panigrahi, S. Das, P. Suganthan, and S. Dash, editors, *Swarm, Evolutionary, and Memetic Computing*, volume 6466 of *Lecture Notes in Computer Science*, pages 71–78. Springer, 2010.

281. B. Manderick and P. Spiessens. Fine-grained parallel genetic algorithms. In Schaffer [365], pages 428–433.

282. R. Männer and B. Manderick, editors. *Proceedings of the 2nd Conference on Parallel Problem Solving from Nature*. North-Holland, Amsterdam, 1992.

283. O. Maron and A. Moore. The racing algorithm: Model selection for lazy learners. In *Artificial Intelligence Review*, volume 11, pages 193–225. Kluwer Academic Publishers, USA, April 1997.

284. W.N. Martin, J. Lienig, and J.P. Cohoon. Island (migration) models: evolutionary algorithms based on punctuated equilibria. In Bäck et al. [28], chapter 15, pages 101–124.

285. W.N. Martin and W.M. Spears, editors. *Foundations of Genetic Algorithms 6*. Morgan Kaufmann, San Francisco, 2001.

286. J. Maturana, F. Lardeux, and F. Saubion. Autonomous operator management for evolutionary algorithms. *Journal of Heuristics*, 16:881–909, 2010.

287. G. Mayley. Landscapes, learning costs and genetic assimilation. *Evolutionary Computation*, 4(3):213–234, 1996.

288. J. Maynard-Smith. *The Evolution of Sex*. Cambridge University Press, Cambridge, UK, 1978.

289. J. Maynard-Smith and E. Száthmary. *The Major Transitions in Evolution*. W.H. Freeman, 1995.

290. J.T. McClave and T. Sincich. *Statistics*. Prentice Hall, 9th edition, 2003.

291. B. McGinley, J. Maher, C. O'Riordan, and F. Morgan. Maintaining healthy population diversity using adaptive crossover, mutation, and selection. *IEEE Transactions on Evolutionary Computation*, 15(5):692 –714, 2011.

292. P. Merz. *Memetic Algorithms for Combinatorial Optimization Problems: Fitness Landscapes and Effective Search Strategies*. PhD thesis, University of Siegen, Germany, 2000.

293. P. Merz and B. Freisleben. Fitness landscapes and memetic algorithm design. In D. Corne, M. Dorigo, and F. Glover, editors, *New Ideas in Optimization*, pages 245–260. McGraw Hill, London, 1999.

294. R. Meuth, M.H. Lim, Y.S. Ong, and D.C. Wunsch. A proposition on memes and meta-memes in computing for higher-order learning. *Memetic Computing*, 1(2):85–100, 2009.

295. Z. Michalewicz. *Genetic Algorithms + Data Structures = Evolution Programs*. Springer, 3rd edition, 1996.

296. Z. Michalewicz. *Genetic algorithms + data structures = evolution programs (3nd, extended ed.)*. Springer, New York, NY, USA, 1996.

297. Z. Michalewicz. Decoders. In Bäck et al. [28], chapter 8, pages 49–55.

298. Z. Michalewicz, K. Deb, M. Schmidt, and T. Stidsen. Test-case generator for nonlinear

248

continuous parameter optimization techniques. *IEEE Transactions on Evolutionary Computation*, 4(3):197–215, 2000.

299. Z. Michalewicz and G. Nazhiyath. Genocop III: A coevolutionary algorithm for numerical optimisation problems with nonlinear constraintrs. In *Proceedings of the 1995 IEEE Conference on Evolutionary Computation*, pages 647–651. IEEE Press, Piscataway, NJ, 1995.

300. Z. Michalewicz and M. Schmidt. Evolutionary algorithms and constrained optimization. In Sarker et al. [363], chapter 3, pages 57–86.

301. Z. Michalewicz and M. Schmidt. TCG-2: A test-case generator for nonlinear parameter optimisation techniques. In Ghosh and Tsutsui [184], pages 193–212.

302. Z. Michalewicz and M. Schoenauer. Evolutionary algorithms for constrained parameter optimisation problems. *Evolutionary Computation*, 4(1):1–32, 1996.

303. J.F. Miller, T. Kalganova, D. Job, and N. Lipnitskaya. The genetic algorithm as a discovery engine: Strange circuits and new principles. In Bentley and Corne [49], pages 443–466.

304. D.J. Montana. Strongly typed genetic programming. *Evolutionary Computation*, 3(2):199–230, 1995.

305. F. Morán, A. Moreno, J. J. Merelo, and P. Chacón, editors. *Advances in Artificial Life. Third International Conference on Artificial Life*, volume 929 of *Lecture Notes in Artificial Intelligence*. Springer, 1995.

306. N. Mori, H. Kita, and Y. Nishikawa. Adaptation to a changing environment by means of the thermodynamical genetic algorithm. In Voigt et al. [445], pages 513–522.

307. A. Moroni, J. Manzolli, F. Von Zuben, and R. Gudwin. Vox populi: Evolutionary computation for music evolution. In Bentley and Corne [49], pages 206–221.

308. P.A. Moscato. On evolution, search, optimization, genetic algorithms and martial arts: Towards memetic algorithms. Technical Report Caltech Concurrent Computation Program Report 826, Caltech, 1989.

309. P.A. Moscato. *Problemas de Otimizacão NP, Aproximabilidade e Computacão Evolutiva: Da Práticaà Teoria*. PhD thesis, Universidade Estadual de Campinas, Brazil, 2001.

310. T. Motoki. Calculating the expected loss of diversity of selection schemes. *Evolutionary Computation*, 10(4):397–422, 2002.

311. H. Mühlenbein. Parallel genetic algorithms, population genetics and combinatorial optimization. In Schaffer [365], pages 416–421.

312. M. Munetomo and D.E. Goldberg. Linkage identification by non-monotonicity detection for overlapping functions. *Evolutionary Computation*, 7(4):377–398, 1999.

313. V. Nannen and A. E. Eiben. A method for parameter calibration and relevance estimation in evolutionary algorithms. In M. Keijzer, editor, *Proceedings of the Genetic and Evolutionary Computation Conference (GECCO-2006)*, pages 183–190. Morgan Kaufmann, San Francisco, 2006.

314. V. Nannen and A. E. Eiben. Relevance Estimation and Value Calibration of Evolutionary Algorithm Parameters. In Manuela M. Veloso, editor, *Proceedings of the 20th International Joint Conference on Artificial Intelligence (IJCAI)*, pages 1034–1039. Hyderabad, India, 2007.

315. A.L. Nelson, G.J. Barlow, and L. Doitsidis. Fitness functions in evolutionary robotics: A survey and analysis. *Robotics and Autonomous Systems*, 57(4):345–370, 2009.

316. F. Neri. An Adaptive Multimeme Algorithm for Designing HIV Multidrug Therapies. *IEEE/ACM Transactions on Computational Biology and Bioinformatics*, 4(2):264–278, 2007.

317. F. Neri. Fitness diversity based adaptation in Multimeme Algorithms: A comparative study. In *IEEE Congress on Evolutionary Computation, CEC 2007*, pages 2374–2381, 2007.

318. F. Neumann and C. Witt. *Bioinspired Computation in Combinatorial Optimization: Algorithms and Their Computational Complexity*. Natural Computing Series. Springer, 2010.

319. Q.H. Nguyen, Y.-S. Ong, M.H. Lim, and N. Krasnogor. Adaptive cellular memetic algorithms. *Evolutionary Computation*, 17(2), June 2009.

320. Q.H. Nguyen, Y.S. Ong, and M.H. Lim. A Probabilistic Memetic Framework. *IEEE Transactions on Evolutionary Computation*, 13(3):604–623, 2009.

321. A. Nix and M. Vose. Modelling genetic algorithms with Markov chains. *Annals of Mathematics and Artifical Intelligence*, pages 79–88, 1992.

322. S. Nolfi and D. Floreano. *Evolutionary Robotics: The Biology, Intelligence, and Technology of Self-Organizing Machines*. MIT Press, Cambridge, MA, 2000.

323. P. O'Dowd, A.F. Winfield, and M. Studley. The distributed co-evolution of an embodied simulator and controller for swarm robot behaviours. In *IEEE/RSJ International Conference on Intelligent Robots and Systems (IROS2011)*, pages 4995–5000. IEEE Press, 2011.

324. C.K. Oei, D.E. Goldberg, and S.J. Chang. Tournament selection, niching, and the preservation of diversity. Technical Report 91011, University of Illinois Genetic Algorithms Laboratory, 1991.

325. I.M. Oliver, D.J. Smith, and J. Holland. A study of permutation crossover operators on the travelling salesman problem. In Grefenstette [198], pages224–230.

326. Y.S. Ong and A.J. Keane. Meta-lamarckian learning in memetic algorithms. *IEEE Transactions on Evolutionary Computation*, 8(2):99–110, 2004.

327. Y.S. Ong, M.H. Lim, and X. Chen. Memetic Computation—Past, Present & Future [Research Frontier]. *Computational Intelligence Magazine, IEEE*, 5(2):24–31, 2010.

328. Y.S. Ong, M.H. Lim, N. Zhu, and K.W. Wong. Classification of adaptive memetic algorithms: A comparative study. *IEEE Transactions on Systems Man and Cybernetics Part B*, 36(1), 2006.

329. B. Paechter, R.C. Rankin, A. Cumming, and T.C. Fogarty. Timetabling the classes of an entire university with an evolutionary algorithm. In Eiben et al. [131], pages 865–874.

250

330. C.M. Papadimitriou. *Computational complexity*. Addison-Wesley, Reading, Massachusetts, 1994.

331. C.M. Papadimitriou and K. Steiglitz. *Combinatorial optimization: algorithms and complexity*. Prentice Hall, Englewood Cliffs, NJ, 1982.

332. J. Paredis. The symbiotic evolution of solutions and their representations. In Eshelman [156], pages 359–365.

333. J. Paredis. Coevolutionary algorithms. In Bäck et al. [26].

334. I.C. Parmee. Improving problem definition through interactive evolutionary computing. *Artificial Intelligence for Engineering Design, Analysis and Manufacturing*, 16(3):185–202, 2002.

335. O. Pauplin, P. Caleb-Solly, and J.E. Smith. User-centric image segmentation using an interactive parameter adaptation tool. *Pattern Recognition*, 43(2):519–529, February 2010.

336. M. Pelikan, D.E. Goldberg, and E. Cantù-Paz. BOA: The Bayesian optimization algorithm. In Banzhaf et al. [36], pages 525–532.

337. M. Pelikan and H. Mühlenbein. The bivariate marginal distribution algorithm. In R. Roy, T. Furuhashi, and P.K. Chawdhry, editors, *Advances in Soft Computing–Engineering Design and Manufacturing*, pages 521–535. Springer, 1999.

338. C. Pettey. Diffusion (cellular) models. In Bäck et al. [28], chapter 16, pages 125–133.

339. C.B. Pettey, M.R. Leuze, and J.J. Grefenstette. A parallel genetic algorithm. In Grefenstette [198], pages 155–161.

340. R. Poli, J. Kennedy, and T. Blackwell. Particle swarm optimization – an overview. *Swarm Intelligence*, 1(1):33–57, 2007.

341. C. Potta, R. Poli, J. Rowe, and K. De Jong, editors. *Foundations of Genetic Algorithms 7*. Morgan Kaufmann, San Francisco, 2003.

342. M.A. Potter and K.A. De Jong. A cooperative coevolutionary approach to function optimisation. In Davidor et al. [96], pages 248–257.

343. K.V. Price, R.N. Storn, and J.A. Lampinen. *Differential Evolution: A Practical Approach to Global Optimization*. Natural Computing Series. Springer, 2005.

344. P. Prosser. An empirical study of phase transitions in binary constraint satisfaction problems. *Artificial Intelligence*, 81:81–109, 1996.

345. A. Prügel-Bennet and J. Shapiro. An analysis of genetic algorithms using statistical mechanics. *Phys. Review Letters*, 72(9):1305–1309, 1994.

346. A. Prügel-Bennet. Modelling evolving populations. *J. Theoretical Biology*, 185(1):81–95, March 1997.

347. A. Prügel-Bennet. Modelling finite populations. In Potta et al. [341].

348. A. Prügel-Bennet and A. Rogers. Modelling genetic algorithm dynamics. In L. Kallel, B. Naudts, and A. Rogers, editors, *Theoretical Aspects of Evolutionary Computing*, pages 59–85.

Springer, 2001.

349. A. K. Qin, V. L. Huang, and P. N. Suganthan. Differential evolution algorithm with strategy adaptation for global numerical optimization. *Trans. Evol. Comp*, 13:398–417, April 2009.

350. N. Radcliffe. Forma analysis and random respectful recombination. In Belew and Booker [46], pages 222–229.

351. G. Rawlins, editor. *Foundations of Genetic Algorithms*. Morgan Kaufmann, San Francisco, 1991.

352. I. Rechenberg. *Evolutionstrategie: Optimierung technisher Systeme nach Prinzipien des biologischen Evolution*. Frommann-Hollboog Verlag, Stuttgart, 1973.

353. C. Reeves and J. Rowe. *Genetic Algorithms: Principles and Perspectives*. Kluwer, Norwell MA, 2002.

354. A. Rogers and A. Prügel-Bennet. Modelling the dynamics of a steady-state genetic algorithm. In Banzhaf and Reeves [38], pages 57–68.

355. J. Romero and P. Machado. *The Art of Artificial Evolution*. Natural Computing Series. Springer, 2008.

356. G. Rudolph. Global optimization by means of distributed evolution strategies. In Schwefel and Männer [374], pages 209–213.

357. G. Rudolph. Convergence properties of canonical genetic algorithms. *IEEE Transactions on Neural Networks*, 5(1):96–101, 1994.

358. G. Rudolph. Convergence of evolutionary algorithms in general search spaces. In ICEC-96 [230], pages 50–54.

359. G. Rudolph. Reflections on bandit problems and selection methods in uncertain environments. In Bäck [23], pages 166–173.

360. G. Rudolph. Takeover times and probabilities of non-generational selection rules. In Whitley et al. [453], pages 903–910.

361. T. Runarson and X. Yao. Constrained evolutionary optimization – the penalty function approach. In Sarker et al. [363], chapter 4, pages 87–113.

362. A. Salman, K. Mehrota, and C. Mohan. Linkage crossover for genetic algorithms. In Banzhaf et al. [36], pages 564–571.

363. R. Sarker, M. Mohammadian, and X. Yao, editors. *Evolutionary Optimization*. Kluwer Academic Publishers, Boston, 2002.

364. J.D. Schaffer. *Multiple Objective Optimization with Vector Evaluated Genetic Algorithms*. PhD thesis, Vanderbilt University, Tennessee, 1984.

365. J.D. Schaffer, editor. *Proceedings of the 3rd International Conference on Genetic Algorithms*. Morgan Kaufmann, San Francisco, 1989.

366. J.D. Schaffer and L.J. Eshelman. On crossover as an evolutionarily viable strategy. In

Belew and Booker [46], pages 61–68.

367. D. Schlierkamp-Voosen and H. Mühlenbein. Strategy adaptation by competing subpopulations. In Davidor et al. [96], pages 199–209.

368. M. Schoenauer, K. Deb, G. Rudolph, X. Yao, E. Lutton, J.J. Merelo, and H.-P. Schwefel, editors. *Proceedings of the 6th Conference on Parallel Problem Solving from Nature*, number 1917 in Lecture Notes in Computer Science. Springer, 2000.

369. M. Schoenauer and S. Xanthakis. Constrained GA optimisation. In Forrest [176], pages 573–580.

370. S. Schulenburg and P. Ross. Strength and money: An LCS approach to increasing returns. In P.L. Lanzi, W. Stolzmann, and S.W. Wilson, editors, *Advances in Learning Classifier Systems*, volume 1996 of *LNAI*, pages 114–137. Springer, 2001.

371. M.C. Schut, E. Haasdijk, and A.E. Eiben. What is situated evolution? In *Proceedings of the 2009 IEEE Congress on Evolutionary Computation (CEC2009)*, pages 3277–3284. IEEE Press, 2009.

372. H.-P. Schwefel. *Numerische Optimierung von Computer-Modellen mittels der Evolutionsstrategie*, volume 26 of *ISR*. Birkhaeuser, Basel/Stuttgart, 1977.

373. H.-P. Schwefel. *Evolution and Optimum Seeking*. Wiley, New York, 1995.

374. H.-P. Schwefel and R. Männer, editors. *Proceedings of the 1st Conference on Parallel Problem Solving from Nature*, number 496 in Lecture Notes in Computer Science. Springer, 1991.

375. M Serpell and JE Smith. Self-Adaption of Mutation Operator and Probability for Permutation Representations in Genetic Algorithms. *Evolutionary Computation*, 18(3):1–24, February 2010.

376. S. K. Smit and A. E. Eiben. Beating the 'world champion' evolutionary algorithm via REVAC tuning. In *IEEE Congress on Evolutionary Computation*, pages 1–8, Barcelona, Spain, 2010. IEEE Computational Intelligence Society, IEEE Press.

377. S.K. Smit. *Algorithm Design in Experimental Research*. Ph.D Thesis, Vrije Universiteit Amsterdam, 2012.

378. S.K. Smit and A.E. Eiben. Comparing parameter tuning methods for evolutionary algorithms. In *Proceedings of the 2009 IEEE Congress on Evolutionary Computation (CEC 2009)*, pages 399–406. IEEE Press, 2009.

379. A.E. Smith and D.W. Coit. Penalty functions. In Bäck et al. [28], chapter 7, pages 41–48.

380. A.E. Smith and D.M. Tate. Genetic optimisation using a penalty function. In Forrest [176], pages 499–505.

381. J. Smith. Credit assignment in adaptive memetic algorithms. In *Proceedings of GECCO 2007, the ACM-SIGEVO conference on Evolutionary Computation*, pages 1412–1419, 2007.

382. J.E. Smith. *Self-Adaptation in Evolutionary Algorithms*. PhD thesis, University of the West

of England, Bristol, UK, 1998.

383. J.E. Smith. Modelling GAs with self-adaptive mutation rates. In Spector et al. [415], pages 599–606.

384. J.E. Smith. Co-evolution of memetic algorithms: Initial investigations. In Guervos et al. [203], pages 537–548.

385. J.E. Smith. On appropriate adaptation levels for the learning of gene linkage. *J. Genetic Programming and Evolvable Machines*, 3(2):129–155, 2002.

386. J.E. Smith. Parameter perturbation mechanisms in binary coded GAs with selfadaptive mutation. In Rowe, Poli, DeJong, and Cotta, editors, *Foundations of Genetic Algorithms 7*, pages 329–346. Morgan Kaufmann, San Francisco, 2003.

387. J.E. Smith. Protein structure prediction with co-evolving memetic algorithms. In *Proceedings of the 2003 Congress on Evolutionary Computation (CEC 2003)*, pages 2346–2353. IEEE Press, Piscataway, NJ, 2003.

388. J.E. Smith. The co-evolution of memetic algorithms for protein structure prediction. In W.E. Hart, N. Krasnogor, and J.E. Smith, editors, *Recent Advances in Memetic Algorithms*, pages 105–128. Springer, 2004.

389. J.E. Smith. Co-evolving memetic algorithms: A review and progress report. *IEEE Transactions in Systems, Man and Cybernetics, part B*, 37(1):6–17, 2007.

390. J.E. Smith. On replacement strategies in steady state evolutionary algorithms. *Evolutionary Computation*, 15(1):29–59, 2007.

391. J.E. Smith. Estimating meme fitness in adaptive memetic algorithms for combinatorial problems. *Evolutionary Computation*, 20(2):165188, 2012.

392. J.E. Smith, M. Bartley, and T.C. Fogarty. Microprocessor design verification by two-phase evolution of variable length tests. In ICEC-97 [231], pages 453–458.

393. J.E. Smith and T.C. Fogarty. An adaptive poly-parental recombination strategy. In T.C. Fogarty, editor, *Evolutionary Computing 2*, pages 48–61. Springer, 1995.

394. J.E. Smith and T.C. Fogarty. Evolving software test data - GAs learn self expression. In T.C. Fogarty, editor, *Evolutionary Computing*, number 1143 in Lecture Notes in Computer Science, pages 137–146, 1996.

395. J.E. Smith and T.C. Fogarty. Recombination strategy adaptation via evolution of gene linkage. In ICEC-96 [230], pages 826–831.

396. J.E. Smith and T.C. Fogarty. Self adaptation of mutation rates in a steady state genetic algorithm. In ICEC-96 [230], pages 318–323.

397. J.E. Smith and T.C. Fogarty. Operator and parameter adaptation in genetic algorithms. *Soft Computing*, 1(2):81–87, 1997.

398. J.E. Smith, T.C. Fogarty, and I.R. Johnson. Genetic feature selection for clustering and

classification. In *Proceedings of the IEE Colloquium on Genetic Algorithms in Image Processing and Vision*, volume IEE Digest 1994/193, 1994.

399. J.E. Smith and F. Vavak. Replacement strategies in steady state genetic algorithms: dynamic environments. *J. Computing and Information Technology*, 7(1):49–60, 1999.

400. J.E. Smith and F. Vavak. Replacement strategies in steady state genetic algorithms: static environments. In Banzhaf and Reeves [38], pages 219–234.

401. R.E. Smith, C. Bonacina, P. Kearney, and W. Merlat. Embodiment of evolutionary computation in general agents. *Evolutionary Computation*, 8(4):475–493, 2001.

402. R.E. Smith and D.E. Goldberg. Diploidy and dominance in artificial genetic search. *Complex Systems*, 6:251–285, 1992.

403. R.E. Smith and J.E. Smith. An examination of tuneable, random search landscapes. In Banzhaf and Reeves [38], pages 165–181.

404. R.E. Smith and J.E. Smith. New methods for tuneable, random landscapes. In Martin and Spears [285], pages 47–67.

405. C. Soddu. Recognizability of the idea: the evolutionary process of Argenia. In Bentley and Corne [49], pages 109–127.

406. T. Soule and J.A. Foster. Effects of code growth and parsimony pressure on populations in genetic programming. *Evolutionary Computation*, 6(4):293–309, Winter 1998.

407. T. Soule, J.A. Foster, and J. Dickinson. Code growth in genetic programming. In J.R. Koza, D.E. Goldberg, D.B. Fogel, and R.L. Riolo, editors, *Proceedings of the 1st Annual Conference on Genetic Programming*, pages 215–223. MIT Press, Cambridge, MA, 1996.

408. W.M. Spears. Crossover or mutation. In Whitley [457], pages 220–237.

409. W.M. Spears. Simple subpopulation schemes. In A.V. Sebald and L.J. Fogel, editors, *Proceedings of the 3rd Annual Conference on Evolutionary Programming*, pages 296–307. World Scientific, 1994.

410. W.M. Spears. Adapting crossover in evolutionary algorithms. In J.R. McDonnell, R.G. Reynolds, and D.B. Fogel, editors, *Proceedings of the 4th Annual Conference on Evolutionary Programming*, pages 367–384. MIT Press, Cambridge, MA, 1995.

411. W.M. Spears. *Evolutionary Algorithms: the role of mutation and recombination*. Springer, 2000.

412. W.M. Spears and K.A. De Jong. An analysis of multi point crossover. In Rawlins [351], pages 301–315.

413. W.M. Spears and K.A. De Jong. On the virtues of parameterized uniformcrossover. In Belew and Booker [46], pages 230–237.

414. W.M. Spears and K.A. De Jong. Dining with GAs: Operator lunch theorems. In Banzhaf and Reeves [38], pages 85–101.

415. L. Spector, E. Goodman, A. Wu, W.B. Langdon, H.-M. Voigt, M. Gen, S. Sen, M. Dorigo, S. Pezeshk, M. Garzon, and E. Burke, editors. *Proceedings of the Genetic and Evolutionary Computation Conference (GECCO-2001)*. Morgan Kaufmann, San Francisco, 2001.

416. L. Spector, W.B. Langdon, U.-M. O'Reilly, and P.J. Angeline, editors. *Advances in Genetic Programming 3*. MIT Press, Cambridge, MA, 1999.

417. N. Srinivas and K. Deb. Multiobjective optimization using nondominated sorting in genetic algorithms. *Evolutionary Computation*, 2(3):221–248, Fall 1994.

418. C.R. Stephens and H. Waelbroeck. Schemata evolution and building blocks.*Evolutionary Computation*, 7(2):109–124, 1999.

419. R. Storn and K. Price. Differential evolution - a simple and efficient adaptive scheme for global optimization over continuous spaces. Technical Report TR-95-012, ICSI, Berkeley, March 1995.

420. P.N. Suganthan, N. Hansen, J.J. Liang, K.Deb, Y.-P. Chen, A. Auger, and S. Tiwari. Problem definitions and evaluation criteria for the CEC 2005 special session on real-parameter optimization. Technical report, Nanyang Technological University, 2005.

421. P. Surry and N. Radcliffe. Innoculation to initialise evolutionary search. In T.C. Fogarty, editor, *Evolutionary Computing: Proceedings of the 1996 AISB Workshop*, pages 269–285. Springer, 1996.

422. G. Syswerda. Uniform crossover in genetic algorithms. In Schaffer [365], pages 2–9.

423. G. Syswerda. Schedule optimisation using genetic algorithms. In Davis [98], pages 332–349.

424. G. Taguchi and T. Yokoyama. *Taguchi Methods: Design of Experiments*. ASI Press, 1993.

425. R. Tanese. Parallel genetic algorithm for a hypercube. In Grefenstette [198], pages 177–183.

426. D.M. Tate and A.E. Smith. Unequal area facility layout using genetic search. *IIE transactions*, 27:465–472, 1995.

427. L. Tesfatsion. Preferential partner selection in evolutionary labor markets: A study in agent-based computational economics. In V.W. Porto, N. Saravanan, D. Waagen, and A.E. Eiben, editors, *Proc. 7th Annual Conference on Evolutionary Programming*, number 1477 in LNCS, pages 15–24. Springer, 1998.

428. S.R. Thangiah, R. Vinayagamoorty, and A.V. Gubbi. Vehicle routing and time deadlines using genetic and local algorithms. In Forrest [176], pages 506–515.

429. D. Thierens. Adaptive strategies for operator allocation. In Lobo et al. [273], pages 77–90.

430. D. Thierens and D.E. Goldberg. Mixing in genetic algorithms. In Forrest [176], pages 38–45.

431. C.K. Ting, W.M. Zeng, and T.C.Lin. Linkage discovery through data mining.

Computational Intelligence Magazine, 5:10–13, 2010.

432. Vito Trianni. *Evolutionary Swarm Robotics – Evolving Self-Organising Behaviours in Groups of Autonomous Robots*, volume 108 of *Studies in Computational Intelligence*. Springer, 2008.

433. E.P.K. Tsang. *Foundations of Constraint Satisfaction*. Academic Press, 1993.

434. S. Tsutsui. Multi-parent recombination in genetic algorithms with search space boundary extension by mirroring. In Eiben et al. [131], pages 428–437.

435. P.D. Turney. How to shift bias: lessons from the Baldwin effect. *Evolutionary Computation*, 4(3):271–295, 1996.

436. R. Unger and J. Moult. A genetic algorithm for 3D protein folding simulations. In Forrest [176], pages 581–588.

437. J. I. van Hemert and A. E. Eiben. Mondriaan art by evolution. In Eric Postma and Marc Gyssens, editors, *Proceedings of the Eleventh Belgium/Netherlands Conference on Artificial Intelligence (BNAIC'99)*, pages 291–292, 1999.

438. C.H.M. van Kemenade. Explicit filtering of building blocks for genetic algorithms. In Voigt et al. [445], pages 494–503.

439. E. van Nimwegen, J.P. Crutchfield, and M. Mitchell. Statistical dynamics of the Royal Road genetic algorithm. *Theoretical Computer Science*, 229:41–102, 1999.

440. F.J. Varela and P. Bourgine, editors. *Toward a Practice of Autonomous Systems: Proceedings of the 1st European Conference on Artificial Life*. MIT Press, Cambridge, MA, 1992.

441. F. Vavak and T.C. Fogarty. A comparative study of steady state and generational genetic algorithms for use in nonstationary environments. In T.C. Fogarty, editor, *Evolutionary Computing*, pages 297–304. Springer, 1996.

442. F. Vavak and T.C. Fogarty. Comparison of steady state and generational genetic algorithms for use in nonstationary environments. In ICEC-96 [230], pages 192–195.

443. F. Vavak, T.C. Fogarty, and K. Jukes. A genetic algorithm with variable range of local search for tracking changing environments. In Voigt et al. [445], pages 376–385.

444. F. Vavak, K. Jukes, and T.C. Fogarty. Adaptive combustion balancing in multiple burner boiler using a genetic algorithm with variable range of local search. In Bäck [23], pages 719–726.

445. H.-M. Voigt, W. Ebeling, I. Rechenberg, and H.-P. Schwefel, editors. *Proceedings of the 4th Conference on Parallel Problem Solving from Nature*, number 1141 in Lecture Notes in Computer Science. Springer, 1996.

446. M.D. Vose. *The Simple Genetic Algorithm*. MIT Press, Cambridge, MA, 1999.

447. M.D. Vose and G.E. Liepins. Punctuated equilibria in genetic search. *Complex Systems*, 5(1):31, 1991.

448. M.Waibel, L. Keller, and D. Floreano. Genetic Team Composition and Level of Selection in the Evolution of Cooperation. *IEEE transactions on Evolutionary Computation*, 13(3):648–660,

2009.

449. J. Walker, S. Garrett, and M. Wilson. Evolving controllers for real robots: A survey of the literature. *Adaptive Behavior*, 11(3):179–203, 2003.

450. L. Wang, K.C. Tan, and C.M. Chew. *Evolutionary Robotics: from Algorithms to Implementations*, volume 28 of *World Scientific Series in Robotics and Intelligent Systems*. World Scientific, 2006.

451. P.M. White and C.C. Pettey. Double selection vs. single selection in diffusion model GAs. In Bäck [23], pages 174–180.

452. D. Whitley. Permutations. In Bäck et al. [27], chapter 33.3, pages 274–284.

453. D. Whitley, D. Goldberg, E. Cantu-Paz, L. Spector, I. Parmee, and H.-G. Beyer, editors. *Proceedings of the Genetic and Evolutionary Computation Conference (GECCO-2000)*. Morgan Kaufmann, San Francisco, 2000.

454. D. Whitley, K. Mathias, S. Rana, and J. Dzubera. Building better test functions. In Eshelman [156], pages 239–246.

455. L.D. Whitley. Fundamental principles of deception in genetic search. In Rawlins [351], pages 221–241.

456. L.D. Whitley. Cellular genetic algorithms. In Forrest [176], pages 658–658.

457. L.D. Whitley, editor. *Foundations of Genetic Algorithms - 2*. Morgan Kaufmann, San Francisco, 1993.

458. L.D. Whitley, S. Gordon, and K.E. Mathias. Lamarckian evolution, the Baldwin effect, and function optimisation. In Davidor et al. [96], pages 6–15.

459. L.D. Whitley and F. Gruau. Adding learning to the cellular development of neural networks: evolution and the Baldwin effect. *Evolutionary Computation*, 1:213–233, 1993.

460. L.D. Whitley and J. Kauth. Genitor: A different genetic algorithm. In *Proceedings of the Rocky Mountain Conference on Artificial Intelligence*, pages 118–130, 1988.

461. L.D. Whitley, K.E. Mathias, and P. Fitzhorn. Delta coding: An iterative search strategy for genetic algorithms,. In Belew and Booker [46], pages 77–84.

462. L.D. Whitley and M.D. Vose, editors. *Foundations of Genetic Algorithms 3*. Morgan Kaufmann, San Francisco, 1995.

463. W. Wickramasinghe, M. van Steen, and A. E. Eiben. Peer-to-peer evolutionary algorithms with adaptive autonomous selection. In D. Thierens *et al.*, editor, *GECCO '07: Proc of the 9th conference on Genetic and Evolutionary Computation*, pages 1460–1467. ACM Press, 2007.

464. S.W. Wilson. ZCS: A zeroth level classifier system. *Evolutionary Computation*, 2(1):1–18, 1994.

465. S.W. Wilson. Classifier fitness based on accuracy. *Evolutionary Computation*, 3(2):149–175, 1995.

466. A.F.T. Winfield and J. Timmis. Evolvable robot hardware. In *Evolvable Hardware: from Practice to Applications*, Natural Computing Series, page in press. Springer, 2015.

467. D.H. Wolpert and W.G. Macready. No Free Lunch theorems for optimisation. *IEEE Transactions on Evolutionary Computation*, 1(1):67–82, 1997.

468. S. Wright. The roles of mutation, inbreeding, crossbreeding, and selection in evolution. In *Proc. of 6th Int. Congr. on Genetics*, volume 1, pages 356–366. Ithaca, NY, 1932.

469. X. Yao and Y. Liu. Fast evolutionary programming. In Fogel et al. [172].

470. X. Yao, Y. Liu, and G. Lin. Evolutionary programming made faster. *IEEE Transactions on Evolutionary Computing*, 3(2):82–102, 1999.

471. B. Yuan and M. Gallagher. Combining Meta-EAs and Racing for Difficult EA Parameter Tuning Tasks. In Lobo et al. [273], pages 121–142.

472. J. Zar. *Biostatistical Analysis*. Prentice Hall, 4th edition, 1999.

473. Zhi-hui Zhan and Jun Zhang. Adaptive particle swarm optimization. In M. Dorigo, M. Birattari, C. Blum, M. Clerc, T. Stützle, and A. Winfield, editors, *Ant Colony Optimization and Swarm Intelligence*, volume 5217 of *Lecture Notes in Computer Science*, pages 227–234. Springer, 2008.

474. Qingfu Zhang and Hui Li. MOEA/D: A Multiobjective Evolutionary Algorithm Based on Decomposition. *IEEE Transactions on Evolutionary Computation*, 11(6):712–731, 2007.

475. E. Zitzler, M. Laumanns, and L. Thiele. SPEA2: Improving the strength Pareto evolutionary algorithm for multiobjective optimization. In K.C. Giannakoglou, D.T.. Tsahalis, J. Périaux, K.D. Papailiou, and T.C. Fogarty, editors, *Evolutionary Methods for Design Optimization and Control with Applications to Industrial Problems*, pages 95–100, Athens, Greece, 2001. International Center for Numerical Methods in Engineering (Cmine).

内 容 简 介

　　进化计算（EC）是基于生物演化原理（如自然选择和基因遗传）进行问题求解的系列技术的总称，已经广泛应用于复杂问题求解，覆盖范围从国防武器装备研制、工业过程优化运行和商业智能决策的实际应用问题到众多理论领域的科学研究前沿难题均有涉猎。本书详细阐述了 EC 的基础知识、方法论问题和高级技术等内容，包括：为什么要进行 EC 研究的问题的提出，EC 的起源与定义，EC 的组成部分，流行进化算法（EA）的介绍与比较，EA 的参数调整、控制及运用问题，以及文化基因 EA、面向非平稳和噪声函数的 EA 优化算法、多目标 EA、EA 约束处理、交互式 EA、协同进化系统、EC 基础理论、进化机器人等内容。本书的创新之处在于将 EC 表述为面向应用问题可以使用的技术而不仅仅是面向理论问题用于研究的技术，并且给出了广泛学科范围内的研究人员都感兴趣的当前热点流行智能优化技术。

　　本书读者包括国防武器装备研制和国防大数据智能分析相关部门的管理人员和工程技术人员、普通高等院校的研究生和高年级本科生，以及进行工业过程优化运行、商业过程智能决策的工程实践和科研人员等。同时，本书还适合于从事仿生设计和优化问题求解的不同学科领域的实践者与研究者进行自学。